中规院 CAUPD
CAUPD 中规智库

笃行至善：
中国城市供水排水监测事业三十年

龚道孝 郝天 等 著

中国建筑工业出版社

图书在版编目（CIP）数据

笃行至善：中国城市供水排水监测事业三十年 / 龚
道孝等著 . -- 北京：中国建筑工业出版社，2024.12.
ISBN 978-7-112-30727-2

Ⅰ. TU991；TU992

中国国家版本馆 CIP 数据核字第 2024SA1236 号

责任编辑：石枫华
文字编辑：李鹏达
责任校对：姜小莲

笃行至善：中国城市供水排水监测事业三十年

龚道孝　郝　天　等　著

*

中国建筑工业出版社出版、发行（北京海淀三里河路9号）
各地新华书店、建筑书店经销
北京光大印艺文化发展有限公司制版
临西县阅读时光印刷有限公司印刷

*

开本：787毫米×1092毫米　1/16　印张：20½　字数：381千字
2024年12月第一版　　2024年12月第一次印刷
定价：**238.00**元
ISBN 978-7-112-30727-2
（43993）

编写人员名单

主　　编：龚道孝　郝　天

编　　委：莫　罹　宋兰合　桂　萍　周长青　梁　涛　宋陆阳

　　　　　李　琳　魏锦程　陈　京　马雯爽　张金松　张晓健

　　　　　张立尖　林爱武　高　燚　贾瑞宝　孙韶华

编写人员：（按姓氏笔画排序）

马雯爽　王　晶　王明泉　王欣莹　王经云　王彩云

尤　为　左　莎　付立凯　边　际　任柯柯　邬晶晶

刘永贤　关傲梅　李　琳　李小敏　李川舟　李奋强

吴丹玲　吴孟李　吴艳龙　吴艳芬　何　琴　辛晓东

宋希民　宋陆阳　宋海珊　张　怡　张　颖　张京毅

张琪雨　陈　雨　陈　京　陈　诚　陈　晨　陈丽芬

范利青　林明利　周　政　周长青　郑雪钧　赵玉茹

赵凌云　赵啟天　郝　天　胡　芳　胡　波　胡颖斌

施　俭　贾瑞宝　顾竹琴　顾薇娜　倪欣业　徐心沛

高志霖　郭风巧　郭凌伟　黄振华　梁　涛　韩　项

童　俊　雷　鸣　谭惠强　熊　艳　魏锦程

序一　秉持初心　守正创新

城市供水排水基础设施是支撑城市运行的生命线，在城市高质量建设和发展中承担着重要角色。供水水质是人民健康的基本保障，城市污水处理达标排放是水环境保护的第一道防线。国家城市供水水质监测网和国家城市排水监测网（以下简称国家监测网）担负着帮助和支持政府以科学的数据把好安全关，协助行业主管部门监督企业规范运行的责任。回顾1993年与1994年，伴随国家经济体制改革的深化，先后组建了这两个国家监测网，大胆尝试制度改革和机制创新，依托第三方单位的行业优势力量，精简了国家的财政支出，形成了政府和企业的良性互动机制，为城市供水排水安全筑起了坚实的安全线。

三十载光阴流转，作为推动组建这两个国家监测网的亲历人，特别高兴地看到，国家监测网紧跟发展需求，坚持改革创新，成员单位持续增加，服务质量不断攀升。至2024年国家监测网成员单位由最初的16个增加到67个，覆盖了全国除西藏外的全部省、自治区、直辖市，还引领并促进了超过200个地方监测机构的蓬勃发展，基本形成了"两级网、三级站"的国家城市供水排水监测体系。30年间，监测站的技术装备与科研能力实现了质的飞跃，监测水平稳步提升，在供水排水监测监管、科研攻关、行业服务等多个领域成果斐然，铸就了一支国内领先的专业化队伍。

在保障公众用水安全和保护水生态环境的同时，参与供水排水应急处置和重大事件安全保障工作，已成为国家监测网的重要任务。自建立至今先后参与了2008年"5·12"汶川地震、2013年"4·20"雅安地震、2023年海河"23·7"流域性特大洪水等数十次应急供水救援和处置工作，为保障应急期间城市安全供水提供了技术支撑。在2008年北京奥运会、2016 年 G20 杭州峰会、2022 年北京冬奥会等国际性综合赛事及重大会议期间开展供水排水保障工作，有力提升了供水排水服务的效率和质量，确保了重大事件的供水排水生命线安全。

当前和今后一个时期是全面推进中国式现代化的关键期，国家监测网作为时代改革浪潮中的璀璨结晶，要学习贯彻好《中共中央关于进一步全面深化改革　推进中国式现代化的决定》精神，面对新的挑战和机遇，秉持初心，弘扬改革创新精神，充分发挥其独特优势，勇于担当，奋发图强，力求在支持政府保障供水安全、改善水环境及实施水安全综合监管等方面发挥更加关键的作用，为经济社会的高质量发展，为国家治理能力和治理体系的现代化贡献力量。

岁月人间促，回首忆犹新，衷心希望国家监测网，牢记使命，守正创新，锐意进取，续写新的辉煌篇章！

原建设部部长
第十一届全国人大常委会、环资委主任委员

序二　使命与担当

　　水是城市发展的命脉，直接关系人民群众的身体健康和社会的和谐稳定，保障城市供水排水安全是建设韧性城市、智慧城市的重要任务。国家城市供排水监测网是支撑政府履行相关职能、促进行业有效监管的重要组织形式，在保障我国城市水安全中发挥了重要作用。

　　国家监测网成立30年来，组织机构和能力建设得到很大提升，以"两级网、三级站"为核心的城市供水排水监测体系日趋完善，大大加强了城镇供水排水安全的监测和监管能力。面对我国严峻的城市水安全形势，国家监测网不辱使命，敢于担当，在水质督察、科技攻关、行业服务和应急救灾等方面做了大量工作。2002年，建设部城市供水水质监测中心牵头组织了UNDP技术援助项目"中国城市供水水质督察体系"的研究工作，并在北京、深圳、乌鲁木齐开展试点工作，开启了我国城市供水水质督察工作的先河。

　　2004年，国家监测网受建设部委托，开始在36个重点城市开展水质督察工作。在建设部的不断努力争取下，2007年财政部正式批复设立"城市供水水质督察监测专项经费"，全国城市水质督察工作逐步走向常态化和制度化。截至2024年，城市供水水质督察（抽样检测）工作已涵盖全国所有城市、县城的公共供水厂，显著加大了政府对供水安全的监管，促进了各地的供水安全管理和供水设施改造工作。国家监测网立足国家水安全战略，承担了大量战略性、前瞻性科研任务。"十一五"时期以来，40余家国家监测网成员单位以不同方式参与了国家水体污染控制与治理科技重大专项等供水领域科研项目，在水质监测方法、供水水质督察、供水信息平台建设等方面开展了系统、深入的研究工作，产出了近百项技术成果并形成了一系列标准规范，填补了多项行业空白，为城市水安全保障提供了坚实的技术支撑。

国家监测网成员积极参与抢险救灾和应急供水工作，在多次灾后应急供水中发挥了重要作用。在 2008 年"5·12"汶川地震、2013 年"4·20"雅安地震、2023 年海河"23·7"流域性特大洪水等抢险救援和恢复重建工作中，国家监测网的许多技术人员均在灾后第一时间赶赴现场，并组织各级监测站参与应急监测、灾后重建评估、应急供水等工作。在 2008 年北京奥运会、2016 年 G20 杭州峰会、2022 年北京冬奥会等重大事件的供水排水保障工作中，国家监测网的许多技术人员默默坚守岗位，以过硬的素质和专业的精神站好每一班岗。国家监测网发展壮大浸润了监测站无数人员的辛勤汗水，他们时刻守卫在城市供水排水的前沿哨所，是国家水质安全的卫士！

今年是中华人民共和国成立 75 周年，国家监测网成立 30 周年，中国城市规划研究院牵头编写《笃行至善：中国城市供水排水监测事业三十年》一书意义重大。这本书系统梳理与总结了我国城市供水排水监测事业发展历程，通过翔实的史料、丰富的数据和深入的分析为读者展现了中国供水排水监测事业从无到有、从小到大的壮丽篇章，更深刻揭示了这一行业在保障城市水安全、促进生态文明建设中不可或缺的重要作用。

展望未来，贯彻落实党的二十大精神，加强城市基础设施建设，打造宜居、韧性、智慧城市，城市水安全是关键，城市供水排水行业任重道远，国家监测网任重道远。在此，我衷心祝愿国家监测网越来越好。

住房城乡建设部原副部长
第二十届全国政协人口资源环境委员会副主任
国务院原参事
国际欧亚科学院院士

序三 回顾与展望

20世纪90年代初，随着城镇化、工业化和市场化的推进，包括外国资本在内的非公有制企业进入公用事业，我国城市供水排水行业迎来新的发展机遇，同时也面临着如何加强政府监管的挑战。在此特殊的历史背景下，国家城市供水水质监测网和国家城市排水监测网（以下简称国家监测网）应运而生，并走过了30年不平凡的历程，取得了令人瞩目的成绩。

国家监测网的发展由小到大，推动了"两级网、三级站"体系的建设。1993年国家城市供水水质监测网仅有7个国家站，1994年国家城市排水监测网也只有9个国家站。如今，国家站总数已增至67个，覆盖了所有直辖市、计划单列市和省会城市（除拉萨），其中供水网42个，排水网25个。技术人员从不足千人增至2500余人，监测设备原值从1.4亿元增至超过16亿元。国家监测网的建设示范与指导，促进了地方监测网的发展，目前通过省级资质认定的地方站已达200多个，全国供水排水监测体系日趋完善。

国家监测网制度逐步建立并完善，有效支撑了城市供水排水安全监管。在UNDP技术援助项目"中国城市供水水质督察体系"的推动下，自2004年起，受原建设部委托，国家城市供水水质监测网开始在全国范围内开展水质督察工作，并逐步构建完善的技术体系，显著增强了政府监管能力，有力促进了供水安全管理与设施改造。国家监测网还推动建设水质监管平台，实现全国重点城市水质数据信息化管理，促进多种监测方式协同，支持行业法规、政策制定和规划的编制与实施，为我国城市供水排水安全监管提供重要技术支撑。

国家监测网科研能力大幅提升，推动了供水排水监测行业的技术进步。国家监测网中心站联合全国 40 多家国家站共同承担了国家水体污染控制与治理科技重大专项、重点研发计划等大量项目课题的研究。通过在水质监测方法、供水水质督察、供水信息平台建设、供水应急救援等方面开展系统研究，产出了众多标志性成果，填补了多项行业空白，尤其是在我国城市供水排水质量标准制定和检验方法标准化等领域取得了丰硕成果，形成一系列相关的标准规范，为城市供水排水安全保障提供重要技术支撑。"饮用水安全保障技术体系创建与应用"荣获 2023 年度国家科学技术进步奖一等奖，其中也有国家监测网的重要贡献。

国家监测网是一支"特殊队伍"，充满了家国情怀和专业素养。从 2004 年开展第一次城市供水水质督察工作以来，几乎所有的水质督察（抽检）工作都是依托各监测站开展的，即使在经费有限不足以覆盖成本的情况下，这项工作都从未中断，这里饱含了各监测站的辛勤付出和无私奉献。国家监测网各监测站，无论是在重大自然灾害面前，还是在应对局部重大水质污染事故时，或是在保障国家重大活动中，都能积极响应国家号召，在危险面前毫不退缩，在困难时刻挺身而出，互帮互助，显示出"大我"的全局意识和"忘我"的献身精神，令人敬佩和欣慰。

回顾自己 40 多年的职业生涯，大部分时间都与国家监测网有交集。国家监测网初创是依托行业协会开展工作的，我于 1993 年参与创建建设部城市水资源中心，并加入中国城镇供水协会；1999 年又参与创建建设部城市供水水质监测中心（国家监测网中心站），并任中国城镇供水协会副会长；2005 年改任中国城镇供水排水协会副会长、秘书长，2015 年～2019年期间主持协会工作。回首共同走过的 30 年，不仅见证了我与国家监测网携手并肩、共同成长、共同进步的光辉历程，更铸就了我对国家监测网的深厚感情。借此机会，我想感谢国家监测网的各位同行和国家站的历任站长，还要特别感谢诸多令人尊敬的老领导。

30 年来，国家监测网是在建设部（现住房城乡建设部）和中国城镇供水排水协会历届领导的关心和支持下发展壮大的，国家监测网的同仁们心存感激。30年前，时任城市建设司司长的汪光焘审时度势，发起并领导创建了国家监测网，从此，供水排水行业有了一支"特殊队伍"。若干年后，调任建设部部长的汪光焘，在国家监测网的制度建设、组织机构发展等方面持续给予了高度关注和大力支持。25年前，时任建设部部长的俞正声批准发布了《城市供水水质管理规定》，确立了以"两级网、三级站"为核心的监测体系，从此，国家监测网有了"中心站"。在随后的科研事业单位转企改制中，俞正声高瞻远瞩，排除"障碍"，保住了国家监测网的"中心站"，这为后来的跨域发展奠定了重要的组织基础。20年前，仇保兴副部长多次就水质督察问题向国务院汇报，呼吁中央有关部门给予支持。2007年，财政部正式设立"城市供水水质督察监测经费专项"，从此，水质督察有了中央财政经费的支持。在过去30年的发展过程中，储传亨副部长、李振东副部长、赵宝江副部长等一批老领导，以及城市建设司、建筑节能与科技司和中国城镇供水排水协会的许多领导、专家和同仁均以不同方式给予大力支持，为国家监测网的创建和发展作出了重要决策和重大贡献。

在国家监测网成立30周年之际，编纂《笃行至善：中国城市供水排水监测事业三十年》一书，不仅是对其发展历程的深情回顾，更是对监测事业的崇高致敬。该书全面而系统地勾勒出供水排水监测事业的演变轨迹，每一阶段都紧密贴合时代背景，通过深入剖析政策导向、技术革新、供水排水质量目标设定、检验方法标准化进程以及监测监管实践等多个维度，生动展现了供水排水监测事业如何伴随国家发展的步伐不断壮大与完善的历程。作为书中众多历史事件的亲历者与推动者，阅读此书让我感慨万千，仿佛再次置身于那段波澜壮阔的奋斗岁月之中。本书对于供水排水监测领域的专业人员、研究人员以及相关政策制定者而言，具有重要参考价值。我衷心希望这本书能够激发社会各界对供水排水监测事业的广泛关注与深入思考，共同助力这一事业的持续健康发展。

在此，我怀着满腔的热忱与期盼，衷心祝愿国家监测网能够守正创新，在建设宜居、韧性、智慧城市的工作中继续发挥作用，为我国城市水系统建设、水安全保障和水行业发展贡献更多智慧和更大力量！

国际欧亚科学院院士

建设部城市供水水质监测中心原主任

中国城镇供水排水协会原副会长兼秘书长

中国城市规划设计研究院原党委书记兼副院长

序四　致敬：三十载坚守与创新

　　城市基础设施建设对城市发展至关重要，其中供水排水系统作为生命线工程，其监测工作对政府履行供水水质和排水达标监督职能、促进供水排水行业有效监管具有重要意义。20世纪90年代初，国家城市供水水质监测网和国家城市排水监测网相继成立。这标志着供水排水监测工作步入规范化、专业化轨道，填补了该领域空白，为后续工作奠定坚实基础。30年来，国家监测网不断完善，监测能力和技术水平显著提升，促进了我国城市供水排水监测事业发展，为住房城乡建设高质量发展作出突出贡献。

　　服务民生福祉。供水排水监测工作通过合理的点位布局和科学的样品采集与检测分析，及时识别异常情况，确保设施的安全稳定运行，为政府决策提供有力的科学依据。自2004年建设部开展首次城市供水水质抽检起，国家监测网各监测站持续投入人员、技术参与该项工作。20年来，水质抽检已经覆盖了全国所有设市城市及县城，有效促进了设施的建设改造与科学运维，显著增强了城市供水的安全保障能力。

　　支撑政策制定。国家监测网积极搭建行业发展与科技创新、技术进步之间的桥梁，致力于将科研成果转化为政策和标准。各监测站通过实践积累，不断总结经验并提炼有效做法，积极参与了多项重大法规、政策及规划的研究与编制工作，为行业的稳健发展提供了坚实的技术支撑；牵头编制了数十项国家和行业标准规范，推动了检验方法的标准化进程，进一步完善了供水排水质量标准体系。

　　深入应急一线。作为国家城市供水排水领域的核心力量，国家监测网在重大自然灾害面前担当作为，冲锋在前。在2008年"5·12"汶川地震、2013年"4·20"雅安地震、2023年海河"23·7"流域性特大洪水等事件的应急工作中，监测技术人员总是第一时间奔赴现场，投身于应急监测、灾后重建评估以及应急供水等关键环节。在 2005 年松花江重大水污染、2015 年广元锑污染等事件的应急供水处理中，监测团队始终坚守在事故现场的最前线，为问题诊断、供水恢复提供了至关重要的技术支持。这种无私奉献、勇于担当的精神，体现了住房城乡建设工作者的崇高使命和责任感。

专注科研攻关。国家监测网深耕供水排水监测领域，积极参与各类科研课题，在检测方法开发、监管技术构建等多个关键环节实现了显著突破，极大地推动了我国供水排水监测技术的革新与进步，有效提升了监测与监管的效率和精确度。2024 年，由中国城市规划设计研究院牵头的住房城乡建设部饮用水安全保障工程技术创新中心被列入首批部级科技创新平台名单，这是对国家监测网工作的认可，也是对城市供水排水监测技术创新的期望。

中国城市规划设计研究院作为国家城市供排水监测网的中心站，组织编写《笃行至善：中国城市供水排水监测事业三十年》一书，以国家监测网的成立发展为线索，串联讲述了我国供水排水质量管理和监测事业的发展历程，是对工作的回顾、经验做法的总结，更体现了对未来的期待和展望。

城市供水排水监测是住房城乡建设工作中不可或缺的一环，关乎城市基础设施安全和居民的生活品质提升。2023 年，全国住房城乡建设工作会议指出，要深入践行人民城市理念，把增进民生福祉、推进共同富裕作为出发点和落脚点，打造宜居韧性智慧城市，这些工作都离不开城市供水排水监测工作的支撑。

在国家监测网成立 30 周年之际，祝愿我国城市供水排水监测事业继续扬帆，为保障城市供水排水安全、推动住房城乡建设工作高质量发展作出新的更大贡献。

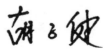

住房城乡建设部城市建设司司长

目 录

绪论

第1章 臻于至善：供水排水质量标准

第2章 规矩绳墨：供水排水检验方法标准化

第3章 奋楫笃行：供水水质监测监管

第4章 砥砺深耕：排水监测监管

第5章 知行合一：应急处置和重大事件保障

第6章 驰而不息：供水排水监测事业展望

绪论

供水排水系统作为城市不可或缺的生命线工程，其深埋地下的供水和排水网络都如同城市的血脉，昼夜不息，默默支撑着城市的日常运作，为保障居民生活品质、推动经济社会可持续发展作出了巨大贡献。

自古代以来，城市供水排水事业便伴随着人类文明的步伐不断发展。远古时期，简单的灌溉与排水系统便已初具雏形。随着定居生活的兴起和城市的初步形成，供水排水系统逐渐复杂化，以满足居民日益增长的饮水和排水需求。工业革命的到来以及现代公共卫生观念的普及，进一步催生了现代化供水厂和污水处理厂的诞生。

中华人民共和国成立后，国家对城市供水排水事业高度重视，经历了探索、增长、改革和提质等多个发展阶段。在这一历程中，1993 年成立的国家城市供水水质监测网和 1994 年成立的国家城市排水监测网（简称国家城市供排水监测网、国家监测网）发挥了举足轻重的作用，极大地推动了我国城市供水排水监测事业的蓬勃发展。因此，回顾中国供水排水监测事业 30 余年的发展历程，必然离不开对国家城市供排水监测网的深入研究，以及对其所取得成就的总结与梳理。

0.1　城市供水排水事业发展历程

0.1.1　古代供水排水实践探索

从古至今，城市与水紧密相关，人们选择建立城市的位置往往与附近的河流、湖泊或井水的可获得性密切相关。如《管子·乘马》就有："凡立国都，非于大山之下，必于广川之上。"彼时国都，指周天子分封的各诸侯国国君所在城市，川则指河流、水道。在古代，供水排水的需求随着人口聚集而显现，并在历史的长河中不断演进与变革，是我国文明发展的重要组成部分。我国排水发展的历史可追溯至史前时期，在裴李岗文化遗址发掘中发现的排水系统，距今已有9000多年，在龙山文化时期平粮台城遗址发掘中发现的陶制排水管道（图0-1），距今也有4000余年，商朝时期已见具备供水排水功能的城市水系统雏形，通过河渠、井水和简单的管道系统为城市供水，并利用排水沟渠处理废水。

图 0-1　平粮台城遗址发掘中出土的陶土排水管道

中国古代供水排水设施建设的早期探索

　　1975年在安阳殷墟，考古学家发现了商代王室用过的陶制水管。出土的陶制地下排水管道共28节，在表面有细小的绳纹，可以起到防滑的作用。其中，有一种陶制的三通管（图0-2），可以90°转弯。经历三千多年的陶制三通管与现代排水管别无二致，能够把多条水路汇聚成一处排放，解决了商朝都城的内涝、污水问题。

图 0-2　商代陶三通水管

中国古代对城市供水排水设施的重视程度随着城市数量的增长、城市规模的扩张和生活水平的改善而不断提高，初步具备供水排水设施之后，古人又逐渐建立了对饮水质量和人居环境改善的认识。在不断追求获得清洁用水和安全排水的同时，人们对饮用水水质的要求也逐步由个人本体感知发展成为重要的社会政治问题，并形成了天人合一的城市治水理念。

中国古代关于饮水质量和排水安全的早期探索

1995 年，在广州发掘出距今2000 多年的南越国宫署遗迹，共发现水井500 多口，其中一口可能是专供南越王赵佗饮用的水井（图0-3），井内渗出的水清澈纯净，可以现场饮用。经专业部门化验，这口水井的水质不但符合国家生活饮用水标准，而且其中主要的微量元素含量几乎达到了现代矿泉水的标准。

图 0-3 广州南越国宫署遗址中发现的水井

唐朝时期长安城俗称"西富东贵"，文人士大夫多在朱雀大街之东，"长安居、大不易"的著名诗人白居易在长安为官期间曾六次搬迁，最终回到城东的新昌坊。新昌坊的饮用水水源为新昌井，地高井深，井水以甘甜而闻名。诗人姚合在《新昌里》云："旧客常乐坊，井泉浊而咸。新屋新昌里，井泉清而甘"。 唐代诗人殷尧藩的诗作《新昌井》云："辘轳千转劳筋力，待得甘泉渴杀人。且共山麋同饮涧，玉沙铺底浅磷磷"。

对水质的评价最初来源于对饮用水的个人感观和酒、茶等饮料的生产实践。中国江南地区多产茶，因而对煎茶用水甚为讲究，所谓"欲治好茶，先藏好水"。唐代陆羽在《茶经》中论好水品级："山水为上，江水次之，井水为下。"这里所说的"山水"即山泉水、泉水。先秦典籍《礼记》中列有酿酒的六要素，其中之一即为"水泉必香"，也就是必须要用甘甜的泉水来酿酒。

宋朝时期兴修水利，不仅疏浚了汴河、蔡河、金水河、五丈河四条河渠用于漕运，形成了以京师开封为中心的运河系统，还修葺了发达的排水暗渠排放废水，其中最为著名的江西赣州的地下排水系统"福寿沟"，延续千年至今仍能使用。智慧的古人还利用大小石块、粗细砂砾、植物残叶制作了最早期的污水处理设施，将污水经过简单的过滤后再排放入河道中。宋朝《雍录》及元代《元史·河渠志》中，均有对提供居民用水及宫苑用水的河道"架空设槽""跨河跳槽"的记载，就是为了使居民及皇城用水水质不受其他水系的干扰，避免交叉污染。

0.1.2　现代供水排水事业萌芽

中华人民共和国成立前，我国虽然已经建成了最早的现代化供水厂和污水处理厂，但现代化供水排水基础设施建设刚刚起步且进展缓慢。到1949年，全国只有72个城市约900万人用上了自来水，日供水能力仅240.6万 m^3，仅有上海、南京建有4座小型污水处理厂，日处理能力约4万 m^3，有现代化污水处理厂和排水管道的城市很少，主要靠明渠或河道排水。

1. 第一座现代化供水厂

1881年8月，中国第一座现代化供水厂——上海杨树浦水厂动工建设（图0-4），1883年8月1日开始供水。至此，自来水在上海出现，一部分沪上居民结束了用"明矾"净化江河水饮用的生活。1910年北京建成了第一座供水厂——东直门水厂（图0-5），还铺设了百余公里供水管道，老北京的自来水系统初具规模。但大部分人家还没有安装管道、水表、龙头等，还需要以人力或畜力用水车送水到户。

图0-4　1883年建成的上海杨树浦水厂

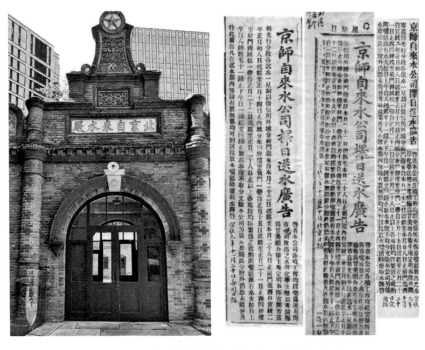

图0-5　1910年建成的京师自来水公司（东直门水厂）

上海市供水水质化验早期实践

上海供水事业刚创办的一段时间里，供水厂未设化验室，自来水不经检测就输送给用户。1883年12月曾在街道消火栓上取水样，送英商老德记药房（Messrs Llewellyn & Co.）检测。当月22日，该药房出具了中国供水行业的第一份自来水水质化验报告。

化验结果：总固体含量327.8mg/L、氯化物25.7mg/L、游离氨0.01mg/L和蛋白氨0.06mg/L，从含量中估计有机物的存在是非常小的，没有动物污染；硬度（以碳酸钙计）10英国度，同伦敦和英国其他工业城镇不相上下；无有毒金属铅、铜；微量混浊（用纸可以滤去），是由于少量的矽化镁，这是无毒性的。化验结果证明水的程度清洁，适宜于生活和制造用途。

1918年，杨树浦水厂建立化验室，水质检验逐渐纳入轨道，检验项目逐渐增多，将一些对人体有害物质列入日常检测内容，检验频率也增多，从定期检验到每日检验，或一日几次，有的项目一班几次。1950年8月起上海市公用局逐步建立水质检验制度，统一水质检验方法，并会同有关部门制定饮用水水质标准和监督考核办法。

资料来源：《上海公用事业志》

2. 第一座污水处理厂

1921年，我国首座污水处理厂在上海北区欧阳路开始筹建，于1923年正式投入运行。这不仅标志着我国现代污水处理行业的诞生，也拉开了中国现代污水处理的序幕。彼时的北区污水处理厂占地$0.84hm^2$，处理规模为$3500m^3/d$，尾水排入沙泾港。此后几年，东区污水处理厂和西区污水处理厂相继建成，日处理量分别攀升至1.7万 m^3/d 和1.5万 m^3/d，处理后的尾水分别排入黄浦江和苏州河。但在此后的近三十年里，我国基本再无新建的污水处理厂，且排水管道建设也鲜有进展。

0.1.3　中华人民共和国成立后供水排水事业发展

中华人民共和国的城市供水排水事业，与国家经济建设和社会发展"同频共振"，书写了辉煌篇章，取得了举世瞩目的成绩。在中央和各级地方政府及各部门的重视和支持下，遵循国家法规和方针政策，住房城乡建设部及地方建设主管部门积极努力，城市供水排水设施建设投入不断加大，设施作用快速提升，管理水平日益提高。改革开放春风化雨，各级政府对城市供水排水设施建设更加重视，社会资本参与热情高涨，共同推动供水排水设施高速度、高质量发展。这不仅为民生保障、城市环境改善、人民生活水平提高提供了坚实支撑，更为经济社会发展注入了强大动力。

1．探索（1949 年～1978 年）

中华人民共和国成立之初，为改善人民群众的生活环境，在大量建设工人新村的同时，配套建设了供水工程，并且集中供水站、点的快速建设，极大地便利了民众生活。对污染严重的城市臭河、臭坑进行整治与改造，并建设排水管渠，显著提升了城市环境质量。如北京的龙须沟、上海的肇家滨、南京的秦淮河、武汉的黄孝河、广州的玉带濠、天津赤龙河和四通河及南开蓄水池改造等。同时配合国家"一五"时期的重点工业项目，配套建成了一批新工业城市及新工业区的供水排水设施。这一阶段的城市供水排水事业属于政府统包、福利供给，中央政府将自来水设施、防洪排水设施等纳入城市建设的重要内容，将其归为综合建设管理部门的职能。

1954 年 8 月，借鉴苏联模式，建工部城市建设总局成立了给水排水设计院，承担了重点城市的供水排水工程设计任务，并发挥了重要的辐射作用，先后带动东北、华北等五个大区及北京、上海两大直辖市成立了城市设计院。在此背景下，新乡市供水工程、福州洪山桥水厂、无锡梅园水厂、上海长桥水厂、天津芥园水厂扩建工程、兰州西固水厂的黄河引水工程，以及洛阳、包头大型渗渠工程等相继开展，彰显了我国在自主设计、施工领域的卓越成就。

此后，由于三年"自然灾害"及"文化大革命"等影响，我国的经济发展遭到干扰，城市供水排水设施建设也受到制约。尽管此期间有若干供水工程投入运营，数量却相对有限。随着化工、农药、印染等工业行业的发展，城市污水中有毒有害物质逐渐增多，水体污染问题日益严重，引起了政府的高度重视。一些城市利用郊区的坑塘洼地、废河道、沼泽地等，稍加修整，便建成了稳定的生态塘等自然净化设施，对城市污水进行了初步净化处理，彰显了我国在环境保护方面的创新与努力。

1949 年～1978 年城市供水排水设施基本情况对比见表 0-1，我国供水能力从 0.02 亿 m^3/d 提升至 0.3 亿 m^3/d，年供水总量从 8.8 亿 m^3 提升至 78.8 亿 m^3，供水管道长度从 0.7 万 km 提升至 3.6 万 km，排水管道长度从 0.6 万 km 提升至 2.0 万 km。

　　　　　　　　　　　　　　表 0-1

年份	1949	1978	年份	1949	1978
供水能力（亿 m^3/d）	0.02	0.3	供水管道长度（万 km）	0.7	3.6
年供水总量（亿 m^3）	8.8	78.8	排水管道长度（万 km）	0.6	2.0

2. 增长（1979 年～1992 年）

1978 年，党的十一届三中全会召开，会后提出"调整、改革、整顿、提高"八字方针和一系列改革开放政策，催生了城市的迅速发展和小城镇的崛起。自此，全国经济社会发展进入新的历史阶段，是中华人民共和国成立以来发展最快的时期。在这股改革浪潮中，全国建设战线广大干部职工坚定不移地贯彻执行十一届三中全会以来的路线方针政策，紧紧围绕经济建设这个中心，不断解放思想、深化改革、扩大开放、奋力拼搏、开拓创新。在国家"开源节流并重"方针的引领下，供水事业快速发展，供水能力、水质、服务、技术及运行管理水平大幅度提高。北京水源九厂、天津新开河水厂、上海长桥水厂、成都水源六厂等一大批现代化供水厂相继建成投产。为改善水源短缺和原水水质，我国长距离调水工程增多，如天津引滦入津工程，上海黄浦江上游引水工程，青岛引黄济青工程，大连"引碧入连"供水工程等大型引水和水源工程投产，有效改善了原水水质，为供水工程提供了水源保障。此外，我国污水处理事业也取得了显著成果。继天津纪庄子污水处理厂成为我国第一座最大城市污水处理厂并投入使用后，成都三瓦窑、杭州四堡等大型污水处理厂也相继建成，为我国水环境治理贡献了力量。

这一时期，我国供水排水领域立法工作也逐步加速，先后出台了《中华人民共和国环境保护法》《中华人民共和国水污染防治法》《中华人民共和国水法》等具有历史意义的重要法律，为规范和引导城市供水排水工作提供了依据和支撑。

1978 年～1992 年，我国供水能力从 0.3 亿 m^3/d 提升至 1.6 亿 m^3/d，年供水总量从 78.8 亿 m^3 提升至 429.8 亿 m^3，供水人口从 0.6 亿人增加到 1.7 亿人，供水管道长度从 3.6 万 km 提升至 11.2 万 km（表 0-2）。

1978 年～1992 年城市供水排水设施基本情况对比见表 0-2，污水排放量从 149 亿 m^3 增加至 301 亿 m^3，污水处理厂从 37 座增加至 100 座，污水处理厂处理能力从 63.5 万 m^3/d 增加至 366 万 m^3/d，排水管道长度从 2.0 万 km 提升至 6.8 万 km。

1978 年～ 1992 年城市供水排水设施基本情况对比 表 0-2

年份	1978	1992	年份	1978	1992
供水能力（亿 m^3/d）	0.3	1.6	污水处理厂处理能力（万 m^3/d）	63.5	366
年供水总量（亿 m^3）	78.8	429.8	污水处理厂（座）	37	100
供水人口（亿人）	0.6	1.7	排水管道长度（万 km）	2.0	6.8
供水管长度（万 km）	3.6	11.2			

3. 改革（1993 年～ 2011 年）

1992 年党的十四大明确提出建立社会主义市场经济体制，这为我国城市供水排水行业的政企分开改革提供了宏观背景和政策导向。政府着手改革以往直接介入城市水务产业投资与运营的模式，力推政企分离的改革步伐。政府减少了对城市水务的直接投资和行政干预，与此同时，国有水务企业承担起原本政府的一部分职能，负责企业的投资、经营和管理。在这一背景下，城市水务行业开始积极探索适应市场经济体制的管理模式和运行机制。同年，颁布的《全民所有制工业企业转换经营机制条例》为改革提供了法律依据和行动指南，有力推动了水务企业，尤其是城市供水单位，逐步向"自主经营、自负盈亏、自我发展、自我约束的商品生产和经营单位"转型，众多城市供水企业进行改组改制，成立国有公司。

随着改革的深入，政府职能的转型势在必行。在此背景下，强化对供水和排水的监督管理成为当务之急，国家城市供排水监测网的诞生恰逢其时。1993 年和 1994 年，建设部先后组建了国家城市供水水质监测网和国家城市排水监测网，标志着我国城市供水排水事业进入了一个崭新的阶段。

在这一阶段，城市化进程全面推进，以城市建设、小城镇发展和经济开发区建设为主要动力，城市化率进一步提高。尤其是自 20 世纪 90 年代中后期以来，由于经济体制改革的不断深化和市场经济活力的持续增强，城市化进程步伐显著加快，这一加速趋势带动了城市供水排水设施在规模、能力及运维水平上的快速增长。供水厂数量和规模增加的同时，处理工艺也从传统的简易和常规处理，向强化和深度处理探索升级。在经济发达地区和大中城市，如上海、广州、北京等地相继建成了大型的污水处理厂，标志着我国城市污水处理设施进入到规模化、产业化的发展阶段。

这一阶段，我国供水排水方面的法律法规体系不断健全，先后出台了《城市供水条例》

《城市节约用水管理规定》《取水许可和水资源费征收管理条例》等。除上述法律和行政法规以外，建设部等还制定了众多部门规章，包括《城市供水水质管理规定》《生活饮用水卫生监督管理办法》《城市排水许可管理办法》等。在此基础上，各地方纷纷制定和颁发了许多地方法规和地方政府规章，促使我国的供水排水行业形成了较为完善的法规体系。这一体系不仅为依法开展各项建设和管理工作提供了重要的法律支撑，更为行业的制度建设注入了强大动力。

1993 年～2011 年城市供水排水设施基本情况对比见表 0-3，我国供水能力从 1.7 亿 m^3/d 提升至 2.7 亿 m^3/d，年供水总量从 450.2 亿 m^3 提升至 513.4 亿 m^3，城市供水普及率显著提高，从 55.2% 提升至 97.0%，更多的城市居民享受到了安全可靠的自来水供应，供水人口从 1.9 亿人增加到 4.0 亿人，供水管道长度从 12.3 万 km 提升至 57.4 万 km。

我国排水设施的增长更为显著，排水管道长度从 7.5 万 km 提升至 41.4 万 km，污水年排放量从 311.3 亿 m^3 增加至 403.7 亿 m^3，污水年处理量从 62.3 亿 m^3 增加至 337.6 亿 m^3，污水处理率从 20.0% 提升至 83.6%，污水处理厂从 108 座增加至 1588 座，污水处理厂处理能力从 449.0 万 m^3/d 增加至 11303.0 万 m^3/d。此外，净水和污水处理工艺也逐步迭代更新，污水再生利用能力逐步增强，同时，随着环保政策的深入实施和污水处理工艺的不断进步，我国城市水环境质量也得到了显著改善。

1993 年～2011 年城市供水排水设施基本情况对比

表 0-3

年份	1993	2011	年份	1993	2011
供水能力（亿 m^3/d）	1.7	2.7	污水处理厂处理能力（万 m^3/d）	449.0	11303.0
年供水总量（亿 m^3）	450.2	513.4	污水年处理量（亿 m^3）	62.3	337.6
供水普及率（%）	55.2	97.0	污水处理率（%）	20.0	83.6
供水人口（亿人）	1.9	4.0	污水处理厂（座）	108	1588
供水管道长度（万 km）	12.3	57.4	排水管道长度（万 km）	7.5	41.4

4. 提质（2012 年至今）

2012 年，党的十八大将生态文明建设纳入中国特色社会主义事业"五位一体"总体布局。以习近平同志为核心的党中央站在全局和战略的高度，对生态文明建设提出一系列新思想、新战略、新要求，以前所未有的力度推进生态文明建设，对推进公共服务和基础设施均衡发展、优质发展、创新发展提出了新的要求。"节水优先、空间均衡、系统治理、两手发力"的治水思路,赋予了新时期城市治水的新内涵、新要求、新任务,为强化水资源供给、水安全保障和水环境治理指明了方向,是做好城市水系统建设工作的科学指南。要基于水资源、水环境的承载能力,优化区域空间发展布局,坚持"以水定城、以水定地、以水定人、以水定产"的原则,量水而行、因水制宜。

国家出台了涉及污染治理、非常规水资源利用、生态保护和修复、节能降碳、生产生活绿色转型等多个方面的政策制度,我国城市供水排水相关规章制度和政策得到进一步完善,综合服务能力显著提升,对社会经济发展的支撑作用日益增强。在探索符合国情的城市供水排水工作模式过程中,开展了众多有价值的实践,并取得了很大的成绩。以饮用水安全保障、排水防涝设施建设、海绵城市建设、黑臭水体治理、污水提质增效、污水资源化、减污降碳协同增效等工作为抓手,探索并形成了从目标理念、突出问题、基础设施、运行效率等多角度出发的城市供水排水问题解决方案。这些举措为我国城市水系统体系化建设积累了大量理论和实践经验。

2017 年,党的十九大胜利召开,会议报告指出我国经济已由高速增长阶段转向高质量发展阶段。城市基础设施,作为人民美好生活的基础,正经历着从"满足需求"到"高质量发展"的深刻转变。城市供水排水设施的建设与运行模式,也随之从以往的增量建设为主转向存量提质增效与增量结构调整并重。水资源、水环境、水安全、水生态"四水"统筹的综合需求开始释放。同时,随着物联网、智能传感、云计算等技术逐步融合应用至城市供水排水领域,为供水排水智慧化运行带来了前所未有的机遇。智慧水务的加速推进,标志着我国供水排水事业快速成长并逐渐繁荣。市场化程度和行业集中度明显提高,预示着供水排水事业正步入蓬勃快速发展和高质量发展的新时期。

2012 年~ 2022 年城市供水排水设施基本情况对比见表 0-4,我国供水能力从 2.8 亿 m^3/d 提升至 3.2 亿 m^3/d,年供水总量从 523.0 亿 m^3 提升至 674.4 亿 m^3,城市供水普及率显著提高,从 97.2% 提升至 99.4%,更多的城市居民享受到了安全可靠的自来水供应,供水人口从 4.1 亿人增加到 5.6 亿人,供水管道长度从 59.2 万 km 提升至 110.3 万 km。

我国排水设施的增长更为显著,排水管道长度从 43.9 万 km 提升至 91.4 万 km,污水年排放量从 416.8 亿 m^3 增加至 639.0 亿 m^3,污水年处理量从 343.8 亿 m^3 增加至 626.9 亿 m^3,污水处理率从 87.3% 提升至 98.1%,污水处理厂从 1670 座增加至 2894 座,污水处理厂处理能力从 11733.0 万 m^3/d 增加至 21606.1 万 m^3/d。

2012 年～2022 年城市供水排水设施基本情况对比　表 0—4

年份	2012	2022	年份	2012	2022
供水能力（亿 m³/d）	2.8	3.2	污水处理厂处理能力（万 m³/d）	11733.0	21606.1
供水总量（亿 m³）	523.0	674.4	污水年处理量（亿 m³）	343.8	626.9
供水普及率（%）	97.2	99.4	污水处理率（%）	87.3	98.1
供水人口（亿人）	4.1	5.6	污水处理厂（座）	1670	2894
供水管道长度（万 km）	59.2	110.3	排水管道长度（万 km）	43.9	91.4

1949 年～2022 年城市供水排水设施基本情况对比如图 0-6 所示。

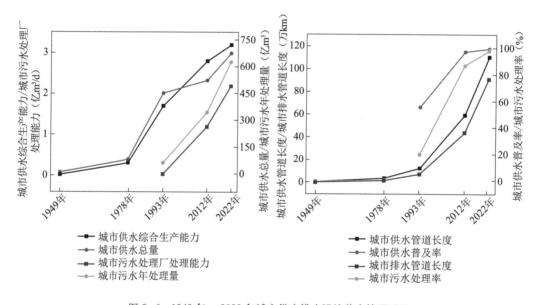

图 0-6　1949 年～2022 年城市供水排水设施基本情况对比

0.2　国家城市供排水监测网创立与发展

在中国供水排水事业的发展历程中，国家城市供水水质监测网与国家城市排水监测网的成立具有里程碑式的意义。两个监测网的成立与发展壮大，极大地推动和促进了我国城市供水排水监测技术的进步与监管能力的提升，为我国供水排水监测事业的蓬勃发展作出了卓越贡献。

0.2.1 初创

20 世纪 90 年代，在建设社会主义市场经济体制的背景下，城市水务行业管理体制启动改革，原有计划经济体制下形成的政府对企业“大包大揽的家长式”管理模式被打破，城市水务工作不再全部由政府直接投资、建设和经营，取而代之的是市场化运行机制下的企业自主经营，政府与企业间的角色定位关系随之转变。在此情况下，传统的管理方式已经不能适应新的形势需要，这就要求政府按照政企分开的原则依法对企业进行指导、监督和行业管理，强化行政管理职能。与此同时，随着我国城镇化、工业化和市场化的持续深化，城市供水排水行业在国民经济中的地位日益凸显，同时也面临着日益增多的挑战与机遇。作为支撑城市居民生活与经济发展的关键基础设施，城市供水排水行业的政府监管显得尤为重要。

1993 年，建设部下达《关于组建国家城市供水水质监测网的通知》，在建设部和各地方主管部门的重视和支持下，各城市供水企（事）业单位积极配合，组建了国家城市供水水质监测网（图 0–7 ~ 图 0–12，图 0–15，图 0–16），以全面履行政府在保障供水水质方面的监管职责。1994 年，建设部还下发了《关于组建国家城市排水

国家城市供水水质监测网
计量认证工作进展顺利

1994 年在建设部和国家技术监督局的领导下，国家城市供水水质监测网第二批监测站陆续通过计量认证的评审工作。

1993 年第一批被国家技术监督局批准的北京、哈尔滨、天津、上海、广州、成都、兰州、武汉、南京、沈阳、长春、西安等共 12 个监测站，全部领发了计量认证合格证书。

1994 年初，建设部决定进一步扩大国家城市供水水质监测网。根据各省的申请，经建设部批准，国家技术监督局同意：太原、济南、大连、南昌、深圳、株州、郑州、合肥、杭州、南宁、福州、昆明、石家庄等 13 个城市的监测站，列入 1994 年国家级实验室计量认证计划。

中国城镇供水协会于 1994 年 2 月在北京举办了第二期国家级常任评审员培训班；3 月 10 日在济南举办了“国家城市供水水质监测站站长培训班”为评审和建站工作做好准备。

各省、市主管领导和挂靠单位（自来水公司）领导都十分重视和支持这项工作，特别是监测站的全体职工在短短的几个月内做了大量的准备工作，到 10 月底有 8 个监测站已经顺利的通过了正式评审，待请国家技术监督局审批。计划年内还将评审 3 个，1995 年初全部完成评审工作。

目前，许多省已经开始组建省级城市供水水质监测网。一个完整的城市供水水质质量监测体系即将在我国出现，它将有利于推动和加强城市供水水质的管理工作。（许树礼）

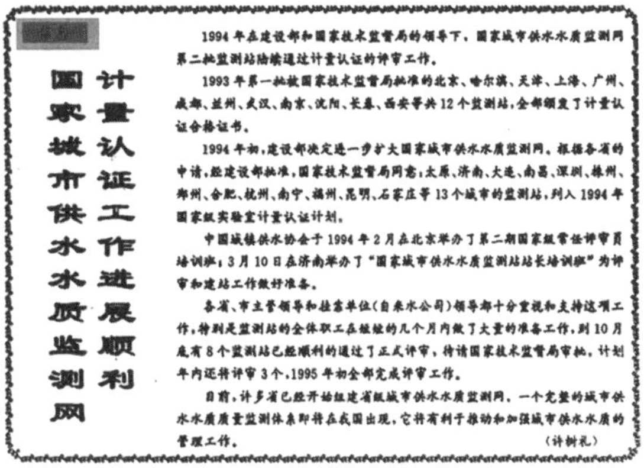

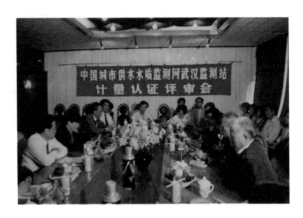

图 0–7　国家城市供水水质监测网首批获得计量认定新闻

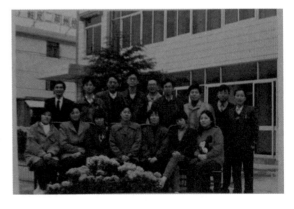

图 0–8　1993 年国家城市供水水质监测网武汉监测站计量认证评审现场

图 0–9　1994 年国家城市供水水质监测网杭州监测站首次通过计量认证

监测网的通知》，规定国家城市排水监测网由各地区城市排水监测站组成（图0-13，图0-17），受建设部委托，行使一定的行政监督职能，为保障城市排水设施正常运行，加强城市排水污染治理、保护水环境开展工作。

组建国家城市供水水质监测网和国家城市排水监测网（简称国家城市供排水监测网），是供水排水行业适应社会主义市场经济体制开展的制度改革和机制创新，为供水排水监测技术的发展铺就了道路，为供水排水监管工作奠定了基础，为城市水务的质量管理指明了方向。

0.2.2 发展

在国家城市供排水监测网成立后，成员单位在强化自身能力建设的同时，按照主管部门工作部署，开展了一系列供水排水监测监管探索，进一步推动了我国城市供水排水监测体系的建立和完善。

1."两级网、三级站"监测体系的确立

1999年，建设部出台了《城市供水水质管理规定》，提出城市供水水质管理行业监测体系由国家和地方两级城市供水水质监测网络组成，正式确立了我国城市供水监测体系的"两级

图0-10　1994年国家城市供水水质监测网株洲监测站授牌

图0-11　1994年国家城市供水水质监测网福州监测站成立

图0-12　1994年国家城市供水水质监测网长春监测站合影

图 0-13　1995 年国家城市排水监测网青岛监测站成立

网、三级站"组织架构。此后 2007 年修订出台的《城市供水水质管理规定》和 2012 年发布的《关于进一步加强城市排水监测体系建设工作的通知》，均进一步明确了城市供水排水监测体系的定位、构成、职能和管理体制，构建了供水排水检验检测行业"两级网、三级站"的基本框架，形成了覆盖全国的供水排水检验检测网络。"两级网"指的是国家供水水质或排水监测网、地方供水水质或排水监测网。"三级站"则包括国家中心站、设立在重点城市的国家站和设立在其他城市的地方站。"两级网、三级站"的框架不仅明确了各级政府和监测站在水质管理方面的职责和权限，还为我国城市供水与排水监测体系的健康发展指明了方向。城市供水排水监测体系示意图如图 0-14 所示。

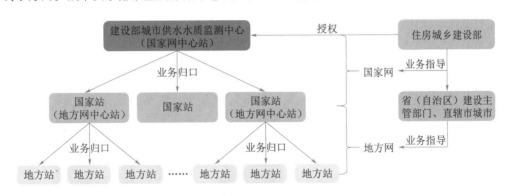

图 0-14　城市供水排水监测体系示意图

2. 监测监管能力的提升

在"两级网、三级站"架构确立后，国家城市供排水监测网的能力和作用日渐凸显。相关主管部门先后编制出台了《"十二五"全国城镇污水处理及再生利用设施建设规划》《"十三五"全国城镇污水处理及再生利用设施建设规划》《"十四五"全国城市基础设施建设规划》等规划，以及《关于加强城市供水水质督察工作的通知》和《关于进一步加强城市排水监测体系建设工作的通知》等政策文件。这些政策文件的发布和相关工作的开展，对强化监测和监管能力提出了明确要求，进一步促进了国家城市供排水监测网机构数量的增长、规模能力的扩张和体系的完善。

3. 推动供水排水事业发展

在我国供水排水事业的发展历程中，国家城市供排水监测网发挥了重要作用、扮演着重要角色。党的十四大明确提出建立社会主义市场经济体制后，我国供水排水事业进入改革扩张的阶段，国家城市供排水监测网协助政府履行监管职责，填补了由于社会主义市场经济体制改革产生的水务公共服务监管空白，推动水务企业科学管理和技术创新，促进公共服务水平提升。党的十八大提出加快推进生态文明建设、提供优质公共服务等要求后，我国供水排水事业进入提质转型阶段，国家城市供排水监测网，适

图0-15　2000年国家城市供水水质监测网青岛监测站成立

图0-16　2001年国家城市供水水质监测网西宁监测站通过国家计量认证

图0-17　2005年国家城市供水水质监测网／国家城市排水监测网济南监测站成立揭牌

应存量提质增效与增量结构调整并重的新形势，提出了城市供水排水管理的新质量目标，推动了城市水务的高效智慧监管，助力供水排水行业由"满足需求"向"高质量发展"过渡，满足人民群众不断增长的美好生活需求。

国家城市供排水监测网既是供水排水事业发展的重要推动者，通过保障水质安全、促进技术创新、提升管理水平、推动政策等方面促进行业健康发展，又是供水排水事业发展的极大受益者，通过设施完善、工艺进步、管理升级获取源源不断的发展动力。

4. 领导关怀

国家城市供排水监测网的成长与发展历程中，得到了各级领导的深切关怀与帮助。30年前，时任建设部城市建设司司长的汪光焘，发起并领导创建了国家城市供排水监测网，从此，供水排水行业有了一支"特殊队伍"。若干年后，调任建设部部长的汪光焘，在国家城市供排水监测网的制度建设、组织机构发展等方面继续给予高度关注和大力支持。25年前，时任建设部部长的俞正声批准发布了《城市供水水质管理规定》，确立了以"两级网、三级站"为核心的监测体系，从此，国家城市供排水监测网有了"中心站"。在随后的科研事业单位转企改制中，俞正声高瞻远瞩，坚持继续设立国家的"中心站"，这为后来的跨域发展奠定了重要的组织基础。20年前，时任建设部副部长的仇保兴领导开展了第一次全国性的水质督察工作，其后多次就相关问题向国务院汇报，呼吁中央有关部门给予支持，2007年财政部正式设立"城市供水水质督察监测专项经费"，从此，水质督察有了中央财政经费的支持。在过去30年的发展过程中，住房城乡建设部许多领导、行业专家和同仁均以不同方式给予大力支持，为国家城市供排水监测网的发展作出了重要贡献。

国家城市供排水监测网所取得成就也获得了各级领导的高度认可与充分肯定。2015年，习近平总书记来到北京市自来水集团有限责任公司，并走进水厂综合处理车间和国家城市供水水质监测网北京监测站的水质实验室，了解供水安全保障水平等情况。

2014年，在国家城市供排水监测网成立二十周年之际，原建设部部长汪光焘谈到：国家城市供排水监测网在水质督察、科技攻关、行业服务等方面取得了显著成效。我和国家城市供排水监测网建立了十分深厚的感情，为国家城市供排水监测网取得的成绩而庆贺、高兴。住房城乡建设部原副部长仇保兴指出：国家城市供排水监测网是支撑政府履行相关职能、促进行业有效监管的重要形式，在保障我国城市水安全中发挥了重要作用。

0.2.3 贡献

国家城市供排水监测网成立以来，走过了 30 年不平凡的历程。不断适应发展需要，坚持改革创新，持续提升服务，监测站技术装备和科研实力实现跨越式发展，能力建设得到很大提升，以"两级网、三级站"为核心的城市供水排水监测体系日趋完善，在能力建设、水质督察、科技攻关、标准制定、公益服务等方面开展了大量工作，取得了丰硕成果，极大促进了城市供水排水安全的监测和监管能力的提升，在保障我国城市水安全中发挥了"先头军"和中流砥柱的作用，为保障城市供水水质安全、推进水环境治理和改善人居环境工作作出了突出贡献。

能力建设长足发展，监测体系日趋健全。在国家城市供排水监测网成立初期，成员单位仅有 16 个，此后不断有技术先进、行业影响力大、监管支撑能力强的成员单位加入，截至 2023 年已经增长到 67 个，覆盖了除拉萨以外的全部直辖市、计划单列市、省会城市等 43 个重点城市，技术人员增长到 2500 余人，监测仪器设备原值从 1.4 亿元增长到 16 亿多元。通过国家城市供排水监测网的建设示范、带动和指导，地方监测网的建设也取得长足进展，地方城市供排水监测网监测站达 200 多个，构建了以"两级网、三级站"为核心的全国城市供水排水监测体系，是我国城市供水、排水行业不可或缺的一支优秀队伍。

业务体系不断完善，有力支撑行业发展。国家城市供排水监测网承担了大量主管部门委托的行业监管和研究工作。从 2004 年起，国家城市供水水质监测网接受住房城乡建设部委托，开展全国水质督察工作，建立了城市供水水质督察技术体系，显著加大了政府对供水安全的监管能力，有力促进了各地的供水安全管理和供水设施改造工作。国家城市供水水质监测网推动建设了城市供水水质监管平台，实现了对全国重点城市水质数据的信息化管理，推动了实验室检测、在线监测、应急监测的协同开展，支撑了多项行业法规、政策、规划的编制和实施，为提升我国城市供水排水安全监管能力提供了重要的技术支撑。

科研能力大幅提升，推动行业技术进步。国家城市供排水监测网建立后，各成员单位围绕供水排水监测科技发展需求，致力于科技攻关，承担了大量战略性、前瞻性科研任务。"十一五"时期以来，40 余家成员单位参与国家水体污染控制与治理科技重大专项（简称水专项）等供水领域科研项目，在水质监测方法、供水水质督察、供水信息平台建设等方面开展了系统、深入的研究工作，产出了近百项技术成果，并形成了一系列标准规范，填补了多项行业空白，为城市供水排水安全保障提供了坚实的技术支撑。

灾难面前勇于担当，全力保障用水安全。在国家重大自然灾害、水质污染事故导致的供水突发事件面前，在重大事件的供水排水安全保障工作中，国家城市供排水监测网各成员单位的技术人员总是冲在一线，积极参与抢险救灾、应急供水和排水安全保障工作，在多次灾后应急供水中发挥了重要作用。先后参与了 2008 年"5·12"汶川地震、2013 年"4·20"雅安地震、2023 年海河"23·7"流域性特大洪水等十余次应急供水救援和处置工作。其中，在"5·12"汶川地震发生后，国家城市供水水质监测网根据住房城乡建设部的整体部署，组织 16 个国家站 48 名技术骨干，陆续奔赴现场，历时 52d 完成了灾区应急供水监测任务，为救灾部队、灾区人民的应急供水、安全供水，提供了可靠保障。在应对处理水质突发事件上发挥了重要的技术支撑作用。此外，在 2005 年松花江水污染事件、2007 年太湖蓝藻暴发事件中，国家城市供排水监测网为保障应急期城市安全供水提供了技术支撑。在危险面前毫不退缩，在关键时刻挺身而出，展现出了"大我"的全局意识和"忘我"的献身精神，为保障人民群众的用水安全作出了重大贡献。

0.3　本书编写意义

国家城市供排水监测网走过的 30 年，是城市水务监管工作的缩影，是供水排水监测事业发展的重要里程碑。在这 30 年里，国家城市供排水监测网不断适应城市发展需求，通过技术创新和监管模式的优化，有效提升了供水排水服务的质量和效率。同时，也积极应对各种挑战，为城市的可持续发展提供了有力支持，不仅见证了这一领域的监测技术进步和监管体系的完善，还深刻反映了我国城市供水排水监测工作的演变与成就，是我国城市水务画卷中浓墨重彩的一笔。

本书各章节依次阐述城市供水排水质量标准的发展历程与变迁，供水排水检验方法标准化的演进轨迹，供水水质与排水监测监管体系的建立与完善过程，以及在应急处置和重大事件中的供水排水监测实践案例，并对我国供水排水监测事业的未来发展进行了展望。国家城市供排水监测网各监测站贯穿其中，充分体现了国家城市供排水监测网对我国供水排水监测事业的巨大贡献。因此，这些文字描述不仅是对中国供水排水监测事业发展历程的回顾与前瞻，也是对国家监测网所取得成就的总结、梳理与展示。

第1章 臻于至善：供水排水质量标准

水质标准是国家、部门或地区规定的各种用水或排放水在物理、化学、生物学性质等方面所应达到的要求。它是在水质基准基础上产生的具有法律效力的强制性法令，是判断水质是否适用的尺度，是水质规划的目标和水质管理的技术基础，对于不同用途的水质，有不同的要求，从而根据自然环境、技术条件、经济水平、损益分析，制定出不同的水质标准。我国近现代最早的供水水质标准可以追溯到20世纪20年代至30年代，1927年9月上海市颁布我国第一部饮用水水质的地方标准——《上海市饮用水清洁标准》，1937年北京自来水公司发布我国第一部饮用水水质企业标准——《水质标准表》。这两个标准仅包含水的外观和预防水致传染病方面的项目。

随着人们对生态环境保护和人类健康的认识逐渐深化，以及供水和排水行业的技术发展和管理提升，我国城市供水排水事业迅猛发展，作为衡量产品质量的标尺准绳，城市供水排水质量标准也在持续发展。中华人民共和国成立以来，政府十分重视饮用水安全保障和污水达标排放工作，有关部门持续组织供水、排水、污泥、气体相关质量标准的研究和制定工作，并根据科学技术的发展和我国国情多次组织了标准修订。尤其是党的十八大以来，党中央、国务院高度重视饮用水安全保障和水环境治理工作，国家和地方层面也开展了诸多新的探索实践。我国供水排水质量标准经历了从无到有、日臻完善的发展历程，为城市供水排水安全保障工作提供了重要指引和支撑。

1.1 城市供水水质标准

城市供水水质标准是国家、部门或地区，以保护人群身体健康和保证人类生活质量为出发点，对城市供水中与人群健康相关或影响水质感官性状的各种因素（物理、化学和生物）作出的量值规定，是判断水质是否适用于城市供水的重要依据，也是城市供水工作的目标和水质管理的基础，对于维护公众健康、促进城市可持续发展具有重要意义。

1.1.1 起步探索（1949 年～ 1978 年）

1. 背景情况

中华人民共和国成立初期，我国只有北京、上海、天津、重庆、广州、南京、大连、武汉、青岛、哈尔滨、汕头、成都等 72 个城镇建有自来水厂，日供水能力仅有 240.6 万 m³，供水服务人口约 900 万人。当时的自来水厂净水工艺简单，技术落后，净化构筑物多数较为简陋，多采用土沉淀池、慢砂滤池等，全国也没有统一的城市供水水质标准。

1953 年～ 1957 年，我国实行发展国民经济的第一个五年计划，为配合工业经济的建设，各地开始建设城市供水工程，多个城市开始进入供水事业始创的阶段，如 1954 年无锡第一座供水厂梅园水厂建成供水，1954 年蚌埠第一座供水厂建成供水等。在这个阶段，除了建设集中式供水厂外，各地还在地下水资源丰富的地区采用设置便民水站的方式保障居民饮用水的使用，如北京建立了 1000 多处以地下水为水源并消毒后供水的民主水站。各种形式的自来水逐步进入千家万户，极大地改善了旧社会老百姓喝水难、买水贵的局面。至 1960 年，全国已建成 326 座供水厂，日供水能力 1020.8 万 m³，以地表水为水源的供水厂普遍采用常规净水工艺(混凝－沉淀－过滤－消毒的全部工序或部分工序)。与之前各家各户分散取水相比，自来水品质显著提升，人们对饮用水有了新的认识，也对水质安全越来越重视。1960 年～ 1962 年，我国经历了 3 年困难时期，城市供水设施投资显著下降，之后直至 1978 年才逐步恢复，在这期间城市供水厂数量增加缓慢，年均仅增加 10 座。至 1978 年年底，我国城市供水厂共 512 座，全国城市公共供水综合生产能力增加到 2530 万 m³/d，服务人口 6267.1 万人（图 1-1）。

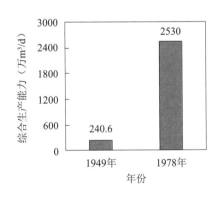
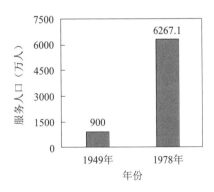

图 1-1　1949 年和 1978 年供水综合生产能力和服务人口情况对比图

2．主要标准和文件

1949 年～ 1978 年，是城市供水质量标准从无到有的探索起步阶段。相关部门开展了对生活饮用水水质标准的研究和制定工作，先后制定发布了《饮用水水质标准》（草案）、《生活饮用水卫生规程》和《生活饮用水卫生标准》（试行）TJ 20—76 等技术标准，内容主要集中于感官指标及与人体健康密切相关的化学物质和微生物指标。

（1）《饮用水水质标准》（草案）

1954 年卫生部拟订自来水水质暂行标准草案，发布了《自来水水质暂行标准》，并于 1955 年 5 月起在北京、天津、上海等全国 12 个大城市试行。这是我国最早的一部国家层面的生活饮用水技术法规，其中包含了 15 项指标。在《自来水水质暂行标准》试行基础上，参考国外相关标准，1956 年由国家基本建设委员会和卫生部共同审查批准，发布了《饮用水水质标准》（草案），于 1956 年 12 月 1 日起实施。同年还审查通过了《集中式生活饮用水水源选择及水质评价暂行规定》，对水源选择、水质评价的原则及水样采集和检验要求进行了规定，标准自 1957 年 4 月 1 日起实施。

《饮用水水质标准》（草案）

水质指标：15 项，包括微生物指标 2 项、毒理学指标 3 项、感官性状和一般化学指标 9 项、消毒剂指标 1 项。

指标名称：

微生物指标：细菌总数、大肠菌群；

毒理学指标：氟化物、铅、砷；

感官性状和一般化学指标：透明度、色度、嗅和味、pH 值、总硬度、铜、锌、总铁、酚；

消毒剂指标：余氯。

值得一提的是，在《饮用水水质标准》（草案）发布前，上海市已经开始了标准制定的先期探索。1950 年 5 月，上海市人民政府颁布地方标准《上海市自来水水质标准》，其中包含 16 个项目（微生物指标包括细菌、大肠菌 2 项；化学检验指标包括氢游子值、碱度、剩余氯、氯化物、固体总量、总硬度、铁、铜、锌、铝、氟 11 项；物理检验指标包括浑浊度、色、嗅味 3 项）。

（2）《生活饮用水卫生规程》

1959 年 8 月 31 日，建筑工程部和卫生部联合批准发布了《生活饮用水卫生规程》，自 1959 年 11 月 1 日起实施。该规程是在《饮用水水质标准》（草案）和《集中式生活饮用水水源选择及水质评价暂行规定》基础上修订完成的，包括水质指标、水源选择和水源卫生防护 3 部分内容。

> ### 《生活饮用水卫生规程》
>
> 水质指标：17 项，包括微生物指标 2 项、毒理学指标 3 项、感官性状和一般化学指标 11 项、消毒剂指标 1 项。
>
> 指标名称：
>
> 微生物指标：细菌总数、大肠菌群；
>
> 毒理学指标：氟化物、铅、砷；
>
> 感官性状和一般化学指标：透明度、色度、嗅和味、pH 值、总硬度、铜、锌、总铁、酚、浑浊度、水中不得含有肉眼可见的水生生物及令人嫌恶的物质；
>
> 消毒剂指标：余氯。

（3）《生活饮用水卫生标准》（试行）TJ 20—76

1976 年由国家基本建设委员会和卫生部批准发布了《生活饮用水卫生标准》（试行）TJ 20—76，自 1976 年 12 月 1 日实施。该标准包括总则、水质标准、水源选择、水源卫生防护和水质检验 5 部分内容。本次修订将标准名称修改为《生活饮用水卫生标准》，该名称一直沿用至今。

> ### 《生活饮用水卫生标准》（试行）TJ 20—76
>
> 水质指标：23 项，包括微生物指标 2 项、毒理学指标 8 项、感官性状和一般化学指标 12 项、消毒剂指标 1 项。
>
> 指标名称：
>
> 微生物指标：细菌总数、大肠菌群；
>
> 毒理学指标：砷、硒、汞、铅、镉、六价铬、氟化物、氰化物；

> 感官性状和一般化学指标：浑浊度、色、嗅和味、肉眼可见物、总硬度、
> pH 值、挥发酚类、阴离子合成洗涤剂、铁、锰、铜、锌；
>
> 消毒剂指标：余氯。

(4) 同时期国际上相关标准的制订修订情况

1914 年，美国发布了饮用水水质标准，揭开了真正具有现代意义的水质标准的序幕，此后于 1925 年、1942 年、1946 年和 1962 年对其水质标准不断进行修订和补充，到 1962 年包含了 28 项指标。1974 年美国颁布实施了《安全饮用水法》，明确规定了保护国家公共饮用水的供应及源头，对具有明显健康风险或可能在饮水中出现的污染物做出限制，并规定每种污染物要有联邦立法确保饮用水符合人体健康的标准。

世界卫生组织（WHO）在 1958 年颁布了第一个有关饮用水水质的文件，其中包括饮用水标准和检测方法。1963 年在此基础上增加了 7 种金属的最大允许浓度和饮用水的 18 个参数，同时在这个标准中也讨论了氟和硝酸盐可接受的极限，以及建议的放射性极限。

1958 年日本依据《水道法》制定了第一部生活饮用水水质标准。该标准水质指标主要包括能产生直接健康危害或者危害发生可能性高的项目，包括微生物指标、无机物指标和感官指标，其后仅对个别指标进行了修订，1978 年日本修订后的水质标准中包括 26 项指标。

1.1.2 开放学习（1979 年～ 2003 年）

1. 背景情况

改革开放以来，社会经济快速发展，城市供水也进入高速发展阶段，至 2003 年年底，全国共有公共供水厂 1823 座，全国城市公共供水综合生产能力 23967.1 万 m^3/d，服务人口 29124.5 万人，供水能力和服务人口显著提高（图 1-2）。

随着供水事业的大发展大提高，对供水水质的重视程度、保障水平和检测能力都得到了显著提升。1993 年，建设部组建了国家城市供水水质监测网，在建设部和各地方主管部门的重视和支持下，各城市供水企（事）业单位积极配合，组建了国家城市供水水质监测网，以全面履行政府在保障供水水质方面的监管职责。在供水大发展的同时，由于原有

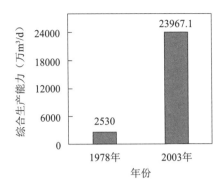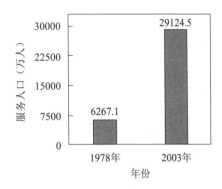

图 1-2 1978 年和 2003 年供水综合生产能力和服务人口情况对比图

的陈旧老化设施没有及时更新、水厂建设和运行还存在不科学不规范问题、区域性水源污染或水源不足等原因，导致部分城市的供水水质和服务质量偏低。为保障饮用水安全，规范、引领和指导全国供水工作，在国家层面制定权威性的标准规范和行业规划的需求日益强烈。

与此同时，随着天然水体中污染成分的种类和浓度迅速增加，化学物质的分析技术不断提高，以及医学、生物学和化学等学科对水质研究的不断深入，国际上饮用水水质标准快速发展完善，指标不断增加，特别是有机污染物，同时各项指标的限值不断调整且越来越严格，为我国城市供水水质标准的完善提供了数据参考和经验借鉴。

2．主要标准和文件

1979 年～2003 年，是城市供水质量标准开放学习的高速发展阶段。城市供水和卫生主管部门深入研究并完善技术标准和工作规划，先后发布了《生活饮用水卫生标准》GB 5749—85、《城市供水行业 2000 年技术进步发展规划》和《生活饮用水卫生规范》，这一阶段的指引性水质要求已经与世界先进水平全面接轨。

（1）《生活饮用水卫生标准》GB 5749—85

1985 年，中华人民共和国国家质量监督检验检疫总局正式发布了《生活饮用水卫生标准》GB 5749—85，自 1986 年 10 月 1 日起实施。该标准中包括总则、水质标准和卫生要求、水源选择、水源卫生防护、水质检验五部分内容。本次修订中，首次将放射性指标和与人体健康密切相关的三氯甲烷、四氯化碳、苯并（a）芘、六六六、滴滴涕等有机化合物指标纳入标准。同时，我国饮用水标准中的指标体系架构在原来的微生物指标、毒理学指标、感官性状和一般化学指标、消毒剂指标的基础上扩增了放射性指标，该指标体系架构一直沿用至今。

《生活饮用水卫生标准》GB 5749—85

水质指标：35 项，包含微生物指标 2 项、毒理学指标 15 项、感官性状和一般化学指标 15 项、消毒剂指标 1 项、放射性指标 2 项。

指标名称：

微生物指标：细菌总数、大肠菌群；

毒理学指标：砷、硒、汞、铅、镉、六价铬、氟化物、氰化物、银、硝酸盐、三氯甲烷、四氯化碳、苯并（a）芘、六六六、滴滴涕；

感官性状和一般化学指标：浑浊度、色、嗅和味、肉眼可见物、总硬度、pH 值、挥发酚类、阴离子合成洗涤剂、铁、锰、铜、锌、硫酸盐、氯化物、溶解性总固体；

消毒剂指标：余氯；

放射性指标：总 α 放射性、总 β 放射性。

（2）《城市供水行业 2000 年技术进步发展规划》

《生活饮用水卫生标准》GB 5749—85 实施前后，我国供水事业发展迅猛，供水厂数量和供水能力的年际增速较之前都有显著提高。1985 年全国城市共有 756 座供水厂，至 1990 年全国城市供水厂总数达到 1064 座，其中包括北京市第九水厂、上海市长桥水厂等设计规模达到 100 万 m^3/d 的大型水厂，同时在浙江、江苏和广东等一些地区逐步开展了城乡一体化区域供水，为供水水质的进一步改善与提升打下了基础。与此同时，我国部分地区也存在由于水源水质污染、净水工艺落后、供水系统运行不科学不规范等导致的供水问题。随着社会经济的快速发展，人们更加关注饮用水质量，并认为水质与广大居民身体健康、社会生产等都有着密切的关系，提高供水水质是当时供水行业技术进步的首要任务与目标。

为促进城市供水行业技术的发展，推广应用国内外供水先进技术成果，指导企业进行技术改造，1992 年建设部发布了关于印发《城市供水行业 2000 年技术进步发展规划》的通知。当时我国城市供水单位有 400 多个，生产规模、技术条件、经济条件等因素差异相当大，提出统一的目标是不切实际的，在《城市供水行业 2000 年技术进步发展规划》中，考虑到不同城市的地位和影响，以及城市供水单位的不同规模和管理水平，提出了城市供水单位和水质目标的分级分类设定。城市供水单位分类见表 1-1。

城市供水单位分类　　　　　　　　　　　　表 1-1

级别	划分依据	说明
第一类	最高日供水量超 100 万 m^3，同时是直辖市、对外开放城市、重点旅游城市或国家一级企业的供水单位	约占全国供水单位总数的 2%，对城市经济发展和对外开放的影响最大，条件也最好，是全国性技术上起带头作用的供水单位
第二类	最高日供水量超过 50 万 m^3 的其他城市、省会城市和国家二级企业的供水单位	影响较大，条件也较好，约占 10%，是地区性技术进步带头城市
第三类	最高日供水量超 10 万 m^3 的其他供水单位	—
第四类	最高日供水量小于 10 万 m^3 的供水单位	—

　　在各类城市供水单位共同遵循的国家饮用水水质标准基础上，考虑到某些城市的地位和影响，《城市供水行业 2000 年技术进步发展规划》对一类、二类城市供水单位提出一部分比国家水质标准更高的要求作为 2000 年的水质目标。《城市供水行业 2000 年技术进步发展规划》参考了《欧盟饮用水水质指令》及《美国安全饮用水法》，分别对四类城市供水单位提出水质控制要求（表 1-2，表 1-3）。

各类供水单位水质目标　　　　　　　　　　表 1-2

供水单位级别	水质控制要求
一类供水单位	参考欧洲共同体饮用水水质指令，并根据 1991 年年底参加欧洲共同体经济自由贸易协会国家的供水联合体提出的对欧洲共同体水质标准修改的"建议书"，以及我国国家环保局确定的"水中优先控制污染物黑名单"（14 类 68 种），按需要和可能增加水质目标 38 项。其中对于浑浊度指标，一类供水单位指标值为 1NTU，最大允许值为 2NTU
二类供水单位	参考世界卫生组织（WHO）拟定的水质准则和"水中优先控制污染物黑名单"，需要和可能增加水质目标 16 项。其中对于浑浊度指标，二类供水单位指标值为 2NTU，最大允许值为 3NTU
三类供水单位	执行《生活饮用水卫生标准》GB 5749—85 全部 35 项指标。对于浑浊度指标，仍按水质标准，指标值为 3NTU，最大允许值为 5NTU
四类供水单位	现行的国家规定的水质标准，而且其中 8 项允许由外单位代为测定。其中对于浑浊度指标，仍按水质标准，指标值为 3NTU，最大允许值为 5NTU

各类供水单位暂行水质目标中的项目　　　　　　　表 1-3

第四类供水单位	第三类供水单位较第四类供水单位增加的项目	第二类供水单位较第三类供水单位增加的项目	第一类供水单位较第二类供水单位增加的项目
色度、浊度、臭和味、肉眼可见物、pH	—	铝、钠	电导率、钙、镁、硅、溶解氧、碱度、亚硝酸盐、氨、耗氧量、总有机碳、矿物油、钡、硼、酚类：（总量）、苯酚、间甲酚、2,4-二氯酚、对硝基酚、有机氯：（总量）、二氯甲烷、1,1,1-三氯乙烷、1,1,2-三氯乙烷、1,1,2,2-四氯乙烷、三溴甲
总硬度、氯化物、硫酸盐、溶解性固体	—		

第四类供水单位	第三类供水单位较第四类供水单位增加的项目	第二类供水单位较第三类供水单位增加的项目	第一类供水单位较第二类供水单位增加的项目
硝酸盐、氟化物、阴离子洗涤剂、余氯、挥发酚、铁、锰、铜、锌、（银）、（氯仿）、（四氯化碳）、氰化物、砷、镉、铬、汞、铅、硒、（滴滴涕）、（六六六）、（苯并 (a) 芘）	银、氯仿、四氯化碳、滴滴涕、六六六、苯并 (a) 芘	2,4,6-三氯酚、1,2-二氯乙烷、1,1-二氯乙烯、四氯乙烯、三氯乙烯、五氯酚苯、农药（总）、敌敌畏、乐果、对硫磷、甲基对硫磷、除草醚、敌百虫	烷、对二氯苯、六氯苯、铍、镍、锑、钒、钴、多环芳烃（总量）、萘、荧蒽、苯并 (b) 荧蒽、苯并 (k) 荧蒽、苯并 (1,2,3,4) 芘、苯并 (g,h,i) 芘
细菌总数、大肠杆菌群	—	粪型大肠杆菌	粪型链球菌、亚硫酸还原菌
总 α 放射性、总 β 放射性	—	—	—
1. 有括号的项目委托外单位测定； 2. 指标值采用 GB 5749—85 中的数值	指标值采用 GB 5749—85 中的数值	1. 指标值取自 WHO； 2. 农药总量中包括滴滴涕和六六六	1. 指标值取自 EC； 2. 酚类总量中包括 2,4,6-三氯酚，五氯酚； 3. 有机氯总量中包括 1,2-二氯乙烷，1,1-二氯乙烯，三氯乙烯，四氯乙烯，不包括三溴甲烷及苯氯类； 4. 多环芳烃总量中包括苯并 (a) 芘； 5. 无指标值的项目作测定和记录，不作考核

建设部城市供水水质监测中心和 43 个城市的国家站都通过了国家级计量认证，国家站全部具备 35 项指标检测能力，大多数能够检测《城市供水行业 2000 年技术进步发展规划》中对一类供水单位提出的 88 项指标，北京、上海、深圳等城市的监测站的检测能力甚至更强，可检测指标数超过 88 项。

在《城市供水行业 2000 年技术进步发展规划》中，还提出了各类供水单位出厂水、管网水水质合格率的要求，见表 1—4。

各类供水单位水质合格率要求（%） 表 1—4

检验项目	一类供水单位	二类供水单位	三类供水单位	四类供水单位
管网：余氯、浊度、细菌总数、大肠杆菌群	98.75	98.25	95.00	95.00
出厂水：其余 26 项	98.00	95.00	90.00	90.00
35 项指标	95.94	92.37	85.00	85.00
其他新增项目	80.00	80.00	—	—

（3）《生活饮用水卫生规范》

2001 年，卫生部发布《关于印发生活饮用水卫生规范的通知》，要求有关单位严格依照

《生活饮用水卫生规范》进行生活饮用水以及涉及饮用水卫生安全的产品检验、卫生安全评价和监督监测工作，自 2001 年 9 月 1 日起实施。《生活饮用水卫生规范》中包括生活饮用水水质卫生规范、生活饮用水输配水设备及防护材料卫生安全评价规范、生活饮用水化学处理剂卫生安全评价规范、生活饮用水水质处理器卫生安全与功能评价规范（分为一般水质处理器、矿化水器和反渗透处理装置）、生活饮用水集中式供水单位卫生规范、涉及生活饮用水卫生安全产品生产企业卫生规范、生活饮用水检验规范共七个部分。生活饮用水水质卫生规范中共包括 96 项水质指标，分为常规检验指标和非常规检验指标。

《生活饮用水水质卫生规范》（2001 年）

水质指标：96 项，包括常规检验指标 34 项（感官性状和一般化学指标 17 项、毒理学指标 11 项、细菌性指标 4 项、放射性指标 2 项）；非常规检验指标共 62 项（包括感官性状和一般化学指标 2 项、毒理学指标 60 项）。

指标名称：

（1）常规检验指标

感官性状和一般化学指标：色度、浑浊度、臭和味、肉眼可见物、pH、总硬度（以 $CaCO_3$ 计）、铝、铁、锰、铜、锌、挥发酚类（以苯酚计）、阴离子合成洗涤剂、硫酸盐、氯化物、溶解性总固体、耗氧量（以 O_2 计）；

毒理学指标：砷、镉、铬（六价）、氰化物、氟化物、铅、汞、硝酸盐（以 N 计）、硒、四氯化碳、氯仿；

细菌学指标：细菌总数、总大肠菌群、粪大肠菌群、游离余氯；

放射性指标：总 α 放射性、总 β 放射性。

（2）非常规检验指标

感官性状和一般化学指标：硫化物、钠；

毒理学指标：锑、铍、硼、钼、镍、银、铊、二氯甲烷、1,2-二氯乙烷、1,1,1-三氯乙烷、氯乙烯、1,1-二氯乙烯、1,2-二氯乙烯、三氯乙烯、四氯乙烯、苯、甲苯、二甲苯、乙苯、苯乙烯、苯并（a）芘、氯丹、1,2-二氯苯、1,4-二氯苯、三氯苯（总量）、邻苯二甲酸（2-乙基己基）酯、丙烯酰胺、六氯丁二烯、微囊藻毒素-LR、甲草胺、灭草松、亚氯酸盐、一氯胺、

> 2,4,6-三氯酚、甲醛、三卤甲烷（包括氯仿、溴仿、二溴一氯甲烷和一溴二氯甲烷）、溴仿、二溴一氯甲烷、一溴二氯甲烷、二氯乙酸、三氯乙酸、三氯乙醛（水合氯醛）、氯化氰（以 CN⁻ 计）。

（4）同时期国际上相关标准的制订修订情况

国内相关生活饮用水水质标准发展的时期，国际上相关水质标准也在修订完善。1983年~1984年世界卫生组织出版了《饮用水水质准则》第1版。该准则中规定了31项水质指标，其中有2项微生物指标，27项具有健康意义的化学指标（包括9项无机物，18项有机物），2项放射性指标，准则中对上述指标给出安全指导限值；此外，准则中还给出了12项感官性状指标的感官阈值。1993年~1997年，世界卫生组织出版了《饮用水水质准则》第2版。这一版大幅增加了有机化合物、农药和消毒副产物的指标，本版准则包含135项水质指标，其中包括2项微生物指标、131项具有健康意义的化学指标（包括35项无机物，30项有机物，37项农药，29项消毒剂及消毒副产物）、2项放射性指标，另外还包含31项指标的感官推荐阈值。从1995年起，准则通过滚动修订保持更新。

1986年，由于人工合成有机物及农药对环境的污染增加，以及原标准对水媒性微生物疾病的风险控制上存在的缺陷，美国对《安全饮用水法》进行了第一次修订：制定83个污染物的最大污染浓度允许值和最大污染浓度目标值，要求所有水厂均对饮用水消毒，对所有取用地面水的供水系统提出了过滤工艺要求，对病原体、有机物、无机物和消毒副产物提出采用"最佳处理工艺"的要求；1994年美国发布了新一版饮用水水质标准，包含88项水质指标；1996年，美国对《安全饮用水法》进行了第二次修订：加强对饮水中致病微生物特别是原生动物如隐孢子虫和贾第鞭毛虫的控制，加强对饮水中消毒副产物的控制，供水企业收集水质数据，以利于今后制定水质标准等。

1980年，欧洲共同体理事会提出《饮用水水质指令》，并于1991年、1995年、1998年进行了修订。1998年11月，欧盟通过了新的饮用水水质指令（98-83-EC），指标从66项减少至48项，其中包含2项微生物学指标、26项化学指标、18项感官性状等指标、2项放射性指标。该指令强调指标值的科学性和适应性，与WHO水质准则保持了较好的一致性。

1992年日本政府为治理水源水质污染加剧和富营养化等问题，对生活饮用水水质标准进行修订，水质指标由26项增加到46项。并在1993年1月开始实施。其中与人体健康相关指标 29 项，管网水必须满足的指标 17 项。

1.1.3 对标先进（2004 年～ 2011 年）

1. 背景情况

进入 21 世纪，我国城镇化进程快速推进，我国国家和地方基础设施投资力度加大。2001 年我国正式加入世界贸易组织（WTO），2003 年全面开放市政公用市场，允许国内各种资本和海外资金参与城市供水等市政公用设施建设，各地的企业可以跨地区、跨行业参与市政公用企业的经营，这为供水行业繁荣发展注入了市场活力，也使得供水质量标准与国际接轨成为必然。在这一时期，城市公共供水设施水平快速提高，供水能力和供水水质明显提高，国外先进、成熟的净水工艺逐步在国内广泛应用，净水过程自动化水平有所提升，材质新性能好的设备、材料和管网得到推广应用。至 2011 年，全国城市公共供水综合生产能力达 26668.7 万 m³/d，服务人口 39691.3 万人，与 2003 年相比，综合生产能力提高了 11.3%，服务人口提高了 36.3%（图 1-3）。

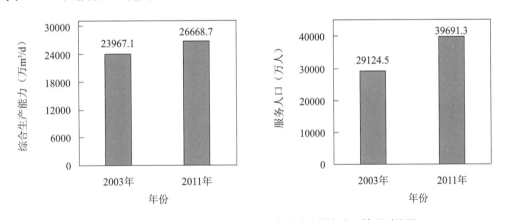

图 1-3 2003 年和 2011 年供水综合生产能力和服务人口情况对比图

2004 年，建设部发布了《关于开展重点城市供水水质监督检查工作的通知》，正式启动了供水水质督察工作。2005 年，国务院办公厅发布了《关于加强饮用水安全保障工作的通知》，明确提出要充分认识保障饮用水安全的重要性和紧迫性，切实做好饮用水安全保障工作，并提出了组织规划编制、加快城市供水设施建设和改造、加强饮用水安全监督管理、建立储备体系和应急机制等任务。2007 年，建设部修订并发布了《城市供水水质管理规定》，进一步明确了企业自检、行业监测和政府监督相结合的城市供水水质管理机制，明确了"两级网、三级站"的城市供水水质监测技术体系，依托国家城市供水水质监测网建成了一批具有先进水平的监测站。同年，国家发展改革委、水利部、建设部、卫生部、国家环保总局联合印发了《全国城市饮用水安全保障规划（2006-2020）》。此外，城市供水水质督察工作在城市供水水质督察体系专项研究成果和几轮专项检查摸底的基础上，争取到了中央财政专项经费支持，开始实现业务化常态运行。2012年，住房城乡建设部和发展改革委印发了《全国城镇供水设施改造与建设"十二五"规划及2020年远景目标》，提出供水设施改造、新建、水质检测与监管能力建设和应急能力建设四项重点任务，标志着城镇供水由主要满足水量需求向更加注重水质保障的战略性转变。

一系列密集的政策制度文件下发和实施，极大促进了我国水质管理队伍和工作机制的健全及监管能力的加强，更促进了我国城市供水质量管理目标的提升。

2. 主要标准和文件

2004年～2011年，是城市供水质量标准对标先进全面提升阶段。城市供水和卫生主管部门结合我国实际情况，先后制订修订了《城市供水水质标准》CJ/T 206—2005、《生活饮用水卫生标准》GB 5749—2006等标准规范，在《城市供水行业2010年技术进步发展规划及2020年远景目标》等行业规划中提出了水质目标要求，这一阶段的供水质量要求与世界先进水平充分对标。

（1）《城市供水水质标准》CJ/T 206—2005

2005年2月，为进一步促进供水行业的技术进步，更好地保障饮用水水质安全，建设部发布了行业标准《城市供水水质标准》CJ/T 206—2005，标准包括供水水质要求、水源水质要求、水质检验和监测、水质安全规范四部分，于2005年6月1日起实施。《城市供水水质标准》对供水水质及水质检验提出了更加严格的要求，与国际先进标准全面接轨，有效提升了供水行业的水质安全意识，为推动我国城市供水事业发展发挥了重要作用，也为《生活饮用水卫生标准》GB 5749后续的修订和实施奠定了基础。

供水水质要求部分首次在微生物指标中纳入了隐孢子虫和贾第鞭毛虫，在毒理学指标中列入TOC、氨氮和消毒副产物溴酸盐，增加了农药甲胺磷、敌敌畏和莠去津，以及在供水过程中可能由设备或管道溶出的环氧氯丙烷等指标。与当时现行的《生活饮用水卫生标准》GB 5749—85相比，水质指标由35项增加到93项，分为42项常规检验项目和51项非常规检验项目，同时在三卤甲烷（总量）、氯酚（总量）、三氯苯（总量）、多环芳烃（总量）和卤乙酸（总量）等总量类指标中还包含了新增的15个分量指标。

《城市供水水质标准》CJ/T 206—2005

水质指标：93项，包括常规指标42项（微生物指标5项、感官性状及一般化学指标17项、毒理学指标18项、放射性指标2项）；非常规指标51项（包括微生物指标3项、感官性状及一般化学指标4项、毒理学指标44项）。

指标名称：

（1）常规指标

微生物学指标：细菌总数、总大肠菌群、耐热大肠菌群、余氯、二氧化氯；

感官性状和一般化学指标：色度、臭和味、浑浊度、肉眼可见物、氯化物、铝、铜、总硬度（以$CaCO_3$计）、铁、锰、pH、硫酸盐、溶解性总固体、锌、挥发酚（以苯酚计）、阴离子合成洗涤剂、耗氧量（COD_{Mn}，以O_2计）；

毒理学指标：砷、镉、铬（六价）、氰化物、氟化物、铅、汞、硝酸盐（以N计）、硒、四氯化碳、三氯甲烷、敌敌畏（包括敌百虫）、林丹、滴滴涕、丙烯酰胺、亚氯酸盐、溴酸盐、甲醛；

放射性指标：总 α 放射性、总 β 放射性。

（2）非常规指标

微生物学指标：粪型链球菌群、蓝氏贾第鞭毛虫、隐孢子虫；

感官性状和一般化学指标：氨氮、硫化物、钠、银；

毒理学指标：锑、钡、铍、硼、镍、钼、铊、苯、甲苯、乙苯、二甲苯、苯乙烯、1,2-二氯乙烷、三氯乙烯、四氯乙烯、1,2-二氯乙烯、1,1-二氯乙烯、三卤甲烷（总量）、氯酚（总量）、2,4,6-三氯酚、TOC、五氯酚、乐果、甲基对硫磷、对硫磷、甲胺磷、2,4-滴、溴氰菊酯、二氯甲烷、1,1,1-三氯乙烷、1,1,2-三氯乙烷、氯乙烯、一氯苯、1,2-二氯苯、1,4-二氯苯、三氯苯（总量）、多环芳烃（总量）、苯并[a]芘、二（2-乙基己基）邻苯二甲酸酯、环氧氯丙烷、微囊藻毒素-LR、卤乙酸（总量）、莠去津（阿特拉津）、六氯苯。

水质检验和监测部分规定了采样点选择、水质检验项目和检验频率、水质检验项目合格率的要求，本部分要求被随后发布的《生活饮用水卫生标准》GB 5749—2006引用：

"9.1.2 城市集中式供水单位水质检测的采样点选择、检验项目和频率、合格率计算按照《城市供水水质标准》CJ/T 206 执行",这使得本标准在国家标准发布后依然在供水行业充分发挥着作用。

国家城市供水水质监测网深圳、北京、天津、上海、广州、武汉和成都等监测站参与了此标准的起草编制工作。

(2)《城市供水行业 2010 年技术进步发展规划及 2020 年远景目标》

2005 年,为进一步提高城市供水水质,保障人民群众的饮用水安全,改善供水服务,依靠科技进步和科学管理,推动城市供水行业的发展,建设部发布了《城市供水行业 2010 年技术进步发展规划及 2020 年远景目标》。根据全面建设小康社会的总体要求,针对我国城市供水行业技术、管理的现状和未来发展的需要,参考发达国家的经验,在该规划中,提出了今后一段时期我国城市供水行业技术进步发展的总体目标和相关技术措施,在供水水质目标要求中,提出了水质目标及分级依据,确定了供水水质目标、城市供水生活饮用水水质检验项目、城市供水水源水质要求、水质检验和监测及供水水质安全规定。

1)水质目标规划分级

规划明确城市供水生活饮用水水质应符合下列基本要求:水中不得含有病原微生物、水中所含的化学物质及放射性物质不得危害人体健康、水的感官性状良好。城市供水水质必须确保居民终生饮用安全。此外,规划还结合我国供水和经济的实际情况,提出了分级设定的水质目标,其中一级目标要达到"国际先进水平",满足如欧盟的饮用水水质指令或美国国家环境保护局(EPA)的饮用水水质规划,二级目标要达到国际一般水平,满足 WHO 指标水平,三级目标才是满足当时的国家标准《生活饮用水卫生标准》GB 5749—85。从规划中分级水质目标的制定及执行,可以明显看出当时供水行业对于对标国际先进水平迫切的诉求、坚定的决心和充足的信心(表 1-5)。

水质目标规划分级 表 1-5

分级	适用城市	适用于一级目标的城市
一级目标	企业基本达到国际先进水平的水质规划,满足如欧盟的饮用水水质指令或美国国家环境保护局的饮用水水质规划	直辖市、经济较发达城市、国际旅游城市及供水量 100 万 m³/d 以上,或人均 GDP 在 5000 美元以上的城市
二级目标	要求达到国际一般水平,满足 WHO 指标水平	沿海开放城市、国家级国际旅游城市、省会城市,以及供水量 50 万 m³/d 以上,或人均 GDP 在 3000 美元以上的城市
三级目标	在满足现有国家标准《生活饮用水卫生标准》GB 5749—85 的基础上有所提高	—

2）水质检验项目

本规划中水质项目共计 100 项，分三级规划，由各城市级供水企业选择实施。一级规划为 100 项，二级规划为 67 项，三级规划为 45 项。水质检验项目及限值见表 1-6。

水质检验项目及限值　　　　　　　　　　　　　　　　　　表 1-6

三级项目	二级较三级增加的项目	一级较二级增加的项目
色度（15）、铁（0.3mg/L）、锰（0.1mg/L）、浑浊度（1NTU，特殊情况不超过 3NTU）、耗氧量（COD_{Mn}）（3mg/L，特殊情况不超过 5mg/L）	色度（10）、铁（0.2mg/L）、锰（0.05mg/L）、浑浊度（管网水≤1NTU，出厂水≤0.5NTU）、耗氧量（COD_{Mn}）（2mg/L，特殊情况不超过 3mg/L）	浑浊度（管网水≤0.5NTU，出厂水≤0.3NTU）、耗氧量（COD_{Mn}）（2mg/L）
细菌总数、总大肠菌群、耐热大肠菌群、嗅和味、氨氮、肉眼可见物、氯化物、铜、铝、总硬度（以 $CaCO_3$ 计）、pH、硫酸盐、溶解性总固体、锌、挥发酚（以苯酚计）、阴离子合成洗涤剂、砷、镉、铬（六价）、氰化物、氟化物、铅、汞、硝酸盐（以 N 计）、硒、银、四氯化碳、苯并 [a] 芘、余氯（加氯消毒时测定）、三氯甲烷、二氧化氯（使用二氧化氯消毒时测定）、丙烯酰胺、亚氯酸盐（使用二氧化氯消毒时测定）、溴酸盐（O_3 消毒时测定）、甲醛（O_3 消毒时测定）、敌敌畏（包括敌百虫）、林丹、滴滴涕、总 α 放射性、总 β 放射性	硫化物、钠、亚硝酸盐氮、苯、甲苯、乙苯、二甲苯、苯乙烯、TOC、三卤甲烷（总量，包括三氯甲烷、三溴甲烷、一氯二溴甲烷、二氯一溴甲烷）、氯酚（总量，包括 2- 氯酚、2,4- 氯酚、2,4,6- 三氯酚）、2,4,6- 三氯酚、甲基对硫磷、对硫磷、五氯酚、乐果、甲胺磷、2,4- 滴、溴氰菊酯	粪型链球菌群、蓝氏贾第鞭毛虫、隐孢子虫、锑、钡、铍、硼、镍、钼、铊、二氯甲烷、1,2- 二氯乙烷、1,1,1- 三氯乙烷、1,1,2- 三氯乙烷、1,2- 二氯乙烯、多环芳烃（总量，包括苯并 [a] 芘、苯并（g,h,i）芘、苯并（b）荧蒽、苯并（k）荧蒽、荧蒽、苯并（1,2,3-c,d）芘）、一氯苯、1,2- 二氯苯、1,4- 二氯苯、三氯苯（总量）、二-（2- 乙基己基）邻苯二甲酸酯、环氧氯丙烷、微囊藻毒素 -LR、卤乙酸（总量，包括二氯乙酸、三氯乙酸）、莠去津（阿特拉津）、六氯苯

同时在该规划中，还提出了包含综合合格率、出厂水合格率、管网水合格率的各级水质检验合格率要求（表 1-7）。

水质检验合格率（%）　　　　　　　　　　　　　　　　　　表 1-7

检验内容	执行一级规划的单位	执行二级规划的单位	执行三级规划的单位
9 项检验 *	98	98	95
一级规划项目	85	—	—
二级规划项目	95	95	—
三级规划项目	98	98	95

注："*"包括浑浊度、细菌总数、色度、臭和味、总大肠菌群、余氯、肉眼可见物、耐热大肠菌群、耗氧量。

国家城市供水水质监测网北京、武汉、深圳、天津、成都、广州、郑州、杭州、长春、合肥、上海、哈尔滨、福州、西安、太原、青岛、南昌、长沙、石家庄、昆明和珠海等监测站参加了此规划的起草编制工作。

（3）《生活饮用水卫生标准》GB 5749—2006

2001 年卫生部发布的《生活饮用水卫生规范》和 2005 年建设部发布的《城市供水水质标准》CJ/T 206—2005 虽然在水质指标和有关要求上已达到同期国际水平，但它们是政策文件和行业标准，为了从根本上保障饮用水水质安全，相关部门对《生活饮用水卫生标准》GB 5749—85 进行了修订。

2006 年，卫生部和国家标准化管理委员会联合发布《生活饮用水卫生标准》GB 5749—2006，于 2007 年 7 月 1 日开始实施。该标准主要包括生活饮用水水质卫生要求、水源水质卫生要求、集中式供水单位卫生要求、二次供水卫生要求、涉水产品卫生要求、水质监测、水质检验等内容。该标准是在《生活饮用水卫生标准》GB 5749—85 的基础上，参考世界卫生组织、欧盟、美国等国际组织或国家的水质标准，结合我国实际情况修订而成。该标准提出了"从源头到龙头"的管理思路，并对水源水、供水单位、二次供水、涉水产品、出厂水和末梢水均提出了卫生要求。

生活饮用水水质卫生要求包含水质指标 106 项，其中常规指标 42 项，非常规指标 64 项。标准中水质项目的选取参考了世界卫生组织、欧盟、美国、俄罗斯、日本等国际组织和国家现行饮用水标准，指标限值的确定主要参考世界卫生组织 2004 年 10 月发布的《饮用水水质准则》第 3 版。标准重点加强了对微生物、有毒有害金属和有机物等污染物的控制要求，基本实现了与国际饮用水水质标准接轨。

新标准颁布之前，我国农村饮用水一直参照"农村实施《生活饮用水卫生标准》准则"进行评价，此次修订中将标准适用范围扩大至城乡，使得农村饮用水水质有了强有力的参考。值得注意的是，由于我国地域广大，城乡发展不均衡，乡村地区受经济条件、水源及水处理能力等限制，实际尚难达到与城市相同的饮用水水质要求。本着以人为本和实事求是的理念，新标准一方面在城乡统一饮用水水质要求，另一方面对农村日供水在 1000m³ 以下（或供水人口在 1 万人以下）的集中式供水和分散式供水采用过渡办法，在保证饮用水安全的基础上，对 10 项感官性状和一般理化指标、1 项微生物指标及 3 项毒理学指标实行放宽限值要求，改变了农村饮用水同时执行《生活饮用水卫生标准》GB 5749—85 和"农村实施《生活饮用水卫生标准》准则"的局面。

《生活饮用水卫生标准》GB 5749—2006 的实施为提高我国生活饮用水水质、保护居民饮水健康发挥了重要作用。

《生活饮用水卫生标准》GB 5749—2006

水质指标：134项，其中，正文106项，包括常规指标42项（微生物指标4项、感官性状及一般化学指标17项、毒理学指标15项、放射指标2项、消毒剂指标4项）；非常规指标64项（微生物指标2项、感官性状及一般化学指标3项、毒理学指标59项）。附录A指标28项。

指标名称：

（1）常规指标

微生物指标：总大肠菌群、耐热大肠菌群、大肠埃希氏菌、菌落总数；

感官性状及一般化学指标：砷、镉、铬（六价）、铅、汞、硒、氰化物、氟化物、硝酸盐（以N计）、三氯甲烷、四氯化碳、溴酸盐、甲醛、亚氯酸盐、氯酸盐、色度（铂钴色度单位）、浑浊度（散射浑浊度单位）、臭和味、肉眼可见物、pH；

毒理学指标：铝、铁、锰、铜、锌、氯化物、硫酸盐、溶解性总固体、总硬度（以$CaCO_3$计）、耗氧量（COD_{Mn}法，以O_2计）、挥发酚类（以苯酚计）、阴离子合成洗涤剂；

放射性指标：总 α 放射性、总 β 放射性；

消毒剂指标：游离余氯、一氯胺（总氯）、臭氧、二氧化氯。

（2）非常规指标

微生物指标：贾第鞭毛虫、隐孢子虫；

毒理学指标：锑、钡、铍、硼、钼、镍、银、铊、氯化氰（以CN^-计）、一氯二溴甲烷、二氯一溴甲烷、二氯乙酸、三氯乙酸、三卤甲烷（三氯甲烷、一氯二溴甲烷、二氯一溴甲烷、三溴甲烷的总和）、三溴甲烷、1,2-二氯乙烷、二氯甲烷、1,1,1-三氯乙烷、三氯乙醛、2,4,6-三氯酚、七氯、马拉硫磷、五氯酚、六六六（总量）、六氯苯、乐果、对硫磷、灭草松、甲基对硫磷、百菌清、呋喃丹、林丹、毒死蜱、草甘膦、敌敌畏、莠去津、溴氰菊酯、2,4-滴、滴滴涕、乙苯、二甲苯（总量）、1,1-二氯乙烯、1,2-二氯乙烯、1,2-二氯苯、1,4-二氯苯、三氯乙烯、三氯苯（总量）、六氯丁二烯、丙烯酰胺、四氯乙烯、甲苯、邻苯二甲酸二（2-乙基己基）酯、环氧氯丙烷、苯、苯乙烯、苯并 [a] 芘、氯乙烯、氯苯、微囊藻毒素 -LR；

感官性状及一般化学指标：氨氮（以 N 计）、硫化物、钠。

（3）附录 A 指标

肠球菌、产气荚膜梭状芽孢杆菌、二(2-乙基己基)己二酸酯、二溴乙烯、二噁英（2,3,7,8-TCDD）、土臭素（二甲基萘烷醇）、五氯丙烷、双酚 A、丙烯腈、丙烯酸、丙烯醛、四乙基铅、戊二醛、甲基异莰醇 -2、石油类（总量）、石棉（>10μm）、亚硝酸盐、多环芳烃（总量）、多氯联苯（总量）、邻苯二甲酸二乙酯、领苯二甲基二丁酯、环烷酸、苯甲醚、总有机碳（TOC）-萘酚、丁基黄原酸、氯化乙基汞、硝基苯。

（4）同时期国际上相关标准的制定修订情况

随着各国对饮用水与健康关系研究的不断深化，饮用水水质标准也得到持续完善。2004 年，世界卫生组织出版《饮用水水质准则》第 3 版，该版本包含 27 项致病微生物指标（可致介水传播疾病）、148 项具有健康意义的化学指标（包括 93 项确定准则值的指标、55 项未建立准则值的指标）、3 项放射性指标，此外还提供了 28 项感官性状指标对饮用水外观、嗅和味的可接受性影响。2011 年，世界卫生组织出版《饮用水水质准则》第 4 版，该版准则列出了 28 项致病微生物指标（可致介水传播疾病）、162 项具有健康意义的化学指标（包括 90 项建立了准则值的指标，72 种没有建立准则值的指标）、2 项放射性指标，此外，给出了 26 项感官性状指标对饮用水外观、嗅和味的可接受性影响。

2006 年颁布的美国饮用水水质标准中包括强制执行的一级饮用水规程指标 98 项，其中有机物 63 项，无机物 22 项，微生物 8 项，放射性 5 项；作为非强制性的二级饮水规程指标 15 项，主要是指水中会对人体容貌（皮肤、牙齿），或对水体感官（如色、嗅、味）产生影响的污染物，2007 年、2009 年、2013 年美国饮用水水质标准均有修订，修订后的一级标准 87 项指标中，有机物 53 项，无机物 16 项，微生物 7 项，放射性 4 项，消毒副产物 4 项，消毒剂 3 项。

1.1.4 高质量发展（2012 年至今）

1. 背景情况

2012 年党的十八大顺利召开以来，生态文明建设进一步深化，以人为本、全面协调可持续发展的理念为解决供水安全问题提供了根本遵循。加强水资源保护、改善水环境质量等政策导向，为供水安全保障体系的完善指明了方向。至 2022 年，全国城市公共供水综合生产能力 31510.4 万 m³/d，服务人口 56141.8 万人，与 2011 年相比，综合生产能力提高了 18.2%，服务人口提高了 41.4%（图 1-4）。

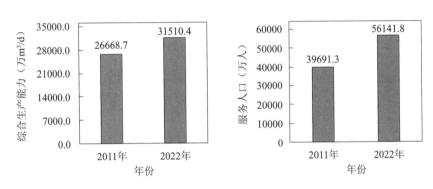

图 1-4　2011 年和 2022 年供水综合生产能力和服务人口情况对比图

随着经济社会发展水平的不断提高，老百姓对供水品质提升的需求日益增加。城市供水不仅要满足基本的生活需要，还应回应人民群众美好生活需求，提高风险防范能力和优质产品服务供给能力，提升人民群众幸福感、获得感、安全感。城市供水作为最基本的民生公共服务行业进入高质量发展的新阶段。

2. 主要标准

这一时期，我国在饮用水领域的科技攻关成果和调查研究数据在标准编制工作中的作用愈加凸显，特别是在水专项等科技力量的推动下，标准编制工作更加适应我国国情，实现因地制宜、量体裁衣、高质量发展。上海、深圳等城市先行先试，一系列面向安全保障和品质提升的地方标准探索不断涌现。国家标准和行业标准也启动了修订更新。由国家标准－行业标准－地方标准等搭建的标准体系已较为完善，已基本构建了具有中国特色、契合我国饮用水水质特征的技术标准体系，在水质管理要求上基本实现了与国际接轨，积极回应了人民对更美好生活的向往，有效引领和支撑了行业健康发展。

（1）《生活饮用水卫生标准》GB 5749—2022

《生活饮用水卫生标准》GB 5749—2006 于 2006 年 12 月由卫生部和国家标准化管理委

员会联合发布,自 2007 年 7 月 1 日开始实施,随着水环境的变化及科学技术的发展,人们对饮用水中污染物及其健康风险的认知不断提高,同时也发现了一些新的水质风险。在近年的应用中,标准的局限性逐渐凸显。因此,2018 年 3 月,国家卫生健康委联合有关部委开展了新一轮标准修订工作。

2022 年,国家市场监督管理总局、国家标准化管理委员会联合颁布《生活饮用水卫生标准》GB 5749—2022,该标准由国家卫生健康委员会作为提出和归口单位,于 2023 年 4 月 1 日正式实施。此次标准修订基于我国近年来的饮用水监测、检测和调查数据,在国内外关于污染物健康效应最新研究成果的基础上,采用了健康风险评估的技术方法,同时考虑了我国的实际情况和管理要求。标准包括生活饮用水水质要求、生活饮用水水源水质要求、集中式供水单位卫生要求、二次供水卫生要求、涉及饮用水卫生安全的产品卫生要求、水质检验方法共六个部分。经过五次修订,历次标准中指标的增加和限值的优化都显示着国家对生活饮用水水质的要求在不断提升。

《生活饮用水卫生标准》的修订是在我国深化标准化改革的背景下进行,并充分落实了标准化改革的有关要求。新标准延续原标准属性,属于强制性国家标准;从发布主体看,原标准的发布主体是卫生部和国家标准化管理委员会,新标准的发布主体为国家市场监督管理总局和国家标准化管理委员会;从标准的内容看,新标准删除了原标准第 9 章中关于各级卫生部门职责、供水单位开展水质检测等有关工作层面的要求,更加聚焦在技术要求层面。

在原标准中,将小型集中供水定义为农村日供水在 1000m³ 以下(或供水人口在 1 万人以下)的集中供水,并指出小型集中供水和分散供水因条件限制时,适当放宽了部分水质指标对菌落总数、砷、氟化物等 14 项指标的要求。在新标准中,将小型集中供水定义为设计日供水量在 1000m³ 以下或供水人口在 1 万人以下的集中供水,删除了"农村",取消了地域限定;用"设计日供水量"替代"日供水量",避免日用水量波动引起的标准适用范围不一致问题,更为准确;同时,新标准指出,当小型集中式供水和分散式供水因水源与净水条件受限时,可对菌落总数、氟化物、硝酸盐(以 N 计)、浑浊度 4 项指标适当放宽。可以看出,新标准对小型集中供水和分散供水的水质要求更高,但水质标准差距的缩小与水质差距的缩小之间还需要开展大量工作,农村饮用水水质提升面临新挑战、新机遇。

新标准将原标准中的"非常规指标"调整为"扩展指标",以反映地区生活饮用水水质特征及在一定时间内或特殊情况的水质特征。指标数量由原标准的 106 项调整为 97 项,包括常规指标 43 项和扩展指标 54 项。调整情况见表 1-8 ~ 表 1-10。

《生活饮用水卫生标准》GB 5749—2022

水质指标：152项，其中，正文97项，包括常规指标43项（微生物指标3项、感官性状和一般化学指标16项、毒理学指标18项、放射性指标2项、消毒剂指标4项）；扩展指标54项（微生物指标2项、感官性状和一般化学指标5项、毒理学指标47项）。附录A指标55项。

指标名称：

（1）常规指标

微生物指标：总大肠菌群、大肠埃希氏菌、菌落总数；

毒理指标：砷、镉、铬（六价）、铅、汞、氰化物、氟化物、硝酸盐（以N计）、三氯甲烷、二溴甲烷、二氯一溴甲烷、三溴甲烷、三卤甲烷（三氯甲烷、一氯二溴甲烷、二氯一溴甲烷、三溴甲烷的总和）、二氯乙酸、三氯乙酸、溴酸盐、亚氯酸盐、氯酸盐；

感官性状和一般化学指标：色度、浑浊度、臭和味、肉眼可见物、pH、铝、铁、锰、铜、锌、氯化物、硫酸盐、溶解性总固体、总硬度、高锰酸盐指数（以O_2计）、氨（以N计）；

放射性指标：总α放射性、总β放射性；

消毒剂常规指标：游离氯、总氯、臭氧、二氧化氯。

（2）扩展指标

微生物指标：贾第鞭毛虫、隐孢子虫；

毒理指标：锑、钡、铍、硼、钼、镍、银、铊、硒、高氯酸盐、二氯甲烷、1,2-二氯乙烯（总量）、三氯乙烯、四氯乙烯、六氯丁二烯、苯、甲苯、二甲苯（总量）、苯乙烯、氯苯、1,4-二氯苯、三氯苯（总量）、六氯苯、七氯、马拉硫磷、乐果、灭草松、百菌清、呋喃丹、毒死蜱、草甘膦、敌敌畏、莠去津、溴氰菊酯、2,4-滴、乙草胺、五氯酚、2,4,6-三氯酚、苯并（a）芘、邻苯二甲酸二（2-乙基己基）酯、丙烯酰胺、环氧氯丙烷、微囊藻毒素-LR；

感官性状和一般化学指标：钠、挥发酚类（以苯酚计）、阴离子合成洗涤剂、2-甲基异莰醇、土臭素。

（3）参考指标

肠球菌、产气荚膜梭状芽孢杆菌、钒、氯化乙基汞、四乙基铅、六六六（总量）、对硫磷、甲基对硫磷、林丹、滴滴涕、敌百虫、甲基硫菌灵、稻瘟灵、氟乐灵、甲霜灵、西草净、乙酰甲胺磷、甲醛、三氯乙醛、氯化氰（以 CN⁻ 计）、亚硝基二甲胺、碘乙酸、1,1,1-三氯乙烷、1,2-二溴乙烷、五氯丙烷、乙苯、1,2-二氯苯、硝基苯、双酚 A、丙烯腈、丙烯醛、戊二醛、二（2-乙基己基）己二酸酯、邻苯二甲酸二乙酯、邻苯二甲酸二丁酯、多环芳烃（总量）、多氯联苯（总量）、二噁英（2,3,7,8-四氯二苯并对二噁英）、全氟辛酸、全氟辛烷磺酸、丙烯酸、环烷酸、丁基黄原酸、β-萘酚、二甲基二硫醚、二甲基三硫醚、苯甲醚、石油类（总量）、总有机碳、碘化物、硫化物、亚硝酸盐（以 N 计）、石棉（纤维＞10μm）、铀、镭-226。

《生活饮用水卫生标准》GB 5749—2022 指标名称调整情况　　　　表 1-8

《生活饮用水卫生标准》GB 5749—2006	《生活饮用水卫生标准》GB 5749—2022
耗氧量（COD_Mn法，以 O_2 计）	高锰酸盐指数（以 O_2 计）
氨氮（以 N 计）	氨（以 N 计）
1,2-二氯乙烯	1,2-二氯乙烯（总量）
亚硝酸盐	亚硝酸盐（以 N 计）

《生活饮用水卫生标准》GB 5749—2022 指标分类和限制性要求调整情况　　　　表 1-9

指标	《生活饮用水卫生标准》GB 5749—2006	《生活饮用水卫生标准》GB 5749—2022
2-甲基异莰醇、土臭素	附录参考指标	正文扩展指标
一氯二溴甲烷、二氯一溴甲烷、三溴甲烷、三卤甲烷、二氯乙酸、三氯乙酸	非常规指标	常规指标
氨（以 N 计）	非常规指标（氨氮，以 N 计）	常规指标
乙草胺、高氯酸盐	—	扩展指标

续表

指标	《生活饮用水卫生标准》GB 5749—2006	《生活饮用水卫生标准》GB 5749—2022
三氯乙醛、硫化物、氯化氰（以 CN⁻计）、六六六（总量）、对硫磷、甲基对硫磷、林丹、滴滴涕、甲醛、1,1,1-三氯乙烷、1,2-二氯苯、乙苯	标准正文常规／非常规指标	附录参考指标
硒、四氯化碳、挥发酚、阴离子合成洗涤剂	常规指标	扩展指标
耐热大肠菌群	常规指标	删除
总 β 放射性	放射性指标超过指导值，应进行核素分析和评价，判定能否饮用	放射性指标超过指导值（总 β 放射性扣除 40K 后仍大于 1 Bq/L），应进行核素分析和评价，判定能否饮用
微囊藻毒素 –LR	微囊藻毒素 –LR	微囊藻毒素 –LR（藻类暴发情况发生时）

《生活饮用水卫生标准》GB 5749—2022 指标限值调整情况　　表 1–10

指标	《生活饮用水卫生标准》GB 5749—2006	《生活饮用水卫生标准》GB 5749—2022
硝酸盐（以 N 计）/（mg/L）	10，地下水源限制时为 20	10，小型集中式供水和分散供水因水源与净水技术受限时按 20 执行
浑浊度（散射浊度单位）/ NTU	1，水源与净水条件限制时为 3	1，小型集中式供水和分散式供水因水源与净水技术受限时按 3 执行
高锰酸盐指数（以 O₂ 计）/（mg/L）	3，水源限制，原水耗氧量 >6mg/L 时为 5	3
游离氯 /（mg/L）	上限 4	上限 2
氯乙烯 /（mg/L）	0.005	0.001
三氯乙烯 /（mg/L）	0.07	0.02
乐果 /（mg/L）	0.08	0.006
硼 /（mg/L）	0.5	1.0

（2）百花齐放、各具特色的地方标准

为了让人民群众喝上放心水，在落实国家规划和标准的工作中，各地积极实施供水设施改造、水质监测和应急能力建设，有效推进了供水能力协调发展。然而，由于各地公共设施发展水平和水源本底存在较大差异、供水厂净化设施改造和技术能力升级尚有一定差距，且不同城市供水水质服务保障目标也不相同，全国多个城市在执行现行国家标准《生活饮用水卫生标准》GB 5749 的基础上，根据自身特点和需要提出了具有地域特点、反映区域供水水质特征的地方生活饮用水水质标准。

1）上海市《生活饮用水水质标准》DB31/T 1091—2018

曾有人以"上海自来水来自海上"为上联征集下联，但这只是一个文字游戏，上海的自来水并不来自海上。上海共有 4 个常用水源地，分别为长江口青草沙水库、陈行水库、东风西沙水库三大水源地以及黄浦江上游金泽水库水源地。上海的水源水质具有显著的地域特点，并直接影响供水水质稳定和安全。上海地处长江流域和太湖流域下游，水源中总氮、总磷较高，水库存在季节性藻类增殖，由藻类导致的嗅味问题比较突出。藻类生成过程中需要消耗大量的 CO_2，使得原水中 pH 升高，影响铝盐净水剂的絮凝沉淀，严重时会造成出厂水中的铝浓度出现偏高和超标情况。

同时，长江水源中原水耗氧量约为 2.5mg/L，主要是溶解性有机小分子化合物，2017 年以前取用长江水源的自来水厂大部分采用常规处理工艺，夏季时三卤甲烷偏高。此外，新型污染物如抗生素、激素在水源中也有检出，一般浓度在 10 ~ 100ng/L，常规处理工艺对这些新型污染物去除能力较差。基于以上原因，2017 年《上海市水资源管理若干规定》提出：本市应当推进自来水厂实施深度净化处理工艺，保障公共供水水质优于国家标准的要求。为实现上海对标全球卓越城市高品质饮用水的目标，满足市民对美好生活的追求，推动净水工艺改造，提高供水管理水平，上海市编制了我国第一部饮用水水质地方标准。

2018 年 6 月 22 日，上海市质量技术监督局发布了上海市地方标准《生活饮用水水质标准》DB31/T 1091—2018，该标准由上海市供水调度监测中心牵头起草，2018 年 10 月 1 日起实施。该标准规定了上海市生活饮用水水质要求、卫生要求、水质检验及考核要求和水质检验方法，适用于上海市公共供水、二次供水的生活饮用水。与《生活饮用水卫生标准》GB 5749—2006 相比，上海市《生活饮用水水质标准》DB31/T 1091—2018 从多个方面提升了对水质的要求。对于感官指标，降低了浑浊度、色度、铁、锰、溶解性总固体、总硬度指标限值，增加了致嗅物质 2- 甲基异莰醇和土臭素指标；对于消毒剂指标，降低余氯上限；对于综合指标，降低耗氧量指标限值，增加 TOC 指标和反映供水水质稳定性的亚硝酸盐指标；对于消毒副产物指标，将三卤甲烷、氯化氰、二氯乙酸、三氯乙酸、2,4,6- 三氯酚限值调整至国家标准限值的 1/2，增加社会关注的新型污染物指标（N- 二甲基亚硝胺）；对于微生物指标，将菌落总数限值下调至国家标准限值的 1/2，在水质参考指标中增加异养菌平板计数，为直饮创造条件；根据上海水源水质特点，将氨氮和锑 2 项调整为常规指标；对于国际标准比我国标准严格的有毒有害指标，均采用国际标准限值；增加了在线监测点和二次供水采样点布点要求，增加了二次供水水质检验指标、检验频率，增加了管网末梢水和二次供水合格率考核要求。

上海市地方水质标准的发布实施加速推动了上海市长江水源自来水厂深度处理改造工作，提高了城市供水水质。截至 2021 年年底，上海供水厂深度处理率由 37.7% 提升至 71%；中心城区水质综合合格率达 99.87%，较 2018 年上升了 0.22%；中心城区"三来"水质问题共 4155 起，较 2018 年下降了 20.84%。

上海市《生活饮用水水质标准》DB31／T 1091—2018

水质指标：138 项。其中，正文 111 项，包括常规指标 49 项（微生物指标 4 项、毒理指标 21 项、感官性状和一般化学指标 18 项、放射性指标 2 项、消毒剂指标 4 项）；非常规指标 62 项（微生物指标 2 项、毒理指标 55 项、感官性状和一般化学指标 5 项）。附录 A 中水质参考指标 27 项。

指标名称：

（1）常规指标

微生物指标：总大肠菌群、耐热大肠菌群、大肠埃希氏菌、菌落总数；

毒理指标：砷、镉、铬（六价）、铅、汞、硒、锑、氰化物、氟化物、硝酸盐（以 N 计）、亚硝酸盐氮、三氯甲烷、一氯二溴甲烷、二氯一溴甲烷、三溴甲烷、三卤甲烷（总量）、四氯化碳、溴酸盐、甲醛、亚氯酸盐、氯酸盐；

感官性状和一般化学指标：色度、浑浊度、臭和味、肉眼可见物、pH、铝、铁、锰、铜、锌、氯化物、硫酸盐、溶解性总固体、总硬度（以 $CaCO_3$ 计）、耗氧量（COD_{Mn} 法，以 O_2 计）、挥发酚类（以苯酚计）、阴离子合成洗涤剂、氨氮（以 N 计）；

放射性指标：总 α 放射性、总 β 放射性；

消毒剂指标：总氯、游离氯、臭氧（O_3）、二氧化氯（ClO_2）。

（2）非常规指标

微生物指标：贾第鞭毛虫、隐孢子虫；

毒理指标：钡、铍、硼、钼、镍、银、铊、氯化氰（以 CN⁻ 计）、二氯乙酸、1,2-二氯乙烷、二氯甲烷、1,1,1-三氯乙烷、三氯乙酸、三氯乙醛、2,4,6-三氯酚、七氯、马拉硫磷、五氯酚、六六六（总量）、六氯苯、乐果、对硫磷、灭草松、甲基对硫磷、百菌清、呋喃丹、林丹、毒死蜱、草甘膦、敌敌畏、莠去津（阿特拉津）、溴氰菊酯、2,4-滴、滴滴涕、乙苯、二甲苯（总量）、1,1-二氯乙烯、1,2-二氯乙烯、1,2-二氯苯、1,4-二氯苯、三氯乙烯、三氯苯（总量）、六氯丁二烯、丙烯酰胺、四氯乙烯、甲苯、邻苯二甲酸二（2-乙基己基）酯、环氧氯丙烷、苯、苯乙烯、苯并(a)芘、氯乙烯、氯苯、微囊藻毒素-LR、N-二甲基亚硝胺；

感官性状和一般化学指标：硫化物、钠、2-甲基异茨醇、土臭素、总有机碳(TOC)。

（3）附录 A 指标

肠球菌、产气荚膜梭状芽孢杆菌、二（2-乙基己基）己二酸、二溴乙烯、二噁英（2,3,7,8-TCDD）、五氯丙烷、双酚 A、丙烯腈、丙烯醛、四乙基铅、戊二醛、石油类（总量）、石棉（>10μm）、多环芳烃（总量）、多氯联苯（总量）、邻苯二甲酸二乙酯、邻苯二甲酸二丁酯、环烷烃、苯甲醚、锑、丁基黄原酸、氯化乙基汞、硝基苯、乙酰甲胺磷、异丙隆、异养菌平板计数（HPC）。

2）深圳市《生活饮用水水质标准》DB4403/T 60—2020

深圳市作为计划单列市和改革创新的前沿，人口达到 1300 万人，人均 GDP 接近 20 万元，已成为重要的一线城市，居民对高品质饮用水的需求日益增长。《深圳经济特区率先建设社会主义现代化先行区规划纲要》提出，到 2025 年，深圳市要全面推广直饮水入户，率先在全国实现公共场所直饮水全覆盖。深圳市原水超过 70% 依靠境外引水，虽总体符合《地表水环境质量标准》GB 3838—2002 中Ⅱ类～Ⅲ类水质要求，但也存在本底铁锰偏高、硬度偏低、水体富营养化等风险。深圳市共有供水厂 50 余座，净水工艺及管理水平各不相同，水质管控存在一定的挑战。饮用水用户问卷调查显示，深圳居民非常关注饮水安全和健康，对饮用水的观感、口感高度关注。

2020 年 4 月 21 日，深圳市市场监督管理局发布了《生活饮用水水质标准》DB4403/

T 60—2020，该标准由国家城市供水水质监测网深圳市水务局监测站（深圳市水文水质中心）、深圳市水务局、国家城市供水水质监测网深圳监测站牵头起草，于2020年5月1日起实施。该标准规定了深圳市生活饮用水水质要求、水质检测方法和水质管理要求，适用于深圳市公共供水（含二次供水）。重点考虑水质感官愉悦性指标，同时严格控制水质安全指标，并结合国内外饮用水关注热点，考察适用性。制定指标限值时，结合未来5年与10年的水质发展规划，充分考虑推动先进工艺和技术应用，并对大量水质历史数据进行统计、比较、分析、论证。以《生活饮用水卫生标准》GB 5749—2006作为基础和依据，同时借鉴世界卫生组织《饮用水水质准则》第4版、欧盟《饮用水水质指令》（98/83/EC）和美国国家环境保护《安全饮用水法案》（2012年），参考日本《生活饮用水水质标准》（2015年）编制完成。

深圳市《生活饮用水水质标准》DB4403/T 60—2020

指标项数：160项。其中，正文116项，包括常规指标48项（微生物指标4项、感官性状和一般化学指标20项、毒理学指标22项、放射性指标2项）；消毒剂指标4项；非常规指标64项（微生物指标2项、感官性状和一般化学指标4项、毒理学指标58项）。附录A中水质参考指标44项。

指标名称：

（1）常规指标

微生物指标：菌落总数、总大肠菌群、大肠埃希氏菌、耐热大肠菌群；

毒理指标：砷、镉、铬（六价）、铅、汞、硒、氰化物、氟化物、硝酸盐（以N计）、亚硝酸盐（以N计）、溴酸盐（使用臭氧时测定）、亚氯酸盐、氯酸盐、甲醛、三卤甲烷（三氯甲烷、一氯二溴甲烷、二氯一溴甲烷、三溴甲烷的总和）、三氯甲烷、四氯化碳、一氯二溴甲烷、二氯一溴甲烷、三溴甲烷、二氯乙酸、三氯乙酸；

感官性状和一般化学指标：色度、浑浊度、臭和味、气味、肉眼可见物、pH、铝、铁、锰、铜、锌、氯化物、硫酸盐、溶解性总固体、总硬度（以$CaCO_3$计）、高锰酸盐指数、挥发酚类（以苯酚计）、阴离子合成洗涤剂、总有机碳（TOC）、氨氮（以N计）；

放射性指标：总 α 放射性、总 β 放射性。

（2）非常规指标

微生物指标：贾第鞭毛虫、隐孢子虫；

毒理指标：锑、钡、铍、硼、钼、镍、银、铊、1,2-二氯乙烷、二氯甲烷、1,1,1-三氯乙烷、三氯乙醛、2,4,6-三氯酚、七氯、马拉硫磷、五氯酚、六六六（总量）、六氯苯、乐果、对硫磷、灭草松、甲基对硫磷、百菌清、呋喃丹、林丹、毒死蜱、草甘膦、敌敌畏、莠去津、溴氰菊酯、2,4-滴、滴滴涕、乙苯、二甲苯（总量）、1,1-二氯乙烯、1,2-二氯乙烯、1,2-二氯苯、1,4二氯苯、三氯乙烯、三氯苯（总量）、六氯丁二烯、丙烯酰胺、四氯乙烯、甲苯、邻苯二甲酸二（2-乙基己基）酯、环氧氯丙烷、苯、苯乙烯、苯并（a）芘、氯乙烯、氯苯、微囊藻毒素-LR、碘化物、氯化氰（以 CN⁻计）、敌百虫、乙草胺、高氯酸盐、亚硝基二甲胺；

感官性状和一般化学指标：钠、硫化物、2-甲基异莰醇、土臭素。

（3）附录A参考指标

肠球菌、产气荚膜梭状芽孢杆菌、二（2-乙基己基）己二酸酯、1,2-二溴乙烷、二噁英（2,3,7,8-TCDD）、甲基硫菌灵、稻瘟灵、氟乐灵、甲霜灵类、西草净、乙酰甲胺磷、二甲基二硫醚、二甲基三硫醚、全氟辛酸、全氟辛烷磺酸、碘乙酸、五氯丙烷、双酚A、丙烯腈、丙烯酸、丙烯醛、四乙基铅、戊二醛、石油类（总量）、石棉（>10μm）、多环芳烃（总量）、多氯联苯（总量）、邻苯二甲酸二乙酯、邻苯二甲酸二丁酯、环烷酸、苯甲醚、β-萘酚、丁基黄原酸、氯化乙基汞、硝基苯、铀、镭-226、异丙隆、异养菌平板计数（HPC）、二溴乙烯、军团菌、二氯一碘甲烷、壬基酚、桡足类。

3）海口市《生活饮用水水质标准》DB4601/T 3—2021

2021年10月28日，海口市市场监督管理局发布海口市《生活饮用水水质标准》DB4601/T 3—2021，该标准于2021年11月28日起实施。标准规定了生活饮用水水质要求、卫生要求、水质检测及考核要求，适用于以符合生活饮用水标准的水源水为原水，经深度净化处理后可供用户直接饮用的饮用水。

海口市《生活饮用水水质标准》DB4601/T 3—2021

指标项数：160项。其中，正文111项，包括常规指标46项（微生物指标3项、感官性状和一般化学指标20项、毒理学指标21项、放射性指标2项）；消毒剂指标4项；扩展指标61项（微生物指标2项、感官性状和一般化学指标3项、毒理学指标56项）。附录A中水质参考指标49项。

指标名称：

（1）常规指标

微生物指标：菌落总数、总大肠菌群、大肠埃希氏菌；

感官性状和一般化学指标：色度、臭和味、浑浊度、肉眼可见物、氯化物、铝、铜、铁、锰、锌、总硬度、高锰酸盐指数、pH、硫酸盐、溶解性总固体、氨、挥发酚类、阴离子合成洗涤剂、2-甲基异莰醇、土臭素；

毒理指标：砷、镉、铬（六价）、氰化物、氟化物、铅、汞、硝酸盐、硒、四氯化碳、溴酸盐、亚氯酸盐、高氯酸盐、氯酸盐、三卤甲烷、三氯甲烷、二氯一溴甲烷、一氯二溴甲烷、三溴甲烷、二氯乙酸、三氯乙酸；

放射性指标：总α放射性、总β放射性；

消毒剂常规指标：游离氯、总氯、臭氧、二氧化氯。

（2）水质扩展指标

微生物指标：贾第鞭毛虫、隐孢子虫；

感官性状和一般化学指标：钠、硫化物、总有机碳；

毒理指标：钡、铍、硼、钴、铊、镍、银、锑、二氯甲烷、1,2-二氯乙烷、氯乙烯、1,1-二氯乙烯、1,2-二氯乙烯、三氯乙烯、四氯乙烯、六氯丁二烯、苯、甲苯、二甲苯（总量）、苯乙烯、氯苯、1,4-二氯苯、三氯苯（总量）、六氯苯、七氯、马拉硫磷、乐果、灭草松、百菌清、呋喃丹、毒死蜱、草甘膦、敌敌畏、莠去津、溴氰菊酯、滴滴涕、六六六（总量）、对硫磷、甲基对硫磷、林丹、2,4-滴、乙草胺、五氯酚、2,4,6-三氯酚、苯并（a）芘、邻苯二甲酸二（2-乙基己基）酯、丙烯酰胺、环氧氯丙烷、微囊藻毒素-LR、碘化物、亚硝酸盐（以N计）、1,1,1-三氯乙烷、乙苯、1,2-二氯苯、亚硝基二甲胺、三氯乙醛。

(3) 附录A水质参考指标

微生物指标：肠球菌、产气荚膜梭状芽孢杆菌、军团菌；

毒理指标：钒、氯化乙基汞、四乙基铅、甲基硫菌灵、稻瘟灵、氟乐灵、甲霜灵、西草净、敌百虫、乙酰甲胺磷、甲醛、氯化氰（以CN⁻计）、碘乙酸、1,2-二溴乙烷、五氯丙烷、乙苯、硝基苯、双酚A、丙烯腈、丙烯醛、二（2-乙基己基）己二酸酯、邻苯二甲酸二丁酯、多环芳烃（总量）、多氯联苯（总量）、二噁英（2,3,7,8-TCDD）、全氟辛酸、全氟辛烷磺酸、丙烯酸、环烷酸、丁基黄原酸、β-萘酚、二甲基二硫醚、二甲基三硫醚、苯甲醚、石油类（总量）、石棉（>10μm）、铀、镭-226、戊二醛、可同化有机碳（AOC）、二氯一碘甲烷、二溴乙烯、邻苯二甲酸二乙酯、异丙隆、异养菌平板计数（HPC）。

4）保定市地方标准《生活饮用水水质标准》DB1306/T 207—2022

2022年11月10日，保定市市场监督管理局发布了保定市地方标准《生活饮用水水质标准》DB1306/T 207—2022，该标准由保定市供水有限公司等牵头起草，于2022年11月20日起实施。标准规定了生活饮用水水质要求、饮用净水水质要求、生活饮用水水源水质要求、卫生要求、水质检验及水质监测要求，适用于保定市集中式供水的生活饮用水。

保定市地方标准《生活饮用水水质标准》DB1306/T 207—2022

指标项数：152项，其中，正文97项，包括常规指标43项（微生物指标3项、毒理指标18项、感官性状和一般化学指标16项、放射性指标2项、消毒剂常规指标4项）；水质扩展指标54项（微生物指标2项、毒理指标47项、感官性状和一般化学指标5项）。附录A指标55项。

指标名称：

(1) 常规指标

微生物指标：总大肠菌群、大肠埃希氏菌、菌落总数；

毒理指标：砷、镉、铬（六价）、铅、汞、氰化物、氟化物、硝酸盐（以N计）、三氯甲烷、一氯二溴甲烷、二氯一溴甲烷、三溴甲烷、三卤甲烷（三氯甲烷、一氯二溴甲烷、二氯一溴甲烷、溴甲烷的总和）、二氯乙酸、三氯乙酸、溴酸盐、亚氯酸盐、氯酸盐等；

感官性状和一般化学指标：色度、浑浊度、臭和味、肉眼可见物、pH、铝、铁、锰、铜、锌、氯化物、硫酸盐、溶解性总固体、总硬度（以$CaCO_3$计）、高锰酸盐指数（以O_2计）、氨（以N计）；

放射性指标：包括总 α 放射性、总 β 放射性；

消毒剂常规指标及要求：包括游离氯、总氯、臭氧、二氧化氯。

（2）水质扩展指标

微生物指标：贾第鞭毛虫、隐孢子虫；

毒理指标：锑、钡、铍、硼、钼、镍、银、铊、硒、高氯酸盐、二氯甲烷、1,2-二氯乙烷、四氯化碳、氯乙烯、1,1-二氯乙烯、1,2-二氯乙烯、三氯乙烯、四氯乙烯、六氯丁二烯、苯、甲苯、二甲苯、苯乙烯、氯苯、1,4-二氯苯、三氯苯、六氯苯、七氯、马拉硫磷、乐果、灭草松、百菌清、呋喃丹、毒死蜱、草甘膦、敌敌畏、莠去津、溴氰菊酯、2,4-滴、乙草胺、五氯酚、2,4,6-三氯酚、苯并(a)芘、邻苯二甲酸二(2-乙基己基)酯、丙烯酰胺、环氧氯丙烷、微囊藻毒素-LR；

感官性状和一般化学指标：钠、挥发酚类（以苯酚计）、阴离子合成洗涤剂、2-甲基异莰醇、土臭素。

（3）附录A参考指标

肠球菌、产气荚膜梭状芽孢杆菌、钒、氯化乙基汞、四乙基铅、六六六、对硫磷、甲基对硫磷、林丹、滴滴涕、敌百虫、甲基硫菌灵、稻瘟灵、氟乐灵、甲霜灵、西草净、乙酰甲胺磷、甲醛、三氯乙醛、氯化氰、亚硝基二甲胺、碘乙酸、1,1,1-三氯乙烷、1,2-二溴乙烷、五氯丙烷、乙苯、1,2-二氯苯、硝基苯、双酚A、丙烯腈、丙烯醛、戊二醛、二(2-乙基己基)己二酸酯、邻苯二甲酸二乙酯、邻苯二甲酸二丁酯、多环芳烃（总量）、多氯联苯（总量）、二噁英（2,3,7,8-TCDD）、全氟辛酸、全氟辛烷磺酸、丙烯酸、环烷酸、丁基黄原酸、β-萘酚、二甲基二硫醚、二甲基三硫醚、苯甲醚、石油类（总量）、总有机碳、碘化物、硫化物、亚硝酸盐、石棉（纤维>10μm）、铀、镭-226等。

5）苏州市《苏州市生活饮用水水质指标限值》

苏州市水务局于2021年9月22日印发苏州市《苏州市生活饮用水水质指标限值》。标准适用于苏州市城乡公共供水、二次供水的生活饮用水，主要内容分为8部分，分别为：范围、规范性引用文件、术语和定义、水质要求、水质检验、水质安全管理、附录A（资料性）生活饮用水水质参考指标及限值、附录B（规范性）水质检验方法。

苏州市《苏州市生活饮用水水质指标限值》

指标项数：160项。其中，正文102项，包括常规指标44项（微生物指标3项、感官性状和一般化学指标17项、毒理指标22项、放射性指标2项）；消毒剂常规指标4项；扩展指标54项（微生物指标2项、感官性状和一般化学指标5项、毒理学指标47项）。附录A中水质参考指标58项。

指标名称：

（1）常规指标

微生物指标：菌落总数、总大肠菌群、大肠埃希氏菌；

毒理指标：砷、镉、铬（六价）、铅、汞、锑、氰化物、氟化物、硝酸盐、亚硝酸盐（游离氯消毒时为0.1mg/L，氯胺消毒时为0.2mg/L）、溴酸盐、亚氯酸盐、氯酸盐、甲醛、三卤甲烷（总量）、三氯甲烷、一氯二溴甲烷、二氯一溴甲烷、三溴甲烷、二氯乙酸、三氯乙酸、三氯乙醛；

感官性状和一般化学指标：色度、浑浊度、臭和味、肉眼可见物、pH、铝、铁、锰、铜、锌、氯化物、硫酸盐、溶解性总固体、总硬度、高锰酸盐指数、总有机碳（水源限制，TOC≥5时≤4mg/L）、氨、挥发酚类（以苯酚计，仅长江水源）、2-甲基异莰醇及土臭素（仅湖库水源）、阴离子合成洗涤剂；

放射性指标：总 α 放射性、总 β 放射性；

消毒剂常规指标及要求：游离氯、总氯、二氧化氯、臭氧。

（2）扩展指标

微生物指标：贾第鞭毛虫、隐孢子虫；

毒理指标：钡、铍、硼、钼、镍、银、铊、硒、四氯化碳、1,2-二氯乙烷、二氯甲烷、2,4,6-三氯酚、七氯、马拉硫磷、五氯酚、六氯苯、乐果、灭草松、百菌清、呋喃丹、毒死蜱、草甘膦、敌敌畏、莠去津、溴氰菊酯、2,4-滴、二甲苯（总量）、1,1-二氯乙烯、1,2-二氯乙烯、1,4-二氯苯、三氯乙烯、三氯苯（总量）、六氯丁二烯、丙烯酰胺、四氯乙烯、甲苯、邻苯二甲酸二（2-乙基己基）酯、环氧氯丙烷、苯、苯乙烯、苯并（a）芘、氯乙烯、氯苯、微囊藻毒素-LR（藻类暴发时测）、乙草胺、高氯酸盐、亚硝基二甲胺；

感官性状和一般化学指标：钠、挥发酚类（以苯酚计）、阴离子合成洗涤剂、2-甲基异莰醇、土臭素。

（3）参考指标

微生物指标：肠球菌、产气荚膜梭状芽孢杆菌、军团菌；

毒理指标：二（2-乙基己基）己二酸酯、1,2-二溴乙烷、二噁英（2,3,7,8-TCDD）、甲基硫菌灵、稻瘟灵、氟乐灵、甲霜灵、西草净、乙酰甲胺磷、异丙隆、二甲基二硫醚、二甲基三硫醚、全氟辛酸、全氟辛烷磺酸、碘化物、碘乙酸、二氯一碘甲烷、二氯乙腈、二溴乙腈、五氯丙烷、双酚A、壬基酚、丙烯腈、丙烯酸、丙烯醛、四乙基铅、戊二醛、石油类（总量）、石棉（>10μm）、多环芳烃（总量）、多氯联苯（总量）、邻苯二甲酸二乙酯、邻苯二甲酸二丁酯、环烷酸、苯甲醚、β-萘酚、丁基黄原酸、氯化乙基汞、硝基苯、铀、镭-226、桡足类、钒、氯化氰、1,1,1-三氯乙烷、六六六（总量）、对硫磷、甲基对硫磷、林丹、滴滴涕、敌百虫、乙苯、1,2-二氯苯、硫化物。

6）新疆《城镇供水水质标准》XJJ 160—2023

新疆维吾尔自治区住房和城乡建设厅于 2023 年 10 月 16 日印发新疆《城镇供水水质标准》XJJ 160—2023，该标准由国家城市供水水质监测网乌鲁木齐监测站牵头起草，并于 2024 年 1 月 16 日起实施。该标准适用于新疆维吾尔自治区城镇生活饮用水水源水、生活饮用水。主要内容分为 9 部分，分别为：总则、术语和定义、水质要求、水质检验、在线监测及指标要求、供水水质检测实验室建设、附录 A 生活饮用水水质参考指标及限值、附录 B 水质检测指标推荐方法、附录 C 自治区城镇供水水质检测实验室建设。

新疆《城镇供水水质标准》XJJ 160—2023

水质指标：152 项。其中，正文 99 项，包括常规指标 42 项（微生物指标 3 项、感官性状和一般化学指标 17 项、毒理学指标 20 项、放射性指标 2 项）；消毒剂指标 4 项；扩展指标 53 项（微生物指标 2 项、感官性状和一般化学指标 5 项、毒理学指标 46 项）。附录 A 中水质参考指标 53 项。

指标名称：

（1）常规指标

微生物指标：总大肠菌群、大肠埃希氏菌、菌落总数；

毒理学指标：砷、镉、铬（六价）、铅、汞、氰化物、氟化物、硝酸盐、三氯甲烷、一氯二溴甲烷、二氯一溴甲烷、三溴甲烷、三卤甲烷、二氯乙酸、三氯乙酸、溴酸盐、亚氯酸盐、氯酸盐、亚硝酸盐、硼；

感官性状和一般化学指标：色度、浑浊度、臭和味、肉眼可见物、pH、铝、铁、锰、铜、锌、氯化物、硫酸盐、溶解性总固体、总硬度、高锰酸盐指数、氨、钠；

放射性指标：总 α 放射性、总 β 放射性；

消毒剂指标：游离氯、总氯、臭氧、二氧化氯。

（2）扩展指标

微生物指标：贾第鞭毛虫、隐孢子虫；

毒理学指标：锑、钡、铍、钼、镍、银、铊、硒、高氯酸盐、二氯甲烷、1,2-二氯乙烷、四氯化碳、氯乙烯、1,1-二氯乙烯、1,2-二氯乙烯（总

量）、三氯乙烯、四氯乙烯、六氯丁二烯、苯、甲苯、二甲苯（总量）、苯乙烯、氯苯、1,4-二氯苯、三氯苯（总量）、六氯苯、七氯、马拉硫磷、乐果、灭草松、百菌清、呋喃丹、毒死蜱、草甘膦、敌敌畏、莠去津、溴氰菊酯、2,4-滴、五氯酚、2,4,6-三氯酚、苯并（a）芘、邻苯二甲酸二（2-乙基己基）酯、丙烯酰胺、环氧氯丙烷、微囊藻毒素-LR；

感官性状和一般化学指标：挥发酚类（以苯酚计）、阴离子合成洗涤剂、2-甲基异莰醇、土臭素、总有机碳。

（3）附录A参考指标

肠球菌、产气荚膜梭状芽孢杆菌、钒、氯化乙基汞、四乙基铅、六六六（总量）、对硫磷、甲基对硫磷、林丹、滴滴涕、敌百虫、甲基硫菌灵、稻瘟灵、氟乐灵、甲霜灵、西草净、乙酰甲胺磷、甲醛、三氯乙醛、氯化氰（以CN⁻计）、亚硝基二甲胺、碘乙酸、1,1,1-三氯乙烷、1,2-二溴乙烷、五氯丙烷、乙苯、1,2-二氯苯、硝基苯、双酚A、丙烯腈、丙烯醛、戊二醛、二（2-乙基己基）己二酸酯、邻苯二甲酸二乙酯、邻苯二甲酸二丁酯、多环芳烃（总量）、多氯联苯（总量）、二噁英（2,3,7,8-四氯二苯并对二噁英）、全氟辛酸、全氟辛烷磺酸、丙烯酸、环烷酸、丁基黄原酸、β-萘酚、二甲基二硫醚、二甲基三硫醚、苯甲醚、石油类（总量）、碘化物、硫化物、石棉（纤维＞10μm）、铀、镭-226。

(3) 同时期国际上相关标准的制定修订情况

随着各类新污染物问题显现，饮用水水质标准持续完善。2017年和2022年，世界卫生组织对《饮用水水质准则》第4版进行了两次修订，主要增加了以毒理学指标为主的10余项指标的健康参考值、急性健康参考值和感官阈值等。

欧盟《饮用水水质指令》98/83/EC分别在2015年和2020年经过两次修订，其中EU 2015/1787修订没有修订指标及限值，主要是在附件Ⅱ水质监测部分引入了风险理念，附件Ⅲ检测方法部分要求与国际接轨，采用国际认可的方法。EU 2020/2184修订中全面引入世界卫生组织基于风险评估的水安全计划，加强了信息公开和涉水材料的管理要求，与指令98/83/EC相比指标删除2项、增加10项、调整限值5项。

在日本，厚生劳动省参照世界卫生组织制定的《饮用水水质准则》和最新研究成果不断更新完善饮用水水质标准，自2008年以来每1～2年修订一次。日本最新的饮用水水质标准于2022年4月1日实施。分为3部分，分别为水质基准项目、水质管理目标设定项目和需要讨论项目，其中水质基准项目为强制性标准。国际上部分饮用水水质标准制定修订情况见表1-11。

国际上部分饮用水水质标准制定修订情况 表1-11

标准	修订情况			特点（最新版本）	指标数量（最新版本）
世界卫生组织《饮用水水质准则》	版本号 第1版 第2版 第3版 第4版 第4版修订 第4版修订	修订年份 1983年～1984年 1993年～1997年 2004年 2011年 2017年 2022年	指标总数 43项 159项 201项 218项 221项 223项	推荐了多项水质指标的安全指导限值，代表国际最新发展水平，许多国家将其作为标准制定重要的参考依据	223项
美国《国家饮用水水质标准》	修订年份 2006年 2007年 2009年 2013年		修订项目数 修订5项 修订1项 修订1项 修订2项	一级标准包括两个浓度值：污染物最大浓度目标值（MCLG，非强制）只考虑健康影响，不考虑其他因素；污染物最大浓度值（MCLs，强制指标）考虑成本－收益分析、最佳可行性技术和检测分析方法等因素。二级标准为影响美容和感官的指标，非强制	一级87项（强制）；二级15项（非强制）
欧盟《饮用水水质指令》	版本号 80/778/EEC 98/83/EC 98/83/EC 修订版 98/83/EC 修订版		修订年份 1980年 1998年 2015年 2020年	该指令是欧洲各国制订本国水质标准的主要依据，包括微生物、毒理学、一般理化、感官指标等项目。大部分项目同时设定了指导值和最大允许浓度	56项
日本《饮用水水质标准》	版本号 第1版 第2版 第3版 近年修订情况：2008年、2009年、2010年、2011年、2013年、2014年、2015年、2017年、2021年进行了局部修订		修订年份 1958年 1978年 1992年	由法定项目、水质管理目标设定项目和讨论项目3部分构成。法定项目是根据日本《水道法》第4条规定必须要达到的标准，共51项。水质管理目标设定项目是可能会检出，水质管理上需要密切关注的项目；讨论项目有47项	51项（强制）；27项（密切关注）；47项（需要讨论）

1.2 城镇排水相关标准

1.2.1 起步探索（1949年～1978年）

1. 背景情况

中华人民共和国成立伊始，由于工农业生产刚刚起步，当时的污水污染程度较低，且提倡利用污水进行农业灌溉，特别是北方缺水地区将污水灌溉利用作为经验进行推广，如著名的沈抚灌渠等，因此全国仅有几个城市建设了近十座污水处理厂，污水处理技术和管理水平处于较落后的状态。此时的污水处理以一级处理为主，通过筛滤、沉降、曝气等物理方法，处理一些简单的悬浮物、调节水质 pH、降低污水的腐化程度，然后排放。

政府对城市建设的要求集中于改善自来水供应情况、整顿下水道、改善环境卫生、清除垃圾粪便，全国各地都进入了改变城市面貌的热潮中，作为首都的北京自然是重中之重。1950 年，对"臭名昭著"的龙须沟进行了动工改造，至 1956 年，北京城区内最后一条臭水沟——御河完成地下水道的改建，通过挖掘、填埋、疏浚、改造，北京城区内 100 多条污水沟被完全消除，臭水横流、蚊虫遍地的居住环境得到了巨大的改善。1956 年，北京第一座污水处理厂在酒仙桥开始动工兴建，1958 年建成投产，日处理污水量达 1.4 万 m^3，1961 年，高碑店简易城市污水处理试验厂投入运行，日处理污水量达 20 万 m^3。

与此同时，为恢复和发展国民经济，快速摆脱贫困的帽子，国家重点发展重工业，中国工业在此期间进入如火如荼的快速发展阶段。至 20 世纪 70 年代，中国工业的发展经历了快速发展和高速增长，随着我国能源、冶金、化工、制造业的逐步壮大，随之而来的环境问题也日渐凸显。1971 年末至 1972 年初，作为北京及河北主要水源地的官厅水库出现大量死鱼现象，周围居民同时出现奇怪症状，引起了国家领导的高度重视，1972 年 6 月 12 日，国务院批准的《国家计委、国家建委关于官厅水库污染情况和解决意见的报告》首次提出：工厂建设和"三废"利用工程要同时设计、同时施工、同时投产的"三同时制度"，是我国环境保护工作的重大创举。

1972 年 6 月 5 日～16 日，中国派代表团参加了联合国在斯德哥尔摩召开的第一次全球环境峰会，会上提出了《人类环境宣言》和《环境行动计划》，提出了保护环境的原则和行动方案，以及国际合作的重要性，引起了中国代表团很深的感触，中国代表团归国后，国务院开始筹备国家第一次环境保护工作会议，会议筹备领导小组办公室设立了排放标准组，开始了我国国家标准的研究编制工作。

1973 年 8 月，由国务院委托国家计委在北京组织召开中国第一次环境保护会议，会议反映和审视了中国环境污染和生态破坏的情况，指明了环境问题的严重性，审议通过了"全面规划、合理布局、综合利用、化害为利、依靠群众、大家动手、保护环境、造福人民"的环境保护工作 32 字方针和中国第一个环境保护文件《关于保护和改善环境的若干规定》

及第一个排放标准《工业"三废"排放试行标准》GBJ 4—73,此次会议揭开了中国环境保护事业的序幕,唤起了全社会的环保意识,为后续政策和标准制定奠定了基础。

2.主要标准

这一阶段,我国环境保护事业刚刚起步,政府、企业对排污管理的意识初步形成,是排水相关标准的起步探索阶段,这一时期制定发布的《工业"三废"排放试行标准》GBJ 4—73和《室外排水设计规范》(试行)TJ 14—74是我国城市排水标准的初探,为污染物排放控制提供了重要依据。

(1)《工业"三废"排放试行标准》GBJ 4—73

1973年11月,国家计委、国家建委、国家卫生部联合发布《工业"三废"排放试行标准》GBJ 4—73,标准于1974年1月1日实施。值得注意的是,在当时我国尚未对环境保护进行立法,因此该标准在一段时期内扮演了国家环境保护法规的角色,使我国排放标准的发展实现了从零到一的突破,为我国环保事业的发展奠定了重要基础。

《工业"三废"排放试行标准》GBJ 4—73

水质指标:19项,包含一类污染物5项、二类污染物14项。

指标名称:

一类污染物:汞及其无机化合物、镉及其无机化合物、六价铬化合物、砷及其无机化合物、铅及其无机化合物;

二类污染物:pH、悬浮物(水力排灰、洗煤水、水力冲渣、尾矿水)、生化需氧量、化学耗氧量、硫化物、挥发性酚、氰化物(以游离氰根计)、有机磷、石油类、铜及其化合物、锌及其化合物、氟的无机化合物、硝基苯类、苯胺类。

---

(2)《室外排水设计规范》(试行)TJ 14—74

1974年9月,国家建委发布了《室外排水设计规范》(试行)TJ 14—74,标准于1975年3月1日起试行。该标准是我国第一部有关工业"废水"排入城市下水道的规定,其中规定工业污水的排放应征得城建部门的同意,除有害物质最高浓度应符合《工业"三废"排放试行标准》GBJ 4—73的规定外,对抑制生物处理的有害物质容许浓度也做了规定。

《室外排水设计规范》（试行）TJ 14—74 附录三

水质指标：12 项。

指标名称：三价铬、铜、锌、镍、铅、锑、砷、石油和焦油、烷基苯磺酸盐、拉开粉、硫化物、氯化钠。

1.2.2 体系建立（1979 年～ 2000 年）

1. 背景情况

1978 年十一届三中全会确立了改革开放的政策，中国大地出现了前所未有的巨大变化，到处呈现出欣欣向荣的兴旺景象，工业化进程的加速推动着城市的发展，但同时排放的工业废水、生活污水也如影随形，污染着我们的土地和河流，蚕食着人们的生存环境。在 1983 年 12 月 31 日～ 1984 年 1 月 7 日召开的全国第二次环境保护会议上，将环境保护确立为基本国策，"经济建设、城乡建设、环境建设，同步规划、同步实施、同步发展，实现经济效益、社会效益和环境效益相统一"为中国环境保护的总方针、总政策，会议要求建立健全环境保护法律体系，把环境保护建立在法治轨道和科技进步的基础上，此后，《中华人民共和国水污染防治法》《中华人民共和国环境保护法》陆续公布施行，污水处理技术与排水设施建设也迎来了发展的契机。政府逐步加大了对污水处理技术的研发和推广力度，越来越多的企业开始重视污水处理和排放标准的执行，加大了对污水处理技术的投入和应用，积极配合政府和社会开展环保工作，以应对日益严峻的水环境污染问题。

这一阶段，我国开始了城市污水处理厂的大规模建设。1984 年，天津纪庄子污水处理厂竣工并正式投产运行，一期工程处理能力 26 万 m^3/d，采用二级活性污泥工艺，主要承担天津市和平区、河西区和南开区 3 个行政区域的污水处理，最大处理量 31.2 万 m^3/d，是当时全国建成的规模最大、处理工艺最完整的城市污水处理厂，开创了中国城市市政污水规模化集中处理的先河。20 世纪 90 年代初，在经济发达地区和大中城市，如上海、广州、北京等地相继建成了大型的污水处理厂，标志着我国城市污水处理设施进入了规模化、产业化的发展阶段。1990 年 12 月 5 日动工的高碑店污水处理厂为二级污水处理厂，占地 68hm²，一期工程于 1993 年 12 月 24 日竣工投产，日处理能力 50 万 m^3，二期工程于 1999 年年底竣工投产，日处理能力 100 万 m^3，作为北京最大的污水处理厂，北京近一半的污水在这里处理。

1991 年 12 月，建设部发布了关于印发《城市排水当前产业政策实施办法》（简称《办法》）的通知，该《办法》中指出，中华人民共和国成立后，城市排水设施的建设滞后于城市发展，与保护和改善生活和生态环境、防治污染这一基本国策不相适应，应以国家当前产业政策为导向，强化城市排水的管理，加快城市公共排水设施建设的速度，逐步建立与城市发展相协调的城市排水体系，确保城市安全、减轻水污染危害，发挥城市重要基础设施的功能。《办法》中还提到，要重点支持城市公共排水运营单位建立与现行污水排放标准相适应的水质监测站和计量设备。1992 年，建设部发布了关于印发《城市排水监测工作管理规定》的通知，这是我国关于排水监测工作的第一份行政管理文件，明确了我国城市排水监测工作的业务范围、行政主管、主要职责，规定了排水监测站的设置及要求等。1994 年，建设部启动了国家城市排水监测网的组建工作。

2．主要标准

这一时期，法规制度的发布促使环境保护意识快速提高和技术不断进步，排水标准逐渐成为环保工作中的重要一环，是在排水相关政策发力下标准体系建立的关键时期。《地面水环境质量标准》GB 3838、《污水综合排放标准》GB 8978 和《污水排入城市下水道水质标准》CJ 18 等几部标准的制定修订，强化了排水工作的标准配套，为环境保护各项政策制度的执行提供了重要依据。

（1）环境标准：《地面水环境质量标准》GB 3838

1）1983 年第一版

1983 年 9 月，城乡建设环境保护部发布了《地面水环境质量标准》GB 3838—83，标准于 1984 年 1 月 1 日正式实施。该标准规定了地面水的各项水质指标和对应的质量标准，明晰了水质标准的底线，是我国第一部针对水环境质量提出具体水质要求的标准，不仅为我国水环境保护工作提供了明确的技术标准和指导方针，为地面水监测评估和水体保护管理提供了有力的科学依据，也为后续的环保法律法规的制定和完善奠定了重要基础，是我国环境保护工作的重要里程碑，彰显了政府对环境问题的高度重视和积极应对的决心。

《地面水环境质量标准》GB 3838—83

水质指标：20 项，其中 2 项为参考标准。

指标名称：pH 值、水温、肉眼可见物、色度（铂钴法，度）、臭、溶解

氧、生化需氧量（五天20℃）、化学需氧量（高锰酸钾法）、挥发酚类、氰化物、砷、总汞、镉、六价铬、铅、铜、石油类、大肠菌群。

参考标准：总磷、总氮。

2) 1988年修订版

1988年4月，国家环境保护局对《地面水环境质量标准》GB 3838—83修订后发布了《地面水环境质量标准》GB 3838—88，标准于1988年6月1日实施。标准明确了水域功能分类要求，增加了控制项目10项，明确了标准选配分析方法，并删减了部分标准内容。新标准在内容和指标设置上进行了更新和调整，增加了对地表水污染物的监测项目和限值要求，以适应当时水环境质量管理的需要。新标准的特点是：①变"标准分级"为"标准分类"。水域功能区划分由三级改为五类，指标值与功能类别相一致，只要一项指标不符合要求，则表明水质不满足该使用功能要求。②明确污染物参数含义，增强标准制定的科学性，水质指标共30项。③与分析方法相配套，保证了标准的实施。

标准修订后更有利于推动我国水环境质量的持续改善，为给人民群众提供更加清洁、安全的生活环境，实现经济社会可持续发展、人与自然和谐共生的目标奠定了坚实基础。

《地面水环境质量标准》GB 3838—88

水质指标：30项。

指标名称：水温、pH、氯化物、硫酸盐、溶解性铁、总锰、总铜、总锌、硝酸盐、亚硝酸盐、非离子氨、凯氏氮、总磷、高锰酸钾指数、溶解氧、化学需氧量、生化需氧量、氟化物、四价硒、总砷、总汞、总镉、六价铬、总铅、总氰化物、挥发酚、石油类、阴离子表面活性剂、总大肠菌群、苯并(a)芘。

3) 1999年修订版

为进一步完善地表水环境质量监测体系，1999年7月20日，国家环境保护总局发布了《地表水环境质量标准》GHZB 1—1999，标准于2000年1月1日实施。标准是对《地面水环境质量标准》GB 3838—88的修订，按照水域功能分类要求，将标准项目划分为基本项目和特定项目，增加了控制项目3项，删除总大肠菌群指标，同时修订了水温、化学需氧量等 5 项指标的标准值，以提高地表水环境质量监测的科学性和准确性。

《地表水环境质量标准》GHZB 1—1999

水质指标：75 项，其中基本项目 31 项，湖泊水库特定项目 4 项，地表水 Ⅰ、Ⅱ、Ⅲ类水域有机化学物质特定项目 40 项。

指标名称：

基本项目：基本要求、水温、pH、氯化物、硫酸盐、溶解性铁、总锰、总铜、总锌、硝酸盐、亚硝酸盐、非离子氨、凯氏氮、总磷、高锰酸钾指数、溶解氧、化学需氧量、生化需氧量、氟化物、四价硒、总砷、总汞、总镉、六价铬、总铅、总氰化物、挥发酚、石油类、阴离子表面活性剂、粪大肠菌群、氨氮、硫化物；

湖泊水库特定项目：总磷、总氮、叶绿素 a、透明度；

地表水Ⅰ、Ⅱ、Ⅲ类水域有机化学物质特定项目：苯并 (a) 芘、甲基汞、三氯甲烷、四氯化碳、三氯乙烯、四氯乙烯、三溴甲烷、二氯甲烷、1,2－二氯乙烷、1,1,2－三氯乙烷、1,1－二氯乙烯、氯乙烯、六氯丁二烯、苯、甲苯、乙苯、二甲苯、氯苯、1,2－二氯苯，1,4－二氯苯、六氯苯、多氯联苯、2,4－二氯苯酚、2,4,6－三氯苯酚、五氯酚、硝基苯、2,4－二硝基甲苯、酞酸二丁酯、丙烯腈、联苯胺、滴滴涕、六六六、林丹、对硫磷、甲基对硫磷、马拉硫磷、乐果、敌敌畏、敌百虫、阿特拉津。

（2）综合排放标准：《污水综合排放标准》GB 8978

1）1988 年第一版

随着政府和公众环保意识进一步增强，人们开始意识到制定统一的污水排放标准的重要性。这些标准不仅可以规范企业和单位的污水处理行为，提高水环境保护水平，也可以为环保执法提供明确的依据，从而保障公众健康和生态安全。因此，污水排放标准的制定修订成为迫切需要解决的环境保护问题，也是环保法律法规不断完善和发展的必然要求。

1988 年 4 月 5 日，国家环境保护局发布了《污水综合排放标准》GB 8978—88，标准于 1989 年 1 月 1 日实施。标准进一步明确了各类工业企业和污水处理厂的污水排放标准，包括了污水中各项主要污染物的排放限值要求，为工业生产过程中的污水处理提供了明确指导，也为后续全面推行的排污申报登记制度和逐步推行排污许可，以及水环境综合整治工作提供了标准支撑。

标准基本代替了执行15年的《工业"三废"排放试行标准》GBJ 4—73（废水部分）。特点是包括：按污染物毒性和作用分类，在车间或工厂总排出口分别控制；按功能区类别和排污去向将标准值分为三级，按"高功能区高要求，低功能区低要求"的原则，强调区域综合整治，提出排入二级处理厂综合处理的预处理标准；重点调整了COD等综合指标，并增加了氮、磷和致癌物控制；对新老工厂及其规模区别对待，对新建大厂考虑了1995年到2000年环境目标，制定了较严的标准；增加了重点工业排水量控制指标，便于污染源总量控制；与地面水环境质量标准、方法标准、排污收费标准相配套，便于实施。

该标准将排放的污染物按其性质分为两类：

第一类污染物指能在环境或动植物体内蓄积，对人体健康产生长远不良影响的污染物，含有此类有害污染物质的污水，不分行业和污水排放方式，也不分受纳水体的功能类别，一律在车间或车间处理设施排出口取样，其最高允许排放浓度必须符合对第一类污染物的控制标准；

第二类污染物指其长远影响小于第一类的污染物质，在排污单位排出口取样，其最高允许排放浓度必须符合对第二类污染物的控制标准。

《污水综合排放标准》GB 8978—88

水质指标：29项，包含第一类污染物指标9项、第二类污染物指标20项。

指标名称：

第一类：总汞、烷基汞、总镉、总铬、六价铬、总砷、总铅、总镍、苯并(a) 芘；

第二类：pH值、色度（稀释倍数）、悬浮物、生化需氧量（BOD_5）、化学需氧量（COD_{Cr}）、石油类、动植物油、挥发酚、氰化物、硫化物、氨氮、氟化物、磷酸盐（以P计）、甲醛、苯胺类、硝基苯类、阴离子合成洗涤剂（LAS）、铜、锌、锰。

2）1996年修订版

1996年5月15日召开的第八届全国人民代表大会常务委员会第十九次会议上，通过了关于修改《中华人民共和国水污染防治法》的决定，第一次修正了水污染防治法，对防治地表水污染和防治地下水污染提出了要求。

为了紧密结合水污染防治法修正的落地实施，1996年10月，国家环境保护局修订发布了《污水综合排放标准》GB 8978—1996，新标准于1998年1月1日实施，代替《污水综合排放标准》GB 8978—88。新标准中第一类污染物指标增多至13种，针对标准实施后新扩改建设单位增加第二类污染物指标数量至56种，规定部分行业最高允许排放水量，以更好地适应当时的环境保护需要和技术水平。例如，针对特定行业排放的污染物浓度限值进行了重新界定，提高部分行业化学需氧量、生化需氧量、悬浮物、石油类等污染物最高允许排放浓度，同时加强了对污水处理厂排放标准的监测和管理要求。

《污水综合排放标准》GB 8978—1996

水质指标：69项，包含第一类污染物指标13项、第二类污染物指标56项。

指标名称：

第一类污染物指标：总汞、烷基汞、总镉、总铬、六价铬、总砷、总铅、总镍、苯并（a）芘、总铍、总银、总 α 放射性、总 β 放射性；

第二类污染物指标：pH值、色度（稀释倍数）、悬浮物（SS）、五日生化需氧量（BOD$_5$）、化学需氧量（COD）、石油类、动植物油、挥发酚、总氰化物、硫化物、氨氮、氟化物、磷酸盐（以P计）、甲醛、苯胺类、硝基苯类、阴离子合成洗涤剂（LAS）、总铜、总锌、总锰、彩色显影剂、显影剂及氧化物总量、元素磷、有机磷农药（以P计）、乐果、对硫磷、甲基对硫磷、马拉硫磷、五氯酚及五氯酚钠（以五氯酚计）、可吸附有机卤化物（AOX）（以Cl计）、三氯甲烷、四氯化碳、三氯乙烯、四氯乙烯、苯、甲苯、乙苯、邻二甲苯、间二甲苯、对二甲苯、氯苯、邻二氯苯、对硝基氯苯、2,4-二硝基氯苯、苯酚、间甲酚、2,4-二氯酚、2,4,6-三氯酚，邻苯二甲酸二丁酯、邻苯二甲酸二辛酯、丙烯腈、总硒、粪大肠菌群、总余氯（采用氯化消毒的医院污水）、总有机碳（TOC）。

随着城市的快速建设、工业技术的更新发展、环境监测技术的进步，《污水综合排放标准》GB 8978—1996 的局限性逐渐显露。为此，《污水综合排放标准》GB 8978—1996 第 1 号修改单于 1999 年 12 月 15 日颁布实施。这一修改单对原标准中的一些参数和排放限值进行了修订和完善，以反映当前污水管理领域的最新要求和技术水平。调整的内容包括对特定行业排放标准的调整等方面，主要涉及石化企业 COD 排放限值。

（3）排入下水道标准：《污水排入城市下水道水质标准》CJ 3082

1）1986 年第一版

为进一步规范污水的排放，有效控制污水对城市下水道和排水设施的损害，由国家城乡建设环境保护部组织，北京市市政工程管理处、上海市排水管理处起草，研究制定了《污水排入下水道水质标准》CJ 18—86。

1986 年 12 月，城乡建设环境保护部发布了《污水排入城市下水道水质标准》CJ 18—86，标准于 1987 年 1 月 1 日实施。该标准为城市排水设施的建设和管理提供了基本依据，规定了污水排入城市下水道的水质要求，对保护城市下水道设施不受损坏，保证城市污水处理厂正常运行，提升处理厂的处理能力和运行效率，保障养护管理人员的人身安全，保护环境，减少城市水环境污染，充分发挥城市下水道设施的社会效益、经济效益、环境效益等方面，起到了积极的作用，为城市污水处理的规范化和标准化奠定了基础。

《污水排入城市下水道水质标准》CJ 18—86

水质指标：30 项

指标名称：pH 值、悬浮物、易沉固体、油脂、矿物油类、苯系物、氰化物、硫化物、挥发性酚、温度、生化需氧量（5d20℃）、化学耗氧量（重铬酸钾法）、溶解性固体、有机磷、苯胺、汞及其无机化合物、镉及其无机化合物、铅及其无机化合物、铜及其无机化合物、锌及其无机化合物、镍及其无机化合物、锰及其无机化合物、铁及其无机化合物、锑及其无机化合物、六价铬无机化合物、三价铬无机化合物、硼及其无机化合物、硒及其无机化合物、砷及其无机化合物。

2）1999 年修订版

由于城市现代化建设进程的加快，城市污水大量增加，污水排放矛盾日益突出，《污水排入城市下水道水质标准》CJ 18—86 实施 10 多年后，于 1999 年进行了首次修订，由北京市市政工程管理处负责起草，北京市城市排水监测总站作为市政工程管理处的下属单位承担了主要的修订起草工作，上海、成都等多个国家城市排水监测网成员单位参与编写，标准号变更为 CJ 3082—1999，污染物控制项目由原来的 30 项调整为 35 项。

1999 年 1 月 26 日，建设部发布了《污水排入城市下水道水质标准》CJ 3082—1999，标准于 1999 年 8 月 1 日实施。新标准在 CJ 18—86 的基础上增加了控制项目 6 项，取消了对非金属硼的控制，并对部分污染物进行不同浓度控制。《污水排入城市下水道水质标准》发布实施以来，对保护城市排水设施、城市污水处理厂的正常运行及环境保护起到了积极作用。

《污水排入城市下水道水质标准》CJ 3082—1999

水质指标：35 项。

指标名称：pH 值、悬浮物、易沉固体、油脂、矿物油类、苯系物、氰化物、硫化物、挥发性酚、温度、生化需氧量（BOD$_5$）、化学需氧量（COD$_{Cr}$）、溶解性固体、有机磷、苯胺、氟化物、总汞、总镉、总铅、总铜、总锌、总镍、总锰、总铁、总锑、六价铬、总铬、总硒、总砷、硫酸盐、硝基苯类、阴离子表面活性剂（LAS）、氨氮、磷酸盐（以 P 计）、色度。

1.2.3 优化完善（2001 年～2019 年）

1. 背景情况

2001 年中国加入世界贸易组织（WTO），社会经济蓬勃发展，各行各业实现了迅猛增长，随之而来的是能源、钢铁、化工等重化工业的占比不断攀升，产能和产量居世界前列，资源和能源消耗也呈现快速增长的趋势，这导致主要污染物排放总量急剧上升，给环境带来了巨大压力。

为贯彻落实"十五计划"中加快城市污水处理设施建设的要求，2002 年 9 月，国家计划委员会、建设部、国家环境保护总局联合发布了《关于推进城市污水、垃圾处理产业化发展的意见》，提出到 2005 年城市污水集中处理率达 45%，50 万人口以上的城市达到 60% 以上；为加强城镇污水处理厂的监管，进一步提高污水处理厂的运行效率，建设部于 2004 年 8 月发布《关于加强城镇污水处理厂运行监管的意见》（已废止），进一步明确城镇污水处理厂建设的职责部门，加强对污水处理厂进出水水质、水量和泥质定期监测的要求。

2006年3月15日，建设部发布了关于印发《建设事业"十一五"规划纲要》的通知，加快了城市污水处理设施的建设，在污水管网建设中通过雨污分流来增加污水收集的能力，污水处理厂在处理工艺的选择上必须要具有脱氮功能，湖泊水库周边的污水处理厂必须要具有除磷功能，同时，强调了污泥处置的重要性，在这一纲要的指导下，部分污水处理厂开始向一级A标准提标改造。

2012年4月19日，国务院办公厅印发《"十二五"全国城镇污水处理及再生利用设施建设规划》，指导各地统筹规划、合理布局、加大投入，加快形成"厂网并举、泥水并重、再生利用"的设施建设格局，进一步加强污水处理厂的运营监管，全面提升设施运行管理水平。

党的十八大胜利召开以来，生态环境工作被赋予了前所未有的重要性，成为国家发展战略中的核心一环。城市排水和污水处理工作也步入快速发展时期。

2013年10月，国务院发布了《城镇排水与污水处理条例》，并于2014年1月1日起施行，条例将城镇排水与污水处理纳入法治轨道，为城镇基础设施的整体规划和规范污水排放行为、污水处理厂运营管理、政府部门的监管等提供了法律依据，从而为规划和管理好城镇排水与污水处理设施建设、运营和维护工作提供了重要保障。

2015年4月，国务院发布了《水污染防治行动计划》（简称"水十条"），展示了国家对水污染防治的宏伟计划，彰显了国家治理水环境污染的决心。

2016年12月，国家发展改革委、住房城乡建设部共同印发《"十三五"全国城镇污水处理及再生利用设施建设规划》，提出"十三五"期间，城镇污水处理设施建设由"规模增长"向"提质增效"转变，由"重水轻泥"向"泥水并重"转变，由"污水处理"向"再生利用"转变，全面提升我国城镇污水处理设施的保障能力和服务水平。

2018年1月1日，新修订的《中华人民共和国水污染防治法》开始施行，同年，国务院发布《关于全面加强生态环境保护坚决打好污染防治攻坚战的意见》，制定了打赢蓝天、碧水、净土保卫战的总体目标，加快补齐城镇污水收集和设施处理短板，尽快实现污水管网全覆盖、全收集、全处理。

2021年6月，国家发展改革委、住房城乡建设部联合印发《"十四五"城镇污水处理及资源化利用发展规划》，旨在有效缓解我国城镇污水收集处理设施发展不平衡不充分的矛盾，系统推动补短板强弱势，全面提升污水收集处理效能，加快推进污水资源化利用，提高设施运行维护水平。

目前污染防治攻坚战已经取得了阶段性的成果，生态环境有了明显的改善，但重点行业、重点区域污染问题依旧存在，实现碳达峰、碳中和任务艰巨，生态文明建设任重道远。

2. 主要标准

在这一阶段，伴随着环境保护政策的日益完善，城镇排水设施、污水处理技术的不断进步，我国排水标准经历了显著的优化完善。从简单的污染物排放限值到更加系统化和严格的标准体系。《地表水环境质量标准》GB 3838、《污水排入城镇下水道水质标准》GB/T 3196 相继进行了更新修订。为了加强城镇污水处理厂污染物的排放控制，国家环境保护总局和国家质量监督检验检疫总局发布了《城镇污水处理厂污染物排放标准》GB 18918，在提出水的排放限制同时，还涵盖了污水处理厂泥、气和噪声控制的要求。此外，为了推进污水再生利用和污泥安全处置，发布了城市污水再生利用系列标准和城镇污水处理厂污泥处置系列标准。上述标准类型构建形成了包含环境标准、排入下水道标准、污水处理厂排放标准、污水再生利用标准、污泥处置标准在内的排水标准体系框架，我国排水相关标准日臻完善。

（1）环境标准：《地表水环境质量标准》GB 3838

2002 年 4 月 28 日，国家环境保护总局、国家质量监督检验检疫总局联合发布了《地表水环境质量标准》GB 3838—2002，标准于 2002 年 6 月 1 日实施。新标准是对 GHZB 1—1999 的修订，基本项目中增加了总氮指标，删除部分指标，修订部分指标标准值，增加了集中式生活饮用水地表水源特定项目 40 项，删除湖泊水库特定项目标准值。

《地表水环境质量标准》GB 3838—2002

水质指标：109 项，包含基本项目 24 项、集中式生活饮用水地表水源地补充项目 5 项、集中式生活饮用水地表水源地特定项目 80 项。

指标名称：

基本项目：水温、pH、溶解氧、高锰酸盐指数、氨氮、总氮、总磷、化学需氧量、五日生化需氧量、氟化物、铜、锌、硒、砷、汞、镉、六价铬、铅、氰化物、挥发酚、石油类、阴离子表面活性剂、硫化物、粪大肠菌群；

> 集中式生活饮用水地表水源地补充项目：硫酸盐、氯化物、硝酸盐、铁、锰；
>
> 集中式生活饮用水地表水源地特定项目：三氯甲烷、四氯化碳、三溴甲烷、二氯甲烷、1,2-二氯乙烷、环氧氯丙烷、氯乙烯、1,1-二氯乙烯、1,2-二氯乙烯、三氯乙烯、四氯乙烯、氯丁二烯、六氯丁二烯、苯乙烯、甲醛、乙醛、丙烯醛、三氯乙醛、苯、甲苯、乙苯、二甲苯、异丙苯、氯苯、1,2-二氯苯、1,4-二氯苯、三氯苯、四氯苯、六氯苯、硝基苯、二硝基苯、2,4-二硝基甲苯、2,4,6-三硝基甲苯、硝基氯苯、2,4-二硝基氯苯、2,4-二氯苯酚、2,4,6-三氯苯酚、五氯酚、苯胺、联苯胺、丙烯酰胺、丙烯腈、邻苯二甲酸二丁酯、邻苯二甲酸二（2-乙基己基）酯、水合肼、四乙基铅、吡啶、松节油、苦味酸、丁基黄原酸、活性氯、滴滴涕、林丹、环氧七氯、对硫磷、甲基对硫磷、马拉硫磷、乐果、敌敌畏、敌百虫、内吸磷、百菌清、甲萘威、溴氰菊酯、阿特拉津、苯并（a）芘、甲基汞、多氯联苯、微囊藻毒素-LR、黄磷、钼、钴、铍、硼、锑、镍、钡、钒、钛、铊。

依据环境功能和保护目标，《地表水环境质量标准》GB 3838—2002 将水域功能从高到低划分为Ⅰ~Ⅴ类，该分类适用于全国江河、湖泊、运河、渠道、水库等具有使用功能的地表水水域。

该标准共设置项目 109 项，其中：地表水环境质量标准基本项目 24 项，适用于全国各类具有使用功能的地表水水域；集中式生活饮用水地表水源地项目 85 项，适用于Ⅱ类水域和Ⅲ类水域中的集中式生活饮用水地表水源地一级保护区和二级保护区。

标准中"24 项基本项目"标准限值根据水体功能制定，根据五类水域分别执行五个标准限值，高水域功能标准限值严于低水域功能标准限值；"85 项水源地项目"标准限值为保护人体健康而制定，执行一个标准限值。

相比《地表水环境质量标准》GB 3838—83，该标准项目总数从 20 项增至 109 项，其中：有机化合物类项目从 0 项增至 70 项，重金属类项目从 6 项增至 20 项，基本项目从 20 项增至 24 项（表 1-12）。

指标项目	指标数目			
	GB 3838—83	GB 3838—88	GHZB 1—1999	GB 3838—2002
总项目	20	30	75	109
基本项目	20	30	31	24
湖泊水库特定项目	无	无	4	无
水源地项目	无	无	40	85
重金属类	6	10	10	20

注：GB 3838—2002基本项目删除亚硝酸盐、非离子氨、凯氏氮3项；增加总氮的湖、库标准1项；将硫酸盐、氯化物、硝酸盐、铁、锰5项调整为集中式生活饮用水地表水源地补充项目；删除1,1,2-三氯乙烷、六六六2项；新增有机物指标30项；新增无机物指标12项。

　　关于24项基本项目标准限值，对比GHZB 1—1999，GB 3838—2002，与生活污水密切相关的、水处理程度较高的氮、磷、粪大肠菌群等项目的标准限值放宽；与水生生物毒性关系密切的铅（Ⅱ类）、高锰酸盐指数（Ⅲ类）、氨氮（Ⅰ类）等项目的标准限值加严，例如：有研究表明珍贵鱼类对铅毒性较为敏感，因此铅（Ⅱ类）标准从0.05mg/L提高至0.01mg/L。

　　关于85项水源地项目标准限值，与GHZB 1—1999比较，GB 3838—2002考虑到地表水饮用水源地水与生活饮用水之间存在水处理过程，我国自来水处理技术水平有限，85项水源地项目标准限值遵循与《生活饮用水卫生规范》接轨原则进行调整。例如：苯、甲苯、乙苯等23项标准限值放宽，四氯化碳标准从0.003mg/L提高到0.0002mg/L，均是根据与《生活饮用水卫生规范》接轨原则进行调整；新增项目42项标准限值则直接引自《生活饮用水卫生规范》。我国历次地表水人体健康标准限值比较见表1-13、表1-14。

我国历次地表水人体健康标准限值比较（金属类）　表1-13

标准项目	标准限值（mg/L）					
	GB 3838—88		GHZB 1—1999		GB 3838—2002	
	Ⅱ类	Ⅲ类	Ⅱ类	Ⅲ类	Ⅱ类	Ⅲ类
砷	0.05	0.05	0.05	0.05	0.05	0.05
总汞	0.00005	0.0001	0.00005	0.0001	0.00005	0.0001
镉	0.005	0.005	0.005	0.005	0.005	0.005
铬	0.05	0.05	0.05	0.05	0.05	0.05

续表

标准项目	标准限值（mg/L）					
	GB 3838—88		GHZB 1—1999		GB 3838—2002	
	Ⅱ类	Ⅲ类	Ⅱ类	Ⅲ类	Ⅱ类	Ⅲ类
铅	0.05	0.05	0.05	0.05	0.01	0.05
铜	1.0	1.0	1.0	1.0	1.0	1.0
铁	0.3	0.3	0.3	0.5	0.3	
锰	0.1	0.1	0.1	0.1	0.1	
锌	1.0	1.0	1.0	1.0	1.0	1.0
硒	0.01	0.01	0.01	0.01	0.01	0.01
钼	—		—		0.07	
钴	—		—		1.0	
铍	—		—		0.002	
硼	—		—		0.5	
锑	—		—		0.005	
镍	—		—		0.02	
钡	—		—		0.7	
钒	—		—		0.05	
钛	—		—		0.1	
铊	—		—		0.0001	

我国历次地表水人体健康标准限值比较（有机类）　　　　表 1—14

	标准项目	标准限值（mg/L）				标准项目	标准限值（mg/L）		
		GB 3838—88	GHZB 1—1999	GB 3838—2002			GB 3838—88	GHZB 1—1999	GB 3838—2002
1	苯并（a）芘	2.5×10^{-6}	2.8×10^{-6}	2.8×10^{-6}	6	1,2-二氯乙烷	—	0.005	0.03
2	三氯甲烷	—	0.06	0.06	7	环氧氯丙烷			0.02
3	四氯化碳	—	0.003	0.002	8	氯乙烯		0.002	0.005
4	三溴甲烷	—	0.04	0.1	9	1,1-二氯乙烯		0.007	0.03
5	二氯甲烷		0.005	0.02	10	1,2-二氯乙烯			0.05

标准项目		标准限值（mg/L）			标准项目		标准限值（mg/L）		
		GB 3838—88	GHZB 1—1999	GB 3838—2002			GB 3838—88	GHZB 1—1999	GB 3838—2002
11	三氯乙烯	—	0.005	0.07	33	2,4-二硝基甲苯	—	0.003	0.003
12	四氯乙烯	—	0.005	0.04	34	2,4,6-三硝基甲苯	—	—	0.5
13	氯丁二烯	—	—	0.002	35	硝基氯苯	—	—	0.05
14	六氯丁二烯	—	0.0006	0.0006	36	2,4-二硝基氯苯	—	—	0.5
15	苯乙烯	—	—	0.02	37	2,4-二氯苯酚	—	0.093	0.093
16	甲醛	—	—	0.9	38	2,4,6-三氯苯酚	—	0.0012	0.2
17	乙醛	—	—	0.05	39	五氯酚	—	0.00028	0.009
18	丙烯醛	—	—	0.1	40	苯胺	—	—	0.1
19	三氯乙醛	—	—	0.01	41	联苯胺	—	0.000058	0.1
20	苯	—	0.005	0.01	42	丙烯酰胺	—	—	0.0005
21	甲苯	—	0.1	0.7	43	丙烯腈	—	0.000058	0.1
22	乙苯	—	0.01	0.3	44	邻苯二甲酸二丁酯	—	0.003	0.003
23	二甲苯	—	0.5	0.5	45	邻苯二甲酸二（2-乙基己基）酯	—	—	0.008
24	异丙苯	—	—	0.25	46	水合肼	—	—	0.01
25	氯苯	—	0.03	0.3	47	四乙基铅	—	—	0.0001
26	1,2-二氯苯	—	0.085	1.0	48	吡啶	—	—	0.2
27	1,4-二氯苯	—	0.005	0.3	49	松节油	—	—	0.2
28	三氯苯	—	—	0.02	50	苦味酸	—	—	0.5
29	四氯苯	—	—	0.02	51	丁基黄原酸	—	—	0.005
30	六氯苯	—	0.05	0.05	52	甲基汞	—	1.0×10^{-6}	1.0×10^{-6}
31	硝基苯	—	0.017	0.017	53	多氯联苯	—	8.0×10^{-6}	2.0×10^{-5}
32	二硝基苯	—	—	0.5	54	微囊藻毒素-LR	—	—	0.001

续表

	标准项目	标准限值（mg/L）				标准项目	标准限值（mg/L）		
		GB 3838—88	GHZB 1—1999	GB 3838—2002			GB 3838—88	GHZB 1—1999	GB 3838—2002
55	1,1,2-三氯乙烷	—	0.003	—	63	敌敌畏	—	0.0001	0.05
56	滴滴涕	—	0.001	0.001	64	敌百虫	—	0.0001	0.05
57	林丹	—	0000019	0.002	65	内吸磷	—	—	0.03
58	环氧七氯	—	0.0002	—	66	百菌清	—	—	0.01
59	对硫磷	—	0.003	0.003	67	甲萘威	—	—	0.05
60	甲基对硫磷	—	0.0005	0.002	68	溴氰菊酯	—	—	0.02
61	马拉硫磷	—	0.005	0.05	69	阿特拉津	—	0.003	0.003
62	乐果	—	0.0001	0.0	70	六六六	—	0.005	—

（2）排入下水道标准：《污水排入城镇下水道水质标准》GB/T 31962

1）2010 年修订版

为适应城镇建设的需要，促进节能减排，保障排水设施和城镇污水处理厂正常运行，2007 年 7 月，作为《污水排入城市下水道水质标准》CJ 3082—1999 的主要起草单位，北京市市政工程管理处向住房城乡建设部标准定额司提出了标准修订的申请。2008 年 8 月，结合我国城镇建设与建筑工业行业发展的需要，根据《行业标准管理办法》，住房城乡建设部标准定额司组织制定了《2008 年住房和城乡建设部归口工业产品行业标准制订、修订计划》，其中包括《污水排入城市下水道水质标准》CJ 3082 的修订计划，北京市城市排水监测站承担了标准修订的主要起草编制工作，城市排水监测网成员单位石家庄市城市排水监测站、杭州市城市排水监测站、成都排水监测有限责任公司、厦门市城市排水监测站、哈尔滨市城市排水监测站、合肥市城市排水监测站等单位参与了标准的起草工作。

2010 年 7 月，住房城乡建设部发布了《污水排入城镇下水道水质标准》CJ 343—2010，并于 2011 年 1 月 1 日实施。为使标准能覆盖迅速发展的小城镇排水系统，标准名称更改为《污水排入城镇下水道水质标准》，更改了部分控制项目名称，增加了控制项目 12 项，取消了对锑的控制，控制项目限值由两个等级改为三级，并删减了附录。

《污水排入城镇下水道水质标准》CJ 343—2010 标准中根据排入下水道污水末端污

水处理厂的处理程度，针对再生处理、二级处理、一级处理，将控制项目分为 A、B、C 三个等级，除了细化考虑到污水处理厂的处理能力，而且还为深度处理的污水处理厂做了前提保障，进一步适应日新月异的污水处理技术发展，促进了污水处理工艺的进步。

《污水排入城镇下水道水质标准》CJ 343—2010

水质指标：46 项。

指标名称：水温、色度、易沉固体、悬浮物、溶解性固体、动植物油、石油类、pH、五日生化需氧量（BOD_5）、化学需氧量、氨氮、总氮、总磷、阴离子表面活性剂、总氰化物、总余氯、硫化物、氟化物、氯化物、硫酸盐、总汞、总镉、总铬、六价铬、总砷、总铅、总镍、总铍、总银、总硒、总铜、总锌、总锰、总铁、挥发酚、苯系物、苯胺类、硝基苯类、甲醛、三氯甲烷、四氯化碳、三氯乙烯、四氯乙烯、可吸附有机卤代物、有机磷农药、五氯酚。

2）2015 年修订版

2013 年 10 月，国务院发布了《城镇排水与污水处理条例》，将城镇排水与污水处理纳入法治轨道。2015 年，住房城乡建设部令第 21 号发布了《城镇污水排入排水管网许可管理办法》，并于 2015 年 3 月 1 日起施行。为配合《城镇排水与污水处理条例》和《城镇污水排入排水管网许可管理办法》的出台，进一步加强和保障排水设施安全、稳定、达标运行，住房城乡建设部组织对《污水排入城镇下水道水质标准》CJ 343—2010 进行修订，并由行业标准升级为国家标准，由北京城市排水集团有限责任公司、北京市城市排水监测总站有限公司牵头，中国城镇供水排水协会排水专业委员会、北京市市政工程设计研究总院有限公司、上海市城市排水有限公司、天津市城市排水监测站、成都市排水有限责任公司、哈尔滨市城市排水监测站、常州市排水管理处、珠海市水资源和水质监测中心、昆明市城市排水监测站、西安市污水处理有限责任公司等参与了标准的起草。

2015 年 9 月，《污水排入城镇下水道水质标准》GB/T 31962—2015 正式发布，标准于2016 年 8 月 1 日起实施。标准中涉及城镇下水道安全的控制项目，考虑我国城镇下水道的建设标准及养护水平较低，对这类专属控制项目的设置更全面，包括水温、可沉固体、pH、氨氮、总氰化物、硫化物、硫酸盐、总余氯、甲醛和挥发性卤代烃等，限值的设定也相对

稍严。与国外同类标准相比，本标准对城镇污水处理厂可以降解去除的常规污染物的控制
项目设置较为全面，包括色度、悬浮物、五日生化需氧量、化学需氧量、总氮、总磷、动
植物油、石油类、阴离子表面活性剂等，其限值的设定也相对偏严。

城镇污水处理厂难以降解去除的有毒有机物，受工业类型、环保法规（限制／禁止使
用）和检测技术的不同的影响，对于难降解有毒有机物控制项目的设置，各国的侧重点有
所不同，存在一定的差异。标准借鉴了欧洲标准的控制项目设置，如可吸附有机卤化物和
五氯酚等，限值的设定也基本一致。污水处理过程中转入污泥的重金属类，对环境有持久
性影响，且大多具有生物蓄积性，各国都是严格控制。标准的控制项目设置与国外标准基
本一致，限值设定则严于主要欧美国家及日本的同类标准，与当时各国同类标准的对比见
表 1-15。

《污水排入城镇下水道水质标准》GB／T 31962—2015 与其他各国同类标准的对比

（最高允许值或限值范围）   表 1-15

序号	控制项目名称	单位	本标准			美国亚利桑那州	加拿大温哥华	加拿大多伦多	德国	法国	英国
			A 级	B 级	C 级						
1	水温	℃	40	40	40	40	40	60	35	35	40
2	色度	倍	64	64	64	—	—	—	—	—	—
3	易沉固体	mL／(L·15min)	10	10	10	—	—	—	10	—	—
4	悬浮物	mg/L	400	400	250	350	600	350	—	600	500
5	溶解性总固体	mg/L	1500	2000	2000	—	—	—	—	—	—
6	动植物油	mg/L	100	100	100	100	150	150	250	—	50
7	石油类	mg/L	15	15	10	15	15	15	20	—	—
8	pH	—	6.5～9.5	6.5～9.5	6.5～9.5	6～9	5.5～12	6～11.5	6.5～10	6.5～9.5	6～10
9	五日生化需氧量	mg/L	350	350	150	350	500	300	—	800	—
10	化学需氧量	mg/L	500	500	300	700	—	—	2000	2000	2000
11	氨氮	mg/L	45	45	25	—	—	—	200	—	10
12	总氮	mg/L	70	70	45	—	—	—	—	150	—
13	总磷	mg/L	8	8	5	—	—	—	—	—	—

序号	控制项目名称	单位	本标准			美国亚利桑那州	加拿大温哥华	加拿大多伦多	德国	法国	英国
			A级	B级	C级						
14	阴离子表面活性剂	mg/L	20	20	10	—	—	—	—	—	—
15	总氰化物	mg/L	0.5	0.5	0.5	0.0079	—	2	1	0.5	1
16	总余氯	mg/L	8	8	8	—	—	—	0.2	3	—
17	硫化物	mg/L	1	1	1	0.05	—	—	2	2	1
18	氟化物	mg/L	20	20	20	3.2	—	—	60	10	—
19	氯化物	mg/L	500	800	800	1500	—	—	—	—	—
20	硫酸盐	mg/L	300	500	500	1500	—	—	600	400	300
21	总汞	mg/L	0.005	0.005	0.005	0.0002	0.05	0.01	0.05	0.1	1
22	总镉	mg/L	0.05	0.05	0.05	0.004	0.2	0.7	0.5	3	1
23	总铬	mg/L	1.5	1.5	1.5	0.08	4	4	3	1.5	2
24	六价铬	mg/L	0.5	0.5	0.5	—	—	2	0.5	0.1	—
25	总砷	mg/L	0.3	0.3	0.3	0.01	1	1	1	1	1
26	总铅	mg/L	0.5	0.5	0.5	0.006	1	1	2	—	2
27	总镍	mg/L	1	1	1	0.08	2	2	3	2	2
28	总铍	mg/L	0.005	0.005	0.005	0.003	—	—	—	—	—
29	总银	mg/L	0.5	0.5	0.5	0.1	1	5	2	0.1	1
30	总硒	mg/L	0.5	0.5	0.5	0.002	1	1	1	—	1
31	总铜	mg/L	2	2	2	3	2	2	—	1	2
32	总锌	mg/L	5	5	5	5	3	2	5	15	5
33	总锰	mg/L	2	5	5	5	5	5	—	—	—
34	总铁	mg/L	5	10	10	50	10	—	—	1	—
35	挥发酚	mg/L	1	1	0.5	0.001	1	1	—	0.1	—
36	苯系物	mg/L	2.5	2.5	1	0.004	0.1	0.01	—	—	—
37	苯胺类	mg/L	5	5	2	—	—	—	—	—	—
38	硝基苯类	mg/L	5	5	3	—	—	—	—	—	—
39	甲醛	mg/L	5	5	2	—	—	—	—	—	—

序号	控制项目名称	单位	本标准			美国亚利桑那州	加拿大温哥华	加拿大多伦多	德国	法国	英国
			A级	B级	C级						
40	三氯甲烷	mg/L	1	1	0.6	—	—	0.04	0.2	—	—
41	四氯化碳	mg/L	0.5	0.5	0.06	—	—	—	0.2	—	—
42	三氯乙烯	mg/L	1	1	0.6	—	—	0.4	0.2	—	—
43	四氯乙烯	mg/L	0.5	0.5	0.2	ND	—	1	0.2	—	—
44	有机磷农药	mg/L	0.5	0.5	0.5	ND	—	—	—	—	—
45	五氯酚	mg/L	5	5	5	ND	0.05	0.005	—	—	2
46	可吸附有机卤化物	mg/L	8	8	5	—	—	—	—	5	—
47	多环芳烃	mg/L	—	—	—	0.0002	0.05	0.005	—	—	—
48	多氯联苯	mg/L	—	—	—	ND	—	0.001	—	—	—

注：ND 表示不得检出或不得排放。

（3）污水处理厂排放标准：《城镇污水处理厂污染物排放标准》GB 18918

进入 21 世纪，我国大规模建设污水处理设施，污水处理厂数量和规模快速增加。1990 年代末期至 2000 年左右，我国开始引进和推广 MBBR 等新型污水处理技术，提高了污水处理的效率和水质的净化能力。此外，管理体制和监督机制的建立也是促进排水设施和污水处理发展的重要因素。

为了适应排水事业的高速发展、促进城镇污水处理厂的建设和管理，加强城镇污水处理厂污染物的排放控制和水污染防治，促进城市污水处理设施建设及相关产业的发展，2000 年 5 月，建设部、国家环境保护总局、科学技术部联合发布《城市污水处理及污染防治技术政策》，该政策对城市污水处理设施工程建设提出要求，对污水处理、污泥处理、污水回收利用具有指导性作用，并提出必须重视防治二次污染。

城镇污水处理厂的大规模建设必然要求通过标准强化管理，促进和规范城镇污水处理厂的建设。此前发布的《污水综合排放标准》GB 8978—1996 多数指标是针对工业废水的，当时城市污水处理厂的建设尚处于起步阶段，处理技术还在发展阶段，因此对城市污水的针对性不强。标准中相当一部分标准值范围偏宽，而个别指标在技术经济上达标又有一定难度。如：对城镇污水处理厂出水而言，重金属、微污染有机物、石油类、动植物油、LAS 等指标标准值偏宽；而总磷标准值偏严，常规二级处理和强化二级处理工艺难以达到 0.5 mg/L 和 1.0mg/L 的现行综合标准；城镇污水处理厂进水和出水中含有大量的粪大肠菌和致病菌，导致城区河道的粪大肠菌群数往往超过Ⅲ类水体标准，为防止生物性污染和疾病的传播，城镇污水处理厂出水必须控制其生物性污染。

2002 年 12 月，国家环境保护总局组织制定并发布了《城镇污水处理厂污染物排放标准》GB 18918—2002，标准于 2003 年 7 月 1 日起实施。相较于《污水综合排放标准》GB 8978—1996，该标准的系统性、完整性、可操作性均有较大程度的提高。该标准分四级标准，提出了总氮的要求，对氨氮和磷的要求作了调整，明确地提出了卫生学的指标。

生活污水主要污染物是有机污染物和生物性污染物，排入水体使受纳水体水质恶化发臭，造成鱼虾和水生物死亡以及水传播疾病流行。其主要污染物指标包括 BOD、COD、SS、正己烷萃取物、LAS、氨氮、总磷、色度、pH、粪大肠菌群数等。这些污染物可以通过常规或强化的污水处理工艺去除。工业废水则成分复杂，除了含有常规污染物以外，还含有重金属和大量有毒有害化学物质和微量污染物，这些工业污染物在污水处理厂常规处理工艺中往往难以去除，必须进行源头控制，也就是在排入城市下水道之前，在工厂内进行预处理，达到规定的排放标准后才允许排入城市污水处理厂，以保证城市污水处理厂出水符合排放标准。

所以，该标准将城镇污水污染物指标控制项目分为两类：第一类为基本控制项目，主要是对环境产生较短期影响的污染物指标，也是城镇污水处理厂常规处理工艺能去除的主要污染物指标，包括 BOD、COD、SS、动植物油、石油类、LAS、总氮、氨氮、总磷、色度、pH 和粪大肠菌群数共 12 项，一类重金属汞、烷基汞、镉、铬、六价铬、砷、铅7 项；第二类为选择控制项目，主要是对环境有较长期影响或毒性较大的污染物，或是影响生物处理、在城市污水处理厂又不易去除的有毒有害化学物质和微量有机污染物如酚、氰、硫化物、甲醛、苯胺类、硝基苯类、三氯乙烯、四氯化碳等 43 项。

该标准制定的技术依据主要是处理工艺和排放去向，根据不同工艺对污水处理程度和受纳水体功能，对常规污染物排放标准分为三级：一级标准、二级标准、三级标准。一级标准分为 A 标准和 B 标准。一级标准是为了实现城镇污水资源化利用和重点保护饮用水源的目的，适用于补充河湖景观用水和再生利用，应采用深度处理或二级强化处理工艺。二级标准主要是以常规或改进的二级处理为主的处理工艺为基础而制定。三级标准是为了在一些经济欠发达的特定地区，根据当地的水环境功能要求和技术经济条件，可先进行一级强化处理，适当放宽的过渡性标准。一类重金属污染物和选择控制项目不分级。该标准的分级和处理工艺与受纳水体功能的对应关系见表1-16。

标准的分级和处理工艺与受纳水体的对应关系 表1-16

项目	一级标准		二级标准	三级标准
	A标准	B标准		
处理工艺	深度处理	二级强化处理	常规二级处理	一级强化处理
受纳水体功能	资源化利用基本要求、景观用水	地表水Ⅲ类、海水Ⅱ类、湖、库等	地面水Ⅳ、Ⅴ类，海水Ⅲ、Ⅳ类水域	非重点流域、非水源保护区建制镇水体

《城镇污水处理厂污染物排放标准》GB 18918—2002标准提出了城镇污水处理厂大气污染物排放标准、污泥控制标准和噪声控制标准，大气污染物排放标准为三级，以《环境空气质量标准》GB 3095的环境空气功能区分类定级，提出了氨、硫化氢、臭气浓度、甲烷4项指标的污水处理厂厂界废气最高允许排放浓度限值。城镇污水处理厂污泥进行稳定化处理后，应按污泥稳定化方法，对其有机物降解率、含水率、蠕虫卵死亡率、粪大肠菌群菌值指标进行相应的控制，当处理后的污泥用于不同的处置时，还应符合相应的处置标准。城镇污水处理厂噪声控制按照《工业企业厂界环境噪声排放标准》GB 12348—2008执行。

在污水处理厂大气污染物排放方面，各地往往重视程度更高，国内一线城市因其社会经济地位突出，其在地方大气污染物排放标准制定和标准落地上，逐渐走在国内甚至国际前列。目前，全国各地均出台了城镇污水处理厂大气污染物排放地方标准，包括：天津市《城镇污水处理厂污染物排放标准》DB12／599—2015、上海市《城镇污水处理厂大气污染物排放标准》DB31／982—2016、浙江省《城镇污水处理厂主要水污染物排放标准》DB33／2169—2018、北京市《城镇污水处理厂大气污染物排放标准》DB11／2007—2022、江苏省《城镇污水处理厂污染物排放标准》DB32／4440—2022等。

《城镇污水处理厂污染物排放标准》GB 18918—2002发布执行至今，我国城镇污水处理厂污水处理工艺不断发展、水平不断提升，处理效果更加稳定，运行控制更加成熟，该标准作为行业的重要指导标准，对控制城镇污水处理厂污染物排放，保护和改善生态环境发挥了重要的支撑作用。在现有污水处理技术基础上，通过强化运行维护、提升运行管理水平实现设施稳定可靠运行，进一步提高污水处理设施的整体效能，是我国城镇污水处理及资源化利用的重要发展趋势，为进一步精准科学地管控污水处理厂各污染物的排放情况，该标准目前正在修订过程中，对排放标准体系细化管控要求方面是一个重要的前进和探索，未来该标准还会持续完善，引领我国城镇污水处理厂污染物排放标准体系建设向更精准、精细的方向前进。

（4）再生利用标准：城市污水再生利用系列标准

为实现水污染防治和水资源开发利用，提高污水利用效率，合理利用水资源，减轻污水对环境的污染，促进城镇建设和经济建设可持续发展，我国在"十五"期间设定了一系列主要目标，《城市污水再生利用政策、标准研究与示范》作为课题列入国家"十五"科技攻关计划。2002 年起，建设部陆续制定并发布了城市污水再生利用系列标准，分别为《城市污水再生利用　分类》GB/T 18919、《城市污水再生利用　景观环境用水水质》GB/T 18921、《城市污水再生利用　城市杂用水水质》GB/T 18920、《城市污水再生利用　地下水回灌水质》GB/T 19772、《城市污水再生利用　工业用水水质》GB/T 19923、《城市污水再生利用　农田灌溉用水水质》GB 20922、《城市污水再生利用　绿化灌溉水质》GB/T 25499，这一系列标准规范了污水再生利用设计工作，也为城市污水再生利用工程设计提供了依据。

随着标准的实施，我国城市污水再生处理与利用的工程实践和科学技术研究也不断深入，城市污水再生处理工艺及设备产品的发展水平得到显著的提升，深度除磷脱氮、臭氧氧化、膜过滤等新技术及设备产品已实现大规模的工程化应用。为提高标准的实用性和科学合理性，结合我国污水再生利用现状及发展趋势，引导和促进城市污水再生处理与利用，充分考虑水质污染物在我国城市污水处理厂出水及再生水中的浓度水平以及处理去除的工艺技术水平、经济成本，本着技术可行、经济合理、循序渐进的原则，城市污水再生利用系列标准陆续开展了修订更新工作。

2021 年 1 月，国家发展改革委、科技部等十部委印发的《关于推进污水资源化利用的指导意见》中指出，到 2025 年，我国缺水城市污水再生利用率将达到 25% 以上，京津冀地区将达到 35% 以上；到 2035 年，形成系统、安全、环保、经济的污水资源化利用格局，明确了我国污水资源化利用的发展目标、重要任务和重点工程，标志着污水资源化利用上升为国家行动计划。2021 年 6 月，国家发展改革委、住房城乡建设部印发了《"十四五"城镇污水处理及资源化利用发展规划》，推进城镇污水处理领域补短板、强弱项工作，全面提升污水收集处理及资源化利用能力水平。城市污水再生利用系列标准为上述工作的推进提供了全面的标准支撑。

1)《城市污水再生利用 景观环境用水水质》GB/T 18921

① 2000 年第一版

"七五"时期及"八五"时期是国家经济体制改革的重要时期，经济的快速稳定发展催生了各类科技攻关课题的同步研发。2000 年 1 月 10 日，《再生水回用于景观水体的水质标准》CJ/T 95—2000 由建设部发布，并于 2000 年 6 月 1 日实施。《再生水回用于景观水体的水质标准》CJ/T 95—2000 是在总结"七五"时期国家科技攻关课题《高效絮凝沉淀过滤技术研究》和"八五"时期国家科技攻关课题《城市污水回用于景观水体研究》科技成果的基础上提出。标准规定了进入或直接作为景观水体的二级或二级以上城市污水处理厂出水的排放限值，推动了再生水回用工程，通过严格遵守该标准，有效地解决了景观水体用水量大、资源紧张的问题。同时，再生水的有效利用也降低了对自然水资源的依赖，减少了水资源的消耗，为水资源的可持续利用作出了积极的贡献。

《再生水回用于景观水体的水质标准》CJ/T 95—2000

水质指标：17 项。

指标名称：基本要求、色度、pH、悬浮物、总磷、凯氏氮、大肠菌群、余氯、全盐量、氯化物、溶解性铁、总锰、挥发酚、石油类、阴离子表面活性剂、BOD_5、COD_{Cr}。

---

② 2002 年修订版

《城市污水再生利用 景观环境用水水质》GB/T 18921—2002，标准在《再生水回用于景观水体的水质标准》CJ/T 95—2000 的基础上制定，规定了作为景观环境用水的再生水水质指标和再生水利用方式。

《城市污水再生利用 景观环境用水水质》GB/T 18921—2002

水质指标：64 项，包括一般指标 14 项，化学毒理学指标 50 项。

指标名称：

一般指标：pH、悬浮物、总磷、总氮、色度、石油类、浊度、溶解性总固

体、BOD₅、阴离子表面活性剂、溶解氧、余氯、总大肠菌群、氨氮;

化学毒理学指标:总汞、烷基汞、总镉、总铬、六价铬、总砷、总铅、总镍、总铍、总银、总铜、总锌、总锰、总硒、苯并(a)芘、挥发酚、总氰化物、硫化物、甲醛、苯胺类、硝基苯类、有机磷农药(以P计)、马拉硫磷、乐果、对硫磷、甲基对硫磷、五氯酚、三氯甲烷、四氯化碳、三氯乙烯、四氯乙烯、苯、甲苯、邻-二甲苯、对-二甲苯、间-二甲苯、乙苯、氯苯、对-二氯苯、邻-二氯苯、对硝基氯苯、2,4-二硝基氯苯、苯酚、间-甲酚、2,4-二氯酚、2,4,6-三氯酚、邻苯二甲酸二丁酯、邻苯二甲酸二辛酯、丙烯腈、可吸附有机卤化物(以Cl计)。

③ 2019 年修订版

《城市污水再生利用 景观环境用水水质》GB/T 18921—2019 为国家市场监督管理总局及国家标准化管理委员会于 2019 年 6 月 4 日发布,2020 年 5 月 1 日实施,该标准在 GB/T 18921—2002 的基础上增加了景观湿地环境用水的定义,删除了悬浮物、溶解氧、石油类、阴离子表面活性剂 4 项指标及选择控制项目,增加了基本要求,修改了部分水质指标值,修改了部分景观水体要求、水质取样要求和跟踪监测内容。

《城市污水再生利用 景观环境用水水质》GB/T 18921—2019

水质指标:10 项。

指标名称:基本要求、pH、五日生化需氧量(BOD₅)、浊度、总磷(以P计)、总氮(以N计)、氨氮(以N计)、粪大肠菌群、余氯、色度。

2)《城市污水再生利用 城市杂用水水质》GB/T 18920

① 2002 年第一版

2002 年 12 月 20 日,《城市污水再生利用 城市杂用水水质》GB/T 18920—2002 由国家质量监督检验检疫总局发布,并于 2003 年 5 月 1 日实施。标准规定了城市杂用水水质标准、水质项目分析方法及采样检测频率,适用于厕所便器冲洗、道路清扫、消防、城市绿化、车辆冲洗、建筑施工杂用水。

《城市污水再生利用 城市杂用水水质》GB/T 18920—2002

水质指标：13 项。

指标名称：pH、色（度）、嗅、浊度、溶解性总固体、五日生化需氧量（BOD$_5$）、氨氮、阴离子表面活性剂、铁、锰、溶解氧、总余氯、总大肠菌群。

---

② 2020 年修订版

《城市污水再生利用 城市杂用水水质》GB/T 18920—2020 由国家市场监督管理总局及国家标准化管理委员会于 2020 年 3 月 31 日发布，2021 年 2 月 1 日实施，该标准在 GB/T 18920—2002 的基础上删除了部分规范性引用文件，增加了"再生水"的术语和定义、将基本控制项目"总大肠菌群"修改为"大肠埃希氏菌"，修改了部分水质指标值，增加了选择性控制项目氯化物、硫酸盐的限制规定，修改了部分指标的采样频率。

《城市污水再生利用 城市杂用水水质》GB/T 18920—2020

水质指标：15 项，包括基本控制项目 13 项，选择控制项目 2 项。

指标名称：

基本控制项目：pH、色度、嗅、浊度、五日生化需氧量（BOD$_5$）、氨氮、阴离子表面活性剂、铁、锰、溶解性总固体、溶解氧、总氯、大肠埃希氏菌；

选择控制项目：氯化物、硫酸盐。

3）《城市污水再生利用 地下水回灌水质》GB/T 19772

2005 年 5 月 25 日，国家质量监督检验检疫总局及国家标准化管理委员会发布了《城市污水再生利用 地下水回灌水质》GB/T 19772—2005，该标准于 2005 年 11 月 1 日实施，其中规定了利用城市污水再生水进行地下水回灌时应控制的项目及限值、取样与监测。

《城市污水再生利用 地下水回灌水质》GB/T 19772—2005

水质指标：73 项，其中，基本控制指标 21 项，选择控制指标 52 项。

指标名称：

基本控制指标：色度、浊度、pH、总硬度（以 $CaCO_3$ 计）、溶解性总固体、硫酸盐、氯化物、挥发酚类（以苯酚计）、阴离子表面活性剂、化学需氧量（COD）、五日生化需氧量（BOD_5）、硝酸盐（以 N 计）、亚硝酸盐（以 N 计）、氨氮（以 N 计）、总磷（以 P 计）、动植物油、石油类、氰化物、硫化物、氟化物、粪大肠菌群数；

选择控制指标：总汞、烷基汞、总镉、六价铬、总砷、总铅、总镍、总铍、总银、总铜、总锌、总锰、总硒、总铁、总钡、苯并（a）芘、甲醛、苯胺、硝基苯、马拉硫磷、乐果、对硫磷、甲基对硫磷、五氯酚、三氯甲烷、四氯化碳、三氯乙烯、四氯乙烯、苯、甲苯、二甲苯、乙苯、氯苯、1,4－二氯苯、1,2－二氯苯、硝基氯苯、2,4－二硝基氯苯、2,4－二氯苯酚、2,4,6－三氯苯酚、邻苯二甲酸二丁酯、邻苯二甲二（2－乙基己基）酯、丙烯腈、滴滴涕、六六六、六氯苯、七氯、林丹、三氯乙醛、丙烯醛、硼、总 α 放射性、总 β 放射性。

4)《城市污水再生利用　工业用水水质》GB/T 19923

① 2005 年第一版

《城市污水再生利用　工业用水水质》GB/T 19923—2005 为国家质量监督检验检疫总局及国家标准化管理委员会于 2005 年 9 月 28 日发布，并于 2006 年 4 月 1 日实施。标准规定了作为工业用水的再生水的水质标准和再生水利用方式。

《城市污水再生利用　工业用水水质》GB/T 19923—2005

水质指标：指标 20 项。

指标名称：pH 值、悬浮物（SS）、浊度、色度、生化需氧量（BOD_5）、化学需氧量（COD_{Cr}）、铁、锰、氯离子、二氧化硅（SiO_2）、总硬度（以 $CaCO_3$ 计）、总碱度（以 $CaCO_3$ 计）、硫酸盐、氨氮（以 N 计）、总磷（以 P 计）、溶解性总固体、石油类、阴离子表面活性剂、余氯、粪大肠菌群。

② 2024 年修订版

《城市污水再生利用 工业用水水质》GB/T 19923—2024 由国家市场监督管理总局及国家标准化管理委员会于 2024 年 3 月 15 日发布，并于 2024 年 10 月 1 日实施，天津市排水管理事务中心城市排水监测站参与起草工作，该标准在 GB/T 19923—2005 的基础上，调整了部分术语和定义内容，将水质指标调整为基本控制项目和选择控制项目，简化了水质分类，删除了悬浮物的指标限制，增加了总氮、氟化物、硫化物的指标限制，修改了部分水质指标的限值，并更改了水质指标的测定方法、监测频率等内容。

> ### 《城市污水再生利用 工业用水水质》GB/T 19923—2024
>
> 水质指标：22 项，其中基本控制指标 20 项，选择控制指标 2 项。
>
> 指标名称：
>
> 基本控制指标：pH、色度、浊度、五日生化需氧量（BOD$_5$）、化学需氧量（COD）、氨氮（以 N 计）、总氮（以 N 计）、总磷（以 P 计）、阴离子表面活性剂、石油类、总碱度（以 CaCO$_3$ 计）、总硬度（以 CaCO$_3$ 计）、溶解性总固体、氯化物、硫酸盐（以 SO$_4^{2-}$ 计）、铁、锰、二氧化硅（SiO$_2$）、粪大肠菌群、总余氯；
>
> 选择控制指标：氟化物（以 F$^-$ 计）、硫化物（以 S^{2-} 计）。

5）《城市污水再生利用 农田灌溉用水水质》GB 20922

《城市污水再生利用 农田灌溉用水水质》GB 20922—2007 由国家质量监督检验检疫总局及国家标准化管理委员会于 2007 年 4 月 6 日发布，于 2007 年 10 月 1 日实施，该标准规定了城市污水再生利用灌溉农田的规范性引用文件、术语和定义、水质要求、其他规定、监测与分析方法。

> ### 《城市污水再生利用 农田灌溉用水水质》GB 20922—2007
>
> 水质指标项数：36 项，其中，基本控制指标 19 项，选择控制指标 17 项。
>
> 指标名称：
>
> 基本控制指标：生化需氧量（BOD$_5$）、化学需氧量（COD$_{Cr}$）、悬浮物（SS）、

溶解氧（DO）、pH 值、溶解性总固体（TDS）、氯化物、硫化物、余氯、石油类、挥发酚、阴离子表面活性剂（LAS）、汞、镉、砷、铬（六价）、铅、粪大肠菌群数、蛔虫卵数；

选择控制指标：铍、钴、铜、氟化物、铁、锰、钼、镍、硒、锌、硼、钒、氰化物、三氯乙醛、丙烯醛、甲醛、苯。

6）《城市污水再生利用　绿地灌溉水质》GB/T 25499

《城市污水再生利用　绿地灌溉水质》GB/T 25499—2010 是住房城乡建设部提出，由国家质量监督检验检疫总局与国家标准化管理委员会于 2010 年 12 月 1 日发布，于 2011 年 9 月 1 日实施，该标准规定了城市污水再生利用于绿地灌溉的水质指标及限值、取样与监测。

《城市污水再生利用　绿地灌溉水质》GB/T 25499—2010

水质指标项数：34 项，其中，基本控制指标 12 项，选择控制指标 22 项。

指标名称：

基本控制指标：浊度、嗅、色度、pH 值、溶解性总固体（TDS）、五日生化需氧量（BOD₅）、总余氯、氯化物、阴离子表面活性剂（LAS）、氨氮、粪大肠菌群、蛔虫卵数；

选择控制指标：钠吸收率、镉、砷、汞、铬（六价）、铅、铍、钴、铜、氟化物、锰、钼、镍、硒、锌、硼、钒、铁、氰化物、三氯乙醛、甲醛、苯。

（5）污泥标准：城镇污水处理厂污泥处置系列标准

长久以来，污泥处理一直是城市固废处理的一大难题。城镇污水处理厂在处理污水的过程中会产生污泥，这些污泥含有有机质、氮、磷、钾和各种微量元素，同时也可能含有寄生虫卵、病原微生物、重金属和多氯联苯等有害物质，污泥的处置是一个重要的环境管理问题。与发达国家相比，我国城镇污水处理厂污泥具有有机质含量低、含沙量高、产量大等特点，因而污泥处理处置技术路线的选择应结合我国城镇污水处理厂污泥的特定性质，充分考虑污泥的"资源"和"污染"双重属性。围绕"减量化、稳定化、无害化、资源化"的基本原则，我国污泥处理处置技术取得了一定的进展，合理的处理技术，可以有效减少污泥体积、提高资源利用效率，同时确保污泥无害化，防止对环境和人体健康造成危害。

在我国标准规范体系中，涉及污泥处置方面的内容比较有限，2007年之前仅有3项标准规范供参照执行：

①《农用污泥中污染物控制标准》GB 4284—84。在当时,污泥农用是一种被普遍认可的经济有效的资源化利用方式，我国作为农业大国，第一个关于污泥处理处置的标准也始于污泥的农用上。最早的污泥控制标准为《农用污泥中污染物控制标准》GB 4284—84,该标准于1984年5月由城乡建设环境保护部发布，规定了适用于在农田中施用的城市污水处理厂污泥、城市下水沉淀池污泥、某些有机物生产厂的下水污泥及江、河、湖、库、塘、沟、渠的沉淀底泥的11项污染物标准值，主要为重金属及其化合物、矿物油、苯并（a）芘，无微生物指标。当时我国环境保护工作刚刚开展，环境保护问题并不突出，该标准主要侧重于对污泥的有效利用，而不是优先考虑对环境的污染控制，故该标准中没有病原菌等相关指标，也没有具体的操作规范和管理措施。

②《城市污水处理厂污水污泥排放标准》CJ 3025—1993。1993年7月建设部发布了《城市污水处理厂污水污泥排放标准》CJ 3025—1993，该标准中多为原则性文字，仅对脱水后污泥含水率做出了明确的要求，当处理后污泥用于工业时，参照《农用污泥中污染物控制标准》GB 4284—84,对有机污染物和病原菌的控制尚未作限定。

③《城镇污水处理厂污染物排放标准》GB 18918—2002。2002年发布的GB 18918—2002相比前两段的两个标准，对污泥脱水与稳定作了控制，规定了无论是厌氧消化还是好氧消化，有机物降解率都要大于40%；在污泥农用上也规定了含水率、蠕虫卵死亡率、粪大肠菌群值、重金属和有机污染物等指标限值，相对有所完善，反映了国家对环境保护工作的重视。但对于污泥的各种处置手段，无针对性的限值标准，无法指导污泥处置工作的开展和工程实践。

2005年起，由建设部牵头，国内从事污水处理工作的多家单位联合开展了标准研究，启动了《城镇污水处理厂污泥处置》系列标准的制定工作。2007年至2008年间,建设部陆续发布并实施了《城镇污水处理厂污泥处置　分类》CJ/T 239—2007、《城镇污水处理厂污泥泥质》CJ 247—2007、《城镇污水处理厂污泥处置　园林绿化用泥质》CJ 248—2007、《城镇污水处理厂污泥处置　混合填埋泥质》CJ/T 249—2007、《城镇污水处理厂污泥处置　制砖用泥质》CJ/T 289—2008、《城镇污水处理厂污泥处置　单独焚烧用泥质》CJ/T 290—2008、《城镇污水处理厂污泥处置　土地改良用泥质》CJ/T 291—2008,这一系列标准的发布填补了污泥处置标准的空白，为城镇污水处理厂污泥安全处理和资源化利用提供了技术依据。

2009年2月，住房城乡建设部、环境保护部、科技部印发《城镇污水处理厂污泥处理处置及污染防治技术政策（试行）》，对污泥处理处置规划和建设、污泥处理处置技术路线、污泥运输和储存、污泥处理处置安全运行与监管、保障措施提出了要求，尤其是在"7.污泥处理处置保障措施"中，要求各主管部门应加强处理处置标准规范的制定和修订，规范污泥处理处置设施的规划、建设和运营。在这一政策的助力下，上述一系列标准于2009年~2010年升级为国家标准，分别为《城镇污水处理厂污泥处置 分类》GB/T 23484—2009、《城镇污水处理厂污泥泥质》GB 24188—2009、《城镇污水处理厂污泥处置 园林绿化用泥质》GB/T 23486—2009、《城镇污水处理厂污泥处置 混合填埋用泥质》GB/T 23485—2009、《城镇污水处理厂污泥处置 制砖用泥质》GB/T 25031—2010、《城镇污水处理厂污泥处置 单独焚烧用泥质》GB/T 24602—2009、《城镇污水处理厂污泥处置 土地改良用泥质》GB/T 24600—2009，此系列标准升级为国家标准后，原行业标准于2013年10月12日由建设部发布公告通知废止，此外，2009年~2011年，住房城乡建设部陆续发布《城镇污水处理厂污泥处置 农用泥质》CJ/T 309—2009、《城镇污水处理厂污泥处置 水泥熟料生产用泥质》CJ/T 314—2009、《城镇污水处理厂污泥处置 林地用泥质》CJ/T 362—2011，截至目前，《城镇污水处理厂污泥处置》系列标准有10项现行标准，这些标准的发布，对我国污水处理厂污泥处理处置工作具有重要的指导意义，有效保障了我国的污泥处理由减量化、无害化向资源化利用方向稳步前进。

1)《城镇污水处理厂污泥泥质》GB 24188

2009年7月8日，《城镇污水处理厂污泥泥质》GB 24188—2009由国家质量监督检验检疫总局及国家标准化管理委员会发布，于2010年6月1日实施。

《城镇污水处理厂污泥泥质》GB 24188—2009

指标项数：15项，其中基本控制指标4项，选择性控制指标11项。

指标名称：

基本控制指标：pH、含水率、粪大肠菌群菌值、细菌总数；

选择性控制指标：总镉、总汞、总铅、总铬、总砷、总铜、总锌、总镍、矿物油、挥发酚、总氰化物。

2）《城镇污水处理厂污泥处置 分类》GB/T 23484

2009 年 4 月 13 日，《城镇污水处理厂污泥处置 分类》GB/T 23484—2009 由国家质量监督检验检疫总局及国家标准化管理委员会发布，于 2009 年 12 月 1 日实施。该标准中规定了污泥处置应按照消纳方式分类，共分为土地利用（园林绿化、土地改良、农用）、填埋（单独填埋、混合填埋）、建筑材料利用（制水泥、制砖、制轻质骨料）、焚烧（单独焚烧、与垃圾混合焚烧、污泥燃料利用）4 大分类 11 个范围。

3）《城镇污水处理厂污泥处置 园林绿化用泥质》GB/T 23486

2009 年 4 月 13 日，《城镇污水处理厂污泥处置 园林绿化用泥质》GB/T 23486—2009 由国家质量监督检验检疫总局及国家标准化管理委员会发布，于 2009 年 12 月 1 日实施。

《城镇污水处理厂污泥处置 园林绿化用泥质》GB/T 23486—2009

泥质指标项数：19 项，其中理化指标 2 项，养分指标 2 项，生物学指标 2 项，污染物指标 12 项，种子发芽指数 1 项。

指标名称：

理化指标：pH、含水率；

养分指标：总养分、有机物含量；

生物学指标：粪大肠菌群菌值、蠕虫卵死亡率；

污染物指标：总镉、总汞、总铅、总铬、总砷、总镍、总锌、总铜、硼、矿物油、苯并（a）芘、可吸附有机卤化物；

种子发芽指数。

4）《城镇污水处理厂污泥处置 混合填埋用泥质》GB/T 23485

2009 年 4 月 13 日，《城镇污水处理厂污泥处置 混合填埋用泥质》GB/T 23485—2009 由国家质量监督检验检疫总局及国家标准化管理委员会发布，于 2009 年 12 月 1 日实施。

《城镇污水处理厂污泥处置 混合填埋用泥质》GB/T 23485—2009

泥质指标项数：19 项，其中，基本指标 3 项，污染物指标 11 项，用作垃圾填埋场覆盖土添加料的污泥基本指标 3 项，用作垃圾填埋场终场覆盖土添加

料的污泥生物学指标 2 项。

    指标名称：

    基本指标：pH、污泥含水率、混合比例；

    污染物指标：总镉、总汞、总铅、总铬、总砷、总镍、总锌、总铜、矿物油、挥发酚、总氰化物；

    用作垃圾填埋场覆盖土添加料的污泥基本指标：含水率、臭气浓度、横向剪切强度；

    用作垃圾填埋场终场覆盖土添加料的污泥生物学指标：粪大肠菌群菌值、蛔虫卵死亡率。

5）《城镇污水处理厂污泥处置　制砖用泥质》GB/T 25031

2010 年 9 月 2 日，《城镇污水处理厂污泥处置　制砖用泥质》GB/T 25031—2010 由国家质量监督检验检疫总局及国家标准化管理委员会发布，于 2011 年 5 月 1 日实施。

《城镇污水处理厂污泥处置　制砖用泥质》GB/T 25031—2010

    指标项数：泥质指标 17 项，其中理化指标 2 项，烧失量和放射性核素指标 2 项，污染物指标 11 项，卫生学指标 2 项。大气污染物排放指标数量：4 项。

    指标名称：

    （1）泥质指标名称

    理化指标：pH、含水率；

    烧失量和放射性核素指标：烧失量和放射性核素；

    污染物指标：总镉、总汞、总铅、总铬、总砷、总镍、总锌、总铜、矿物油、挥发酚、氰化物；

    卫生学指标：粪大肠菌群菌值、蛔虫卵死亡率。

    （2）大气污染物排放指标名称

    氨、硫化氢、臭气浓度、甲烷。

6)《城镇污水处理厂污泥处置 单独焚烧用泥质》GB/T 24602

2009年11月，《城镇污水处理厂污泥处置 单独焚烧用泥质》GB/T 24602—2009由国家质量监督检验检疫总局及国家标准化管理委员会发布，于2010年6月1日实施。

《城镇污水处理厂污泥处置 单独焚烧用泥质》GB/T 24602—2009

指标项数：泥质指标18项，其中理化指标4项，污染物指标14项。大气污染物排放指标10项。

指标名称：

理化指标：pH、含水率、低位热值、有机物含量；

污染物指标：烷基汞、汞、铅、镉、总铬、六价铬、铜、锌、铍、钡、镍、砷、无机氟化物、氰化物；

大气污染物排放指标名称：烟尘、烟气黑度、一氧化碳、氮氧化物、二氧化硫、氯化氢、汞、镉、铅、二噁英类。

---

7)《城镇污水处理厂污泥处置 土地改良用泥质》GB/T 24600

2009年11月，《城镇污水处理厂污泥处置 土地改良用泥质》GB/T 24600—2009由国家质量监督检验检疫总局及国家标准化管理委员会发布，于2010年6月1日实施。

《城镇污水处理厂污泥处置 土地改良用泥质》GB/T 24600—2009

指标项数：21项，其中理化指标2项，养分指标2项，生物学指标3项，污染物指标14项。

指标名称：

理化指标：pH、含水率；

养分指标：总养分、有机物含量；

生物学指标：粪大肠菌群菌值、细菌总数、蛔虫卵死亡率；

污染物指标：总镉、总汞、总铅、总铬、总砷、总硼、总镍、总锌、总铜、矿物油、可吸附有机卤化物、多氯联苯、挥发酚、总氰化物。

8）《城镇污水处理厂污泥处置　农用泥质》CJ/T 309

2009 年 4 月，《城镇污水处理厂污泥处置　农用泥质》CJ/T 309—2009 由住房城乡建设部发布，于 2009 年 10 月 1 日实施。

《城镇污水处理厂污泥处置　农用泥质》CJ/T 309—2009

指标项数：20 项，其中污染物指标 11 项，物理指标 3 项，卫生学指标 2 项，营养学指标 3 项，种子发芽指数 1 项。

指标名称：

污染物指标：总砷、总镉、总铬、总铜、总汞、总镍、总铅、总锌、苯并（a）芘、矿物油、多环芳烃；

物理指标：含水率、粒径、杂物；

卫生学指标：蛔虫卵死亡率、粪大肠菌群菌值；

营养学指标：有机质含量、氮磷钾含量、酸碱度 pH；

种子发芽指数。

9）《城镇污水处理厂污泥处置　水泥熟料生产用泥质》CJ/T 314

2009 年 8 月，《城镇污水处理厂污泥处置　水泥熟料生产用泥质》CJ/T 314—2009 由住房城乡建设部发布，于 2009 年 12 月 1 日实施。

《城镇污水处理厂污泥处置　水泥熟料生产用泥质》CJ/T 314—2009

泥质指标项数：18 项，其中理化指标 2 项，污染物指标 8 项，水泥产品浸出液污染物指标 8 项。

指标名称：

理化指标：pH、含水率；

污染物指标：总镉、总汞、总铅、总铬、总砷、总镍、总锌、总铜；

水泥产品浸出液污染物指标：总镉、总汞、总铅、总铬、总砷、总镍、总锌、总铜。

---

10)《城镇污水处理厂污泥处置　林地用泥质》CJ/T 362

2011 年 2 月 17 日，《城镇污水处理厂污泥处置　林地用泥质》CJ/T 362—2011 由住房城乡建设部发布，于 2011 年 6 月 1 日实施。

《城镇污水处理厂污泥处置　林地用泥质》CJ/T 362—2011

泥质指标项数：20 项，其中理化指标 4 项，养分指标 2 项，卫生学指标 2 项，污染物指标 11 项，种子发芽指数 1 项。

指标名称：

理化指标：pH、含水率、粒径、杂物；

养分指标：有机质、氮磷钾养分；

卫生学指标：蛔虫卵死亡率、粪大肠菌群菌值；

污染物指标：总镉、总汞、总铅、总铬、总砷、总镍、总锌、总铜、矿物油、苯并（a）芘、多环芳烃；

种子发芽指数。

---

(6) 地方标准：因地制宜的地方排放标准

随着《中华人民共和国标准化法》及《中华人民共和国标准化法实施条例》的逐步实施推进，各省市的标准化工作也日趋成熟，为满足各省市经济发展与城市设施建设相符合，污染物排放与经济发展、地域特征相适应，以北京、上海、天津为首，山西省、辽宁省、浙江省、江苏省、安徽省、陕西省、吉林省、海南省、昆明市等省市陆续制定和发布了地方污水排放标准及地方污水处理厂污染物排放标准。

1) 北京市《水污染物综合排放标准》DB11/307

北京市《水污染物综合排放标准》DB11/307—2005 由北京市环境保护局及北京市质量技术监督局在 2005 年发布，在《北京市水污染物排放标准》（试行）（1985 年发布）的基础上，依据《污水综合排放标准》GB 8978—1996 制定的，规定了 75 种污染物排放限值，比 GB 8978—1996 多设立了 8 项指标，其中 44 项指标限值与 GB 8978—1996 相当，23 项指标严于 GB 8978—1996。

《水污染物综合排放标准》DB11/307—2013 于 2013 年 12 月 20 日发布，2014 年 1 月 1 日实施，是依据《中华人民共和国水污染防治法》和《北京市水污染防治条例》修订，在

2005 年发布的版本的基础上，增加了 28 项污染物控制指标，删除了 2 项污染物控制指标，单独制定了村庄生活污水处理站的排放限值，并调整加严了"表 1A"中 37 项污染物的排放限值，"表 1B"中 26 项污染物排放限值，"表 3"中 34 项污染物排放限值，目前北京市将其用于除城镇污水处理厂、医疗机构以外的一切现有单位和个体工商户的水污染物排放管理，以及建设项目的环境影响评价、建设项目环境保护设施设计和竣工验收及其投产后的排放管理。

2）北京市《城镇污水处理厂水污染物排放标准》DB11/890

《城镇污水处理厂水污染物排放标准》DB11/890—2012 是北京市环境保护局及水务局共同组织实施的地方标准，于 2012 年 5 月 28 日发布，2012 年 7 月 1 日实施，该标准发布后，北京市行政区域内的城镇污水处理厂水污染物排放标准均执行此标准，为全文强制标准。

该标准规定了北京市城镇污水处理厂的水污染物排放限值和监测要求，包括新（改、扩）建城镇污水处理厂基本控制项目指标 19 项，现有城镇污水处理厂基本控制项目指标 19 项，选择控制项目指标 54 项。

3）北京市《城镇污水处理厂大气污染物排放标准》DB11/2007

北京市按照以服务人民为中心、满足周边公众对良好空气质量的诉求为导向、统筹兼顾氨和挥发性有机物（VOCs）等污染物减排的主要思路，研究制定了《城镇污水处理厂大气污染物排放标准》DB11/2007—2022，于 2022 年 8 月 5 日正式发布，2023 年 2 月 1 日起实施。标准主要内容按照技术可达、国内领先的原则，从四个方面对城镇污水处理厂的大气污染物排放提出了控制要求，包括针对排气筒排放，规定了氨、硫化氢、甲硫醇、非甲烷总烃的排放浓度和排放速率限值，以及臭气浓度的排放限值；针对无组织排放，规定了上述五个项目的厂界浓度限值和厂区甲烷最高体积浓度限值；针对废气收集治理系统，分别提出了现有和新建城镇污水处理厂相关设施实施密闭和废气收集治理的建议和要求；规范运行管理，对污泥和栅渣运输、车间或构筑物门窗等提出减少无组织排放的管理要求，对废气收集、处理设施的日常运行维护提出要求。该标准实施后可促进城镇污水处理厂加强废气收集与治理，减少遗撒等无组织废气排放，有利于行业绿色规范化发展、改善环境空气质量。北京市区生态环境部门将严格按照法律法规要求，加强对城镇污水处理厂的环境监管，确保标准落地见效。

4）天津市《污水综合排放标准》DB12/356

天津市《污水综合排放标准》DB12/356—2008 为天津市环境保护局及天津市质量技

术监督局于 2008 年发布，列出 5 种污染物排放限值和部分行业最高允许排放水量，该标准于 2018 年 2 月 1 日重新修订实施，修订后的 DB12/ 356—2018 增设了 70 项污染物控制指标，整体控制项目增至 75 项，并收紧了部分污染物排放限值，是天津市现有排污单位水污染物排放管理的现行强制标准。

5）天津市《城镇污水处理厂污染物排放标准》DB12/ 599

天津市《城镇污水处理厂污染物排放标准》DB12/ 599—2015 为天津市环境保护局及天津市市场和质量监督管理委员会于 2015 年 9 月 25 日发布，2015 年 10 月 1 日实施，是目前天津市行政区域内城镇污水处理厂水污染物、大气污染物、污泥排放控制的基本要求标准。该标准共规定污水基本控制项目指标 12 项、一类污染物项目 7 项、选择控制项目指标 50 项。

1.2.4　"双碳"引领（2020 年至今）

1. 背景情况

2020 年 9 月 22 日，国家主席习近平在第七十五届联合国大会上宣布，中国力争 2030 年前二氧化碳排放达到峰值，努力争取 2060 年前实现碳中和目标。

2023 年，国家发展改革委、住房城乡建设部以及生态环境部联合发布了《关于推进污水处理减污降碳协同增效的实施意见》，首次对污水处理厂减污降碳提出相关要求，旨在推进水环境治理环节的碳排放协同控制，增强污染防治与碳排放治理的协调性。意见指出污水处理既是深入打好污染防治攻坚战的重要抓手，也是推动温室气体减排的重要领域。到 2025 年，污水处理行业减污降碳协同增效取得积极进展，能效水平和降碳能力持续提升。地级及以上缺水城市再生水利用率达到 25% 以上，建成 100 座能源资源高效循环利用的污水处理绿色低碳标杆厂。

污水处理行业是全球十大温室气体排放行业之一，在污染物降解转化过程中产生和直接排放大量 CH_4、N_2O 等温室气体，其碳排放量占全球碳排放总量的 2% ~ 3%，且仍呈逐年增长的趋势。研究表明，2009 年 ~ 2019 年，随着污水处理厂的升级提标和处理能耗、药耗增加，整个市政污水行业的碳排放强度增长了 17.2%，排放总量则增加了 140%，且呈现持续增长的趋势。在当前的"碳减排"与"碳中和"背景下，污水处理行业如何实现碳中和已成为全社会关注的焦点。通过采用先进的技术和工艺，如厌氧消化和沼气收集等，可以将有机废水转化为可再生能源。这不仅有助于实现能源的自给自足，还可以将过剩的可再生能源供应给周边社区或交易到碳市场，从而达到碳中和的目标。随着碳市场的发展，碳减排和碳中和项目成为一种经济活动,具有市场价值和商业回报。通过参与碳市场,污水处理厂可以出售碳减排认证和参与碳交易等,获得额外的收益和激励。

2.标准探索

污水处理行业实现碳中和是一项长期的系统性工程,需要技术标准文件的支撑。2018年4月,生态环境部发布《城镇污水处理厂污染物去除协同控制温室气体核算技术指南(试行)》,规定了城镇污水处理厂主要污染物去除协同控制温室气体核算的主要内容、程序、方法及要求。

2023年,国家发展改革委、住房城乡建设部、生态环境部发布《关于推进污水处理减污降碳协同增效的实施意见》,提出:加快制定《协同降碳绩效评价 城镇污水处理》国家标准,适时开展绩效评价工作。目前该标准由中国城市规划设计研究院(简称中规院)牵头,联合中国人民大学、中国标准化研究院、同济大学、中国国际工程咨询有限公司申报,于2023年12月正式立项。清华大学、重庆大学、江南大学、武汉理工大学、中国环境科学研究院、常州市排水管理处、北京城市排水集团有限责任公司、北控水务集团有限公司、北京首创生态环保集团股份有限公司、长江生态环保集团有限公司、北京市市政工程设计研究总院有限公司、中国市政工程华北设计研究总院有限公司、中国市政工程中南设计研究总院有限公司、上海市政工程设计研究总院(集团)有限公司、中原环保股份有限公司等20余家单位共同参与编制。

第2章 规矩绳墨：供水排水检验方法标准化

水质标准检验方法详细规定了检验的步骤、条件及结果评价方法，保障了水质检测结果的可靠性和一致性，是开展水质监测工作依据的准则和规范，也是维护水质监督管理工作科学性、准确性和公信力的基础。在城市供水排水行业中，标准检验方法是开展水质质量控制的关键支撑，也是推动行业科技创新和发展的重要驱动力。如果说水质标准确立了城市供水排水水质安全的目标和依据，检验方法标准则是评价水质是否达标的工具和手段，两者紧密相连，共同保障了城市供水排水的水质安全。

随着社会对水质安全的认识和水质标准要求的不断提高，在国家质量基础设施建设、分析测试及仪器制造技术不断进步的推动下，城市供水排水水质检验方法标准化工作也向着更加全面、准确和高效的方向持续发展。

2.1 城市供水水质检验方法

2.1.1 起步探索（1949年～1978年）

1.背景情况

从中华人民共和国成立到改革开放前，我国实行的是计划经济体制，生产性资料和日用商品统购统销。我国的质量基础设施体制仿照苏联建设，相关机构的设立主要依据产品部门和生产的需要，大多数工业产品领域没有第三方检测机构，检验检测活动均在企业内部完成。

1949年10月，中央技术管理局成立，负责开展计量与标准化管理工作。同年11月，中央人民政府贸易部国外贸易司商检处成立，在天津、上海、广州、青岛、汉口、重庆等主要口岸恢复设立商品检验局，开展针对进出口货物的检验工作，与进出口相关的动植物和卫生检疫专门机构也相继设立。1950年，纺织工业部设置纤维检验总所开展纤维统一检验等工作。1951 年，中央人民政府政务院财政经济委员会公布了我国第一部关于进出口商品检验的行政法规《商品检验暂行条例》。1955 年，国家计量局成立。1957 年，国家科学技术委员会内设标准局，负责管理全国标准化工作。

至此，我国在一穷二白的基础上初步建立了质量基础设施工作的基本机构和制度基础，但检验检测机构在计划经济条件下缺乏市场反馈机制，只能隶属于行政部门，根据生产需要进行建设。

2. 分析仪器国产化进程

在这一阶段，我国在分析仪器的自主创新方面也取得了可喜的突破和发展。1950 年，政务院会议通过了李四光等四位部长的联名建议，成立了中华人民共和国第一个仪器研制机构——长春中国科学院仪器馆（后改为长春光学精密机械仪器研究所）。1953 年，我国第一个五年计划开始，仪器仪表被列为重点发展对象之一。1958 年，长春光学精密机械仪器研究所研制的精密光学仪器"八大件，一个汤"（即电子显微镜、高温显微镜、万能工具显微镜、多倍投影仪、大型光谱仪、晶体谱仪、高精度经纬仪、光电测距仪 8 种有代表性的精密光学仪器和一系列新品种光学玻璃），为"两弹一星"及国防精密仪器研究打下了坚实的基础，是我国科学仪器发展史上具有重要意义的里程碑。1962 年～ 1977 年，我国相继研制成功了分光光度计、气相色谱仪、质谱仪、原子吸收分光光度计、液相色谱仪、紫外－可见分光光度计等一系列分析仪器，但由于诸多条件受限，许多研究成果未能实现产业化。同期，上海相继出现了雷磁、沪江、科伟、创造等分析仪器厂，开始生产 pH 计、比色计和极谱仪等产品。

我国第一台商品化气相色谱仪

气相色谱是色谱领域中发展较早、相对成熟的技术，由于它具备快速简易、经济高效且重复性好等优点，适用于各类基质中成分的分析，并且可以和多种检测器串联使用，是各个领域不可或缺的分析测试工具。

1955 年，美国的 PerkinElmer 公司开发出世界第一台商品化的气相色谱仪，1956 年初又推出一个改进的型号（Model 154-B），这一型号的柱温箱温度从 150℃提高到 225℃，并且可选择旋转阀和各种定量进样管用于气体的进样。同期，我国许多单位也开始了对气相色谱的方法研究和仪器制造。1963 年，

> 北京分析仪器厂和北京化工研究院共同研制出我国首批商品化气相色谱仪——SP-02 气相色谱仪。

3. 检验方法标准化发展

在这一时期，我国建立了比较完善的工业体系。随着机械、电子、纺织、轻工、化工、矿产、农业、食品等行业的发展，分析测试技术也得到了广泛应用。1956 年发布的《饮用水水质标准》（草案）和 1959 年发布的《生活饮用水卫生规程》均未明确水质检验方法的要求，但大部分城市自来水厂都设有水厂化验室，自来水厂可按照各自掌握的检测方法对水质开展检验活动。

典型城市供水水质检测情况：南京市

20 世纪 50 年代初期，每日将源水、沉淀水、快滤水、消毒后的水各作 1 次理化分析，每周城区采样 10 处连同车间 4 处作理化细菌分析检验 1 次。自来水厂清水余氯每半小时检验 1 次，浊度由机房值班工每小时检验 1 次。1955 年，采用苏联爱依克姆培养基方法检验水中大肠菌，每周 3 次，每月将源水和用户水质检验结果报送市卫生防疫站并接受其指导。1957 年，自来水厂根据国家标准，结合本市具体情况，制定了《南京自来水厂饮用水水质标准》。1959 年，《生活饮用水卫生规程》发布，增加了浑浊度一项，对余氯含量作了修改，并增加了一些污染指标参考数据。1973 年，自来水公司决定取消中华门水厂化验室，中华门和大厂镇两座自来水厂的水质由公司化验室化验。

1976 年，《生活饮用水卫生标准》TJ 20—76 发布，自来水公司检验项目除按其规定的 23 项外，另加自定项目 17 项，共 40 项。同年，自来水公司化验室开始定期对各自来水厂源水、出厂水和城区管网水进行全面检测。

资料来源：《南京公用事业志》

《生活饮用水水质检验方法》

直至 20 世纪 70 年代初，根据国务院环境保护领导小组（74）国环办字第 1 号和卫生部护字第 261 号文件中关于统一检验方法的要求，经卫生部批准，中国医学科学院环境卫生监测站组织召开了第一次水质卫生标准分析方法协作组会议，会议讨论了统一水质检验方法的相关事宜，并开始推进此项工作的具体落实。

1977 年，《生活饮用水水质检验方法》发布（图 2-1），内容包含化验用试剂、蒸馏水及玻璃器皿，水样的采集和保存，检验方法和附篇，共 4 部分。其中，检验方法正文中包括色、浑浊度、臭和味、肉眼可见物、pH 值、总硬度、铁、锰、铜、锌、挥发酚类、阴离子合成洗涤剂、氟化物、氰化物、砷、硒、汞、镉、铬（六价）、铅、细菌总数、大肠菌群、余氯 23 项水质指标的 29 个检验方法，附篇中包括氨氮、亚硝酸盐氮、硝酸盐氮、耗氧量、氯化物、硫酸盐、碘化物 7 项水质指标的 10 个检验方法，共计 30 项水质指标，39 个检验方法。

1977 年发布的《生活饮用水水质检验方法》是我国饮用水检验方法标准化的首次探索，是国家标准的前身。

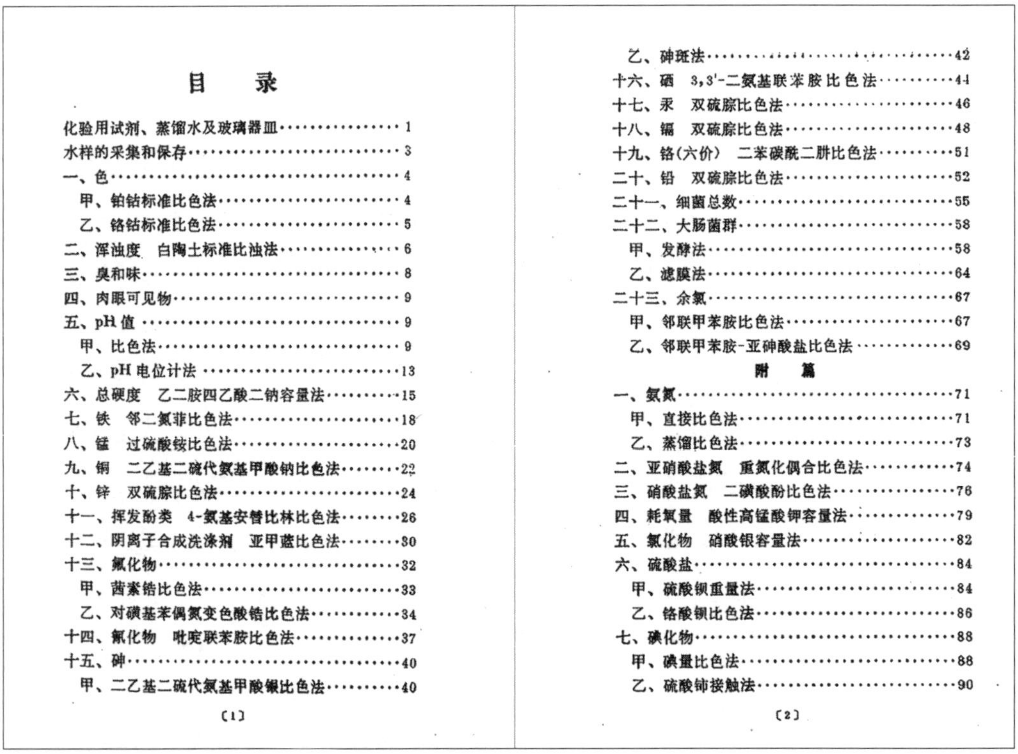

图 2-1　《生活饮用水水质检验方法》目录

2.1.2　开放学习（1979 年～ 2000 年）

1. 背景情况

1978 年，党的十一届三中全会作出了把党和国家的工作中心转移到经济建设上来、实行改革开放的历史性决策。改革开放后，我国的社会经济得到较大发展，社会生产力水平逐年提高，质量基础设施体制的建设也开始向服务市场化的方向转变。为了适应改革开放新形势，全面强化政府质量管理的职能，我国进行了一系列的机构改革，并相继颁布了多部重要的法律法规。

机构改革方面。1988 年，第七届全国人大第一次会议决定，把国家标准局、计量局、国家经委质量局合并组成国家技术监督局，直属国务院，赋予其行政执法职能，初步形成了标准化、计量、质量三位一体的质量行政管理体制。1998 年，国务院第四次机构改革，在原国家技术监督局的基础上成立了国家质量技术监督局，将原各工业部门的质量管理、质量监督、生产许可等职能统一由质量技术监督部门管理，并将劳动部所属锅炉压力容器安全监察局整建制并入，进一步加强综合管理和行政执法职能。随后，在地方政府机构改革中，各地质量技术监督局成立，开始实行省级以下垂直管理，较好地解决了我国长期存在的质量管理职能交叉问题，质量管理体制逐步理顺。

法规建设方面。1985 年，颁布《中华人民共和国计量法》，该法第 22 条规定：为社会提供公证数据的产品质量检验机构，必须经省级以上人民政府计量行政部门对其计量检定、测试能力和可靠性考核合格，标志着我国的计量事业进入法制化；1988 年，《中华人民共和国标准化法》及实施条例的颁布，标志着我国标准化工作开启法制管理；《中华人民共和国国境卫生检疫法》《中华人民共和国进出口商品检验法》《中华人民共和国进出境动植物检疫法》等法律法规的相继颁布实施，逐步建立完善了我国质量基础设施的法律法规体系。

检验机构方面。许多大中城市将之前设置的工业品检验所划归当时的技术监督局，并在此基础上发展设立了综合性产品质量监督检验所。国家层面，规划设立了 200 余家国家产品质检中心，省级以下质监部门先后成立了 1800 多家综合性产品质量监督检验检测机构。我国在重要的质量管理领域，基本形成了立法、监管、检验、计量、标准和认证等多种技术手段相互配合的管理体制，并初步建立了以事业单位检验检测机构为主、国有企业检验检测机构为辅的检验检测体系。

在这一阶段，各行业主管部门也纷纷依托本行业科研院所，设置了本行业的检验检测机构，国家城市供水水质监测网就是在这个时期应运而生。1993 年，建设部遴选全国供水检测行业优势力量，组建了国家城市供水水质监测网，这批机构为我国供水水质质量监督、设施运行维护水平提升提供重要技术支撑，并且在激烈的市场竞争中取得了很好的发展，成为我国城市供水检验检测行业的主力军。自国家城市供水水质监测网组建起，除要求各成员单位依照有关法律和规定开展城市供水的质检和城市供水源水水质的监测外，还要求各监测站开展国内外水质检测技术交流，开发水质检测新技术、新项目。国家城市供水水质监测网的建立为城市供水水质检测水平的提高和行业标准的制订打下了坚实的基础。

2. 分析仪器国产化进程

1980 年，国务院决定将仪器仪表单列管理，成立了国家仪器仪表总局，在全国范围内加大资金和人力投入，开展了 23 项大型科学仪器与仪表的研究，并结合国家重点工程项目制定了技贸结合、加速国产化的决策。

我国先后从美国 VARIAN 引进了气相和液相色谱仪，从美国 WATERS 引进了液相色谱仪，从英国 Kent 引进了水质分析仪等当时较为先进的仪器。国产仪器方面，1986 年，上海将当地的主要仪器厂家整合，成立了颇具规模的上海精密仪器公司。北京分析仪器厂也向综合分析仪器厂方向发展，开发了多种光谱分析仪器。在这一阶段，我国的分析仪器国产化取得了较快的发展，根据当时的仪器仪表产品目录，已能生产包括色谱、质谱、光谱在内的 12 大类、30 余小类，共 547 个品种的分析仪器。

我国第一台离子色谱仪

1981 年，在天津举办的多国仪器展览会上，美国戴安公司展出了 Dionex14 型离子色谱仪，该仪器能很好地满足我国急需解决的微量多组分阴离子分析问题，吸引了刘开禄和众多参观者的关注。

为突破这一技术难题，刘开禄带领团队历经两年多的攻坚克难，用仅有的 2 万元经费试制了离子色谱分离柱、抑制柱、电导检测器等，并于 1983 年成功研制出我国第一台离子色谱仪（ZIC-1 型），并通过部级鉴定。ZIC-1 型商品化之后迅速在地质、环保等系统中推广使用，1984 年初仪器交货量达到 30 台。

---

3. 检验方法标准化发展

改革开放以后，市场经济的快速发展对检验检测标准化提出了新的要求，检验方法更多地需要在行业内或全国范围内统一，导致检验方法国家标准和行业标准的数量快速增加。

1978年发生的三件大事促进了标准化事业的迅猛发展：2月，国务院颁布《中华人民共和国标准化管理条例》；5月，国家标准局成立；8月，中国重新加入国际标准化组织（ISO）。其中，《中华人民共和国标准化管理条例》的出台和独立管理机构的设立，开启了政府引导标准化工作的新篇章，分析测试方法的标准化开始成为标准化工作的重要内容之一，加入国际标准化组织则成为我国检验方法与国际联通的新起点。

在这一阶段，我国的国家、行业、地方和企业四级标准体制的法律地位更加明确，标准化的理念得到了大力的推广，检验方法的性能指标得到提高，出现了大量与国际先进标准方法等同的国家标准和行业标准方法。《生活饮用水标准检验法》在这一时期开展了两次修订，增补了检验方法，并正式确定为与《生活饮用水卫生标准》GB 5749 相配套的国家标准。

（1）《生活饮用水水质检验法》（1983年第二版）

1983年，《生活饮用水水质检验法》（第二版）发布，目录如图2-2所示，内容包含一般介绍、水样的采集和保存、水质检验结果的表示方法及数据处理、分析质量控制、检验方法、附篇，共6部分。其中，检验方法包括了色、浑浊度、臭和味、肉眼可见物、pH值、总硬度、铁、锰、铜、锌、挥发酚类、阴离子合成洗涤剂、氟化物、氰化物、砷、硒、汞、镉、铬（六价）、铅、细菌总数、大肠菌群、余氯23项水质指标的39个检验方法，附篇包括了氨氮、亚硝酸盐氮、硝酸盐氮、耗氧量、氯化物、硫酸盐、碘化物、漂白粉中有效氯8项指标的14个检验方法，共计31项指标、53个检验方法。与第一版相比主要变化如下：

1）删除不成熟的检验方法：色的铬钴标准比色法，氰化物的对磺基苯偶氮变色酸锆比色法。

2）变更部分检验方法名称：浑浊度由白陶土标准比浊法变更为硅藻土标准比浊法，铁的邻二氮菲比色法变更为二氮杂菲比色法。

3）增加同类可选检验方法：氰化物的异烟酸－吡唑酮比色法，余氯的 N，N－二乙基对苯二胺－硫酸亚铁铵容量法。

4）增加仪器分析等新技术检验方法：铁、锰、铜、锌、镉、铅的原子吸收分光光度法，氟化物的电极法，硒的荧光分光光度法，汞的无焰原子吸收法等。

5）增加了水质检验结果的表示方法及数据处理、分析质量控制2个章节。

目 录

一般介绍…… 1
水样的采集和保存……（ 4 ）
水质检验结果的表示方法及数据处理……（ 7 ）
分析质量控制……（ 10 ）
一、色……（ 20 ）
　铂钴标准比色法……（ 20 ）
二、浑浊度……（ 21 ）
　硅藻土标准比浊法……（ 21 ）
三、臭和味……（ 24 ）
四、肉眼可见物……（ 24 ）
五、pH值……（ 25 ）
　甲、pH电位计法……（ 25 ）
　乙、比色法……（ 27 ）
六、总硬度……（ 31 ）
　乙二胺四乙酸二钠容量法……（ 31 ）
七、铁……（ 34 ）
　甲、二氮杂菲比色法……（ 35 ）
　乙、原子吸收分光光度法……（ 37 ）
八、锰……（ 37 ）
　甲、过硫酸铵比色法……（ 38 ）
　乙、原子吸收分光光度法……（ 40 ）
九、铜……（ 40 ）
　甲、原子吸收分光光度法……（ 40 ）

〔1〕

　乙、二乙氨基二硫代甲酸钠比色法……（ 47 ）
十、锌……（ 50 ）
　甲、原子吸收分光光度法……（ 50 ）
　乙、双硫腙比色法……（ 50 ）
十一、挥发酚类……（ 53 ）
　4-氨基安替比林比色法……（ 53 ）
十二、阴离子合成洗涤剂……（ 60 ）
　亚甲蓝比色法……（ 60 ）
十三、氟化物……（ 63 ）
　甲、电极法……（ 63 ）
　乙、氟试剂比色法……（ 68 ）
　丙、茜素锆比色法……（ 71 ）
十四、氰化物……（ 75 ）
　甲、异烟酸-吡唑酮比色法……（ 75 ）
　乙、吡啶-巴比妥酸比色法……（ 79 ）
十五、砷……（ 81 ）
　甲、二乙氨基二硫代甲酸银比色法……（ 82 ）
　乙、砷斑法……（ 85 ）
十六、硒……（ 87 ）
　甲、二氨基联苯胺比色法……（ 87 ）
　乙、荧光分光光度法……（ 90 ）
十七、汞……（ 92 ）
　甲、无焰原子吸收法……（ 92 ）
　乙、双硫腙比色法……（ 95 ）
十八、镉……（ 99 ）
　甲、原子吸收分光光度法……（ 99 ）
　乙、双硫腙比色法……（ 100 ）

〔2〕

十九、铬（六价）……（ 104 ）
　二苯碳酰二肼比色法……（ 104 ）
二十、铅……（ 106 ）
　甲、原子吸收分光光度法……（ 106 ）
　乙、双硫腙比色法……（ 107 ）
二十一、细菌总数……（ 112 ）
二十二、大肠菌群……（ 115 ）
　甲、发酵法……（ 115 ）
　乙、滤膜法……（ 122 ）
二十三、余氯……（ 125 ）
　甲、邻联甲苯胺比色法……（ 126 ）
　乙、邻联甲苯胺-亚砷酸盐比色法……（ 128 ）
　丙、N,N-二乙基对苯二胺-硫酸亚铁铵
　　容量法……（ 129 ）
附篇
一、氨氮……（ 134 ）
　甲、直接纳氏比色法……（ 134 ）
　乙、蒸馏纳氏比色法……（ 137 ）
　丙、酚盐比色法……（ 138 ）
二、亚硝酸盐氮……（ 141 ）
　重氮化偶合比色法……（ 141 ）
三、硝酸盐氮……（ 144 ）
　甲、二磺酸酚比色法……（ 144 ）
　乙、镉柱法……（ 148 ）
四、耗氧量……（ 154 ）
　酸性高锰酸钾容量法……（ 154 ）
五、氯化物……（ 157 ）

〔3〕

　甲、硝酸银容量法……（ 158 ）
　乙、硝酸汞容量法……（ 161 ）
六、硫酸盐……（ 163 ）
　甲、硫酸钡重量法……（ 163 ）
　乙、铬酸钡比色法……（ 165 ）
　丙、硫酸钡比浊法……（ 168 ）
七、碘化物……（ 169 ）
　硫酸高铈催化比色法……（ 169 ）
八、漂白粉中有效氯……（ 174 ）
　碘量法……（ 174 ）

〔4〕

图 2–2　《生活饮用水水质检验方法》（第二版）目录

6）附篇中增加了漂白粉中有效氯指标及配套碘量法。

（2）《生活饮用水标准检验法》GB 5750—1985

1985 年，卫生部发布了与《生活饮用水卫生标准》GB 5749—1985 配套的《生活饮用水标准检验法》GB 5750—1985，增加了检验的指标和方法。标准包括总则、检验方法、附录 A 和附录 B，共 4 部分。其中，总则中包括一般规则、水样的采集和保存、水质检验结果的表示方法和数据处理、精密度和回收率的控制；检验标准包括 35 项水质指标，58 个检验方法；附录 A 包括 5 项指标，6 个检验方法；附录 B 包括 1 个检验方法，共计 41 项指标，65 个检验方法。具体修订如下：

1）扩充检验指标和方法：增加氯化物、硫酸盐、硝酸盐氮、溶解性总固体、银、总 α 放射性、总 β 放射性、氯仿、四氯化碳、苯并 (a) 芘、滴滴涕和六六六，共计 12 项指标。

2）增加新方法：浑浊度的福尔马肼作为标准的分光光度法，铜的双乙醛草酰二腙分光光度法，氰化物的异烟酸－巴比妥酸分光光度法等。

浑浊度检验方法的发展过程

最早水的浊度测定只能采用定性描述，以"很浑""较浑""浑""较清""很清"表示水的浑浊程度。浑浊度定量的测定起源于海洋学的研究。17 世纪，海洋学工作者采用白帆布制成圆盘逐渐垂入海中，直至人的眼睛看不见白影，所测出的水深作为浑浊度的比较值。1899 年，美国杰克逊 (D.D, Jackson) 首创烛光浊度仪，慢慢放低试管水位直到人的眼睛刚刚见不到烛光火焰为止，所测出的水深查表求得浑浊度，以 JTU 为单位。我国长期以来，用硅藻土或高岭土制配的浊度标准液，以含硅藻土或高岭土 1mg/L 的悬浮液所形成的浊度为 1 度或 1 mg/L。1901 年，美国公共卫生协会采用以二氧化硅 mg/L 为浊度单位，后来发现，同样重量的二氧化硅，由于颗粒大小、形状、品种的不同，所测定水的浊度不一样。1926 年，美国水质学者提出甲臜 (Formazin) 聚合物悬浮液可作为浊度标准液。

我国的国家标准《生活饮用水标准检验法》GB 5750—1985 则兼容了硅藻土标准浊度液（目视法）和甲臜浊度标准液（分光光度法），用甲臜悬浮液作为散射光浊度仪测定水中浊度的标准液。当时世界各国大多使用欧洲共同体（EC）或世界卫生组织（WHO）制定的水质标准。美国按照美国国家环境保护局（EPA）制订的《安全饮水法》（SDWA）采用 NTU 作为浊度的计量单位，即采用散射光浊度仪及福尔马肼浊度标准液。欧洲共同体则兼容 JTU 及 NTU 两种浊度计算单位，并分别规定了考核数值。JTU 指导值为 0.4，最大允许值为 4；NTU 指导值为 1，最大允许值为 10。

典型城市供水水质检测情况：兰州市

1976 年，根据《生活饮用水卫生标准》TJ 20—76 要求，应检验项目 23 项，化验室实测指标 35 项。1979 年，制定《兰州市给排水公司水源卫生防护暂行规程》。1982 年 3 月，经兰州市人民政府批准公布实行《兰州市城市水源卫生防护暂行规定》。1984 年，为提高监测水平，加强水质管理，根据《生活饮用水卫生标准》编写了《水质管理制度》，确定水质管理工作有关机构的业务范围，对出厂水质、管网水质、水质检验、水质事故都作出明确规定，并编印成册，颁布执行。

1988 年，购置一台原子吸收分光光度计，从 1989 年起对水中铜、铅、锌、镉、银、汞等进行测定。总 α 放射性、总 β 放射性项目委托甘肃省环境保护研究所检验。氯仿、六六六、三氯甲烷、四氯化碳、苯并（a）芘等项目委托北京市自来水公司检验。各个出厂水的毒理学指标均符合标准。1989 年，实行企业标准化管理，补充、制定水质管理和水质监测标准 13 个。

资料来源：《兰州公用事业志》

在同一时期的国外标准中，《水和废水标准检验法》(Standard Methods of the Examination for Water and Wastewater)作为当时在国际上被广泛认可且内容较为全面的检验方法，其中供水部分是行业开展水质检测参考的主要标准之一。为便于国内同行查阅，北京市自来水公司的张曾谦，上海市自来水公司的顾泽南、王维一、闵奇若和杨建六等人，会同北京市环境保护科学研究所的相关人员对《水和废水标准检验法》(第 13 版)标准进行了翻译，并于 1978 年正式出版。该书增加了原子吸收分光光度法、火焰光度法、燃烧红外线法等当时较先进的检测方法。此后，上海市自来水公司的宋仁元、张亚杰、王唯一、岳舜琳等人及其他行业同仁共同参与了《水和废水标准检验法》后续版本的翻译出版工作。该书涵盖了更多国家标准以外的指标和检验方法，在普及相关水质检测理论知识、规范检测操作等方面发挥了重要的作用，是当时供水行业常用的一本工具书，为水质检验行业标准的编制提供了重要参考。

2.1.3 对标先进（2001 年～ 2011 年）

1. 背景情况

进入 21 世纪后，我国的经济持续快速发展，并正式成为世界贸易组织成员。为适应经济全球化趋势和加入世界贸易组织的新形势，我国的质量基础设施建设进入了全面快速发展时期。2001 年，国家质量监督检验检疫总局成立，同时成立的还有国家认证认可监督管理委员会和国家标准化管理委员会。

"十五"时期，我国通过加强技术机构和实验室装备建设，促进关系国计民生和产业发展的 NQI 科技成果转移、转化和产业化，推进高新技术自主创新发展，提升应对突发公共事件和食品安全的能力，构建对外贸易政策支持体系，落实专业人才队伍建设，使我国一跃成为世界经济增长的主要稳定器和动力源。"十一五"时期，在不断理顺质量管理体制的同时，与质量有关的法律法规、制度和体系也不断完善，初步建立了有中国特色的质量工作体系。

到 2007 年，我国已形成了以《中华人民共和国产品质量法》《中华人民共和国标准化法》《中华人民共和国计量法》《中华人民共和国进出口商品检验法》等法律为基础，以《中华人民共和国认证认可条例》《国务院关于加强食品等产品安全监督管理的特别规定》等行政法规为补充，及以大批部门规章和地方性法规为配套的质量法律体系。国家质量基础设施各领域的发展开始由追求速度和规模向注重质量效益转变，由各种技术机构相对独立发展向一体化融合发展转变，基本形成了全国产品质量安全检验检测体系和技术机构网络，质量基础设施的实力大幅增强。

这一时期，外资检验检测机构开始进入中国市场，民营检验检测机构发展势头迅猛，原质检系统的近 2000 家技术机构也在市场竞争中占据重要地位，整个检验检测市场空前繁荣。一个以国有（事业单位、企业）机构为主导、民营机构为重要参与者，外资机构为补充的第三方检验检测市场日渐成熟。

2．分析仪器国产化进程

2001 年，《中华人民共和国国民经济和社会发展第十个五年计划纲要》中明确提出：把发展仪器仪表放到重要位置。2004 年，我国成功研制世界第一台环保型多元素同时测定原子荧光光谱仪。2005 年，成功研制世界第一台联用技术原子荧光光谱仪，开创并建立了用于砷、汞等元素形态分析的色谱－原子荧光在线联用系统及方法。2006 年，国务院印发《国务院关于加快振兴装备制造业的若干意见》，自动化控制系统和精密测试仪器被选为重点发展领域，设立专项工程。同年，我国制定的《国家中长期科学和技术发展规划纲要（2006—2020 年)》涉及多项仪器仪表与测量控制发展项目。2008 年，科技部、发展改革委、教育部和中国科协联合印发《关于加强创新方法工作的若干意见》的通知，推动科学仪器的科技创新，科学仪器的重要作用进一步提升。

2011 年，我国首款具有自主知识产权的便携式气相色谱－质谱联用仪（Mars-400）研制成功，打破了国外产品长达数十年的垄断局面。

3．检验方法标准化发展

中国加入世界贸易组织（WTO）后，规则要求中国的进出口商品和国内市场商品依照的质量标准和检验方法必须一致，因此催生了大量与国际接轨的标准检验方法。当国家标准不能满足生产、生活和社会发展的需要时，又产生了大量的行业标准。

在这一阶段，首次制定的行业标准，即城市供水水质检验方法标准（CJ/T 141—2001 ~ CJ/T 150—2001）和修订的《生活饮用水检验规范》《生活饮用水标准检验方法》GB/T 5750—2006 大幅增加水质检验项目、仪器分析方法，并且均是结合我国经济、科学技术的发展水平和水质现状，参考世界先进水质标准分析方法而编制形成的，初步实现了我国饮用水检验方法与国际标准的接轨。

（1）**城市供水水质检验方法标准**（CJ/T 141—2001 ~ CJ/T 150—2001）

1992 年发布的《城市供水行业 2000 年技术进步发展规划》提出了 89 项指标的供水水质目标，但是当时的标准检验方法无法覆盖 89 项的检测要求，供水行业开始谋划制定行业标准以规范检验检测工作。而 1993 年成立的国家城市供水水质监测网为行业标准的编制创造了人员队伍和技术积累的条件。

2001 年，建设部发布了《城市供水 二氧化硅的测定 硅钼蓝分光光度法》CJ/T 141—2001、《城市供水 锑的测定》CJ/T 142—2001、《城市供水 钠、镁、钙的测定 离子色谱法》CJ/T 143—2001、《城市供水　有机磷农药的测定　气相色谱法》CJ/T 144—2001、《城市供水　挥发性有机物的测定》CJ/T 145—2001、《城市供水　酚类化合物的测定　液相色谱分析法》CJ/T 146—2001、《城市供水　多环芳烃的测定　液相色谱法》CJ/T 147—2001、《城市供水　粪性链球菌的测定》CJ/T 148—2001、《城市供水　亚硫酸盐还原厌氧菌（梭状芽胞杆菌）孢子的测定》CJ/T 149—2001 和《城市供水　致突变物的测定　鼠伤寒沙门氏菌／哺乳动物微粒体酶试验》CJ/T 150—2001 这 10 项城市供水水质检验方法标准，自 2001 年 12 月 1 日起实施。国家城市供水水质监测网北京、上海、天津、济南、广州和武汉等监测站参加了此系列标准的起草工作；北京、上海、天津、济南、广州、武汉、深圳、昆明、成都、重庆、南昌、南京、合肥、福州、厦门、珠海和顺德等监测站参加了此系列标准的验证工作。

该系列标准共包含 14 个检验方法，为落实《城市供水行业 2000 年技术进步发展规划》，补全了 31 项水质指标的检验方法空缺，对促进我国城市供水事业的发展发挥了重要作用。各项标准的检测指标、检验方法如下：

1)《城市供水　二氧化硅的测定　硅钼蓝分光光度法》CJ/T 141—2001 规定了用硅钼蓝分光光度法测定城市供水中的溶解性二氧化硅。

2)《城市供水　锑的测定》CJ/T 142—2001 规定了用石墨炉原子吸收分光光度法、原子荧光法测定城市供水中的锑。

3)《城市供水　钠、镁、钙的测定　离子色谱法》CJ/T 143—2001 规定了用离子色谱法测定城市供水中的钠、镁、钙。

4)《城市供水　有机磷农药的测定　气相色谱法》CJ/T 144—2001 规定了用气相色谱分析法测定城市供水中的敌百虫、敌敌畏、乐果、对硫磷、甲基对硫磷。

5)《城市供水　挥发性有机物的测定》CJ/T 145—2001 规定了用气液平衡／气相色谱法、吹扫捕集与色谱质谱联用法测定水中 1,1- 二氯乙烯、1,1,1- 三氯乙烷、1,1,2- 三氯乙烷、三溴甲烷、1,1,2,2- 四氯乙烷，也适用于自动顶空气相色谱法测定水中五种挥发性有机物。

6)《城市供水　酚类化合物的测定　液相色谱分析法》CJ/T 146—2001 规定了用液相色谱法测定城市供水中苯酚、4- 硝基酚、3- 甲基酚、2,4- 二氯酚、2,4,6- 三氯酚和五氯酚。

7)《城市供水　多环芳烃的测定　液相色谱法》CJ/T 147—2001 规定了用液相色谱分

析法测定城市供水中的萘、荧蒽、苯并(b)荧蒽、苯并(k)荧蒽、苯并(a)芘、苯并(ghi)芘和茚并(1,2,3-cd)芘。

8)《城市供水 粪性链球菌的测定》CJ/T 148—2001 规定了用发酵法、滤膜法测定城市供水及其水源水中的粪性链球菌。

9)《城市供水 亚硫酸盐还原厌氧菌（梭状芽胞杆菌）孢子的测定》CJ/T 149—2001 规定了用液体培养基增菌法、滤膜法测定城市供水及水源水中亚硫酸盐还原厌氧细菌孢子。

10)《城市供水 致突变物的测定 鼠伤寒沙门氏菌／哺乳动物微粒体酶试验》CJ/T 150—2001 规定了用鼠伤寒沙门氏菌／哺乳动物微粒体酶试验测定城市供水的致突变性。

此外，2005 年建设部发布的《城市供水行业 2010 年技术进步发展规划及 2020 年远景目标》从实验室检测技术、水质安全指标检测技术、在线水质检测技术及水质检测机构的发展要求、水质委托检测等方面，对城市供水水质检测技术的发展提出展望和总体要求，并提出了一系列水质检测技术的发展趋势和目标。包括应用原子吸收、原子荧光、离子色谱、流动注射、电感耦合等离子质谱等分析仪器的无机物检测技术；应用总有机碳检测仪、有机卤素检测仪、气相色谱、液相色谱，以及与质谱联用等分析仪器检测总有机碳、总有机卤、挥发性有卤化物类，三卤甲烷，多环芳烃，有机氯农药，有机磷农药，挥发性芳烃，消毒副产物等有机物指标的检测技术；检测藻类、寄生虫、病毒等指标的生物学检测技术；管网水水质生物稳定性指标，如生物可同化有机碳、生物可降解性有机碳等指标的检测技术。这些技术方法在后续水质检测工作中均得到了很好的应用。

（2）《生活饮用水标准检验方法》GB/T 5750—2006

2001 年，卫生部在《生活饮用水标准检验法》GB 5750—1985 基础上，发布了过渡性的行业技术文件《生活饮用水检验规范》，包括正文（常规检验项目）37 项，非常规检验项目和水源水有害物质检验项目 90 项，其他项目 11 项，共计 138 项。与 GB 5750—1985 相比较，增加了铝、粪大肠菌群及《生活饮用水水质卫生规范》中的非常规检验项目和水源水中的有害物质等指标的检验方法，对于不完善的检验方法，用新方法取而代之，增加先进仪器检测方法。

2006 年 12 月 29 日，卫生部和国家标准化管理委员会联合发布了《生活饮用水卫生标准》GB 5749—2006 及配套的《生活饮用水标准检验方法》GB/T 5750—2006,并于 2007 年

7月1日实施。《生活饮用水标准检验方法》GB/T 5750—2006是在《生活饮用水标准检验法》GB 5750—1985和《生活饮用水检验规范》的基础上，结合我国经济、科学技术的发展水平和水质现状，参考世界先进水质标准分析方法修订而成的。标准内容包括13个部分，分别为总则、水样的采集和保存、水质分析质量控制、感官性状和物理指标、无机非金属指标、金属指标、有机物综合指标、有机物指标、农药指标、消毒副产物指标、消毒剂指标、微生物指标、放射性指标。

检验指标增至142项，涵盖了301个水质检验方法。包括42个水质常规指标的125个检验方法；63个水质非常规指标的116个方法；此外还包括37个推荐性指标，58个方法以及2个资料性附录。涉及的检验技术包括：化学法、容量法、重量法、目视法、嗅味法、分光光度法、原子吸收法、原子荧光法、催化示波极谱法、离子色谱法、气相色谱法、高效液相色谱法、电感耦合等离子体发射光谱法、电感耦合等离子体质谱法、微生物方法、放射性方法等（表2-1）。

《生活饮用水标准检验方法》GB/T 5750—2006具备以下特点：

1）大幅增加水质检验项目，重点增加有机物、农药和消毒副产物的检验方法。GB/T 5750—2006与GB 5750—1985相比，检验指标由40项增至142项，增加102项，其中有机物指标由2项增至44项，增加42项；农药指标由2项增至20项，增加18项；消毒副产物指标由1项增至15项，增加14项。

2）大量增加仪器分析方法，引入先进的样品前处理技术。增加了无机非金属和消毒副产物中阴离子的离子色谱法；增加了金属指标的电感耦合等离子体质谱法、石墨炉原子吸收分光光度法和氢化物原子荧光分光光度法；增加了有机物指标、农药指标和消毒副产物指标（部分有机物）的毛细管柱气相色谱法和高压液相色谱法等。样品前处理技术中增加了共沉淀法、基棉富集法、吹脱捕集、固相萃取和固相微萃取法等。

3）制定程序严格，方法可行可靠。严格按照"全国水质卫生标准分析科研协作组"制定的标准化程序进行制定与修订。首先，收集国内外文献资料，确定修订方案；通过实验室研究，提交论文报告；组织不同地区3～5个单位进行验证；编写编制说明和标准方法，通过专家鉴定；采用信函与会议等方式，广泛征求意见，形成送审稿；通过环境卫生标准委员会审定；形成标准方法报批稿。

4）借鉴国外经验，结合我国实际水平，兼顾先进性和可操作性。依据我国国情，在总结我国水质分析经验的基础上，吸取国际标准的先进经验展开修订工作。对每一个项目都组织 3～5 个不同地区的检验单位开展验证，保证方法能适用于不同的水质类型。对于多数指标均提供了 2 种以上的检验方法，以利于各管理层次、各技术级别的实验室选择使用，提高可操作性。对同一指标的多种方法开展比对实验，并在卫生、建设、水利、医学院校等有关部门广泛征求意见。

水质指标检验方法汇总表

表 2—1

方法名称	方法个数／个		
	常规指标	非常规指标	合计
化学法	27	1	28
分光光度法	34	9	43
原子吸收法	12	8	20
原子荧光法	6	2	8
电感耦合等离子体发射光谱法	9	9	18
电感耦合等离子体质谱法	10	9	19
催化示波极谱法	4	—	4
离子色谱法	8	1	9
气相色谱法	4	68	72
高效液相色谱法	—	7	7
微生物方法	9	2	11
放射性方法	2	—	2
合计	125	116	241

2.1.4 高质量发展（2012 年至今）

1. 背景情况

党的十八大以来，国家质量基础设施各领域坚持新发展理念，坚持推动高质量发展，把提高自主创新能力摆在突出位置，基础和创新能力明显提升，体制改革取得进展。构建了由 9 部法律、13 部行政法规、192 部部门规章和 298 部地方性法规规章组成的制度体系。建成了以国家市场监督管理总局直属 4 个研究院和 895 个国家质检中心、国家检测重点实验室为龙头的检验检测机构体系，服务经济社会发展能力显著增强。

2018 年，国家市场监督管理总局成立，根据国务院赋予市场监管总局的职责，在延续过去国家质量监督检验检疫总局、国家认证认可监督管理委员会对全国检验检测机构的资质管理职责基础上，国家市场监督管理总局统一负责完善检验检测体系，推进检验检测市场化改革，规范检验检测市场。

2021年，国家市场监督管理总局印发了《市场监管总局关于进一步深化改革促进检验检测行业做优做强的指导意见》。该文件的出台，代表着行政主管部门致力于引导检验检测机构向市场化、国际化、集约化、专业化、规范化的道路迈进。文件指出，要着力深化改革，推进检验检测机构市场化发展。按照政府职能转变和事业单位改革的要求，进一步理顺政府与市场的关系，积极推进事业单位性质检验检测机构的市场化改革。要围绕质量强国、制造强国，服务以国内大循环为主体、国内国际双循环相互促进的新发展格局，加快建设现代检验检测产业体系，推动检验检测服务业做优做强。

这一阶段，我国质量基础设施建设已初步形成完整的管理体系，技术机构不断发展壮大，质量基础设施科技水平显著提升，质量基础设施综合实力不断加强，计量、标准、检验检测、认证认可等能力持续提升。质量基础设施在促进区域经济提质增效升级、提升政府治理能力、推进高水平对外开放等方面效果明显。

2. 分析仪器国产化进程

党的十八大以来，国家把科学仪器国产化和突破关键核心技术瓶颈作为我国科技强国的重要支撑，并陆续出台了相关政策，支持国产仪器自主创新。习近平总书记在2018年7月13日召开的中央财经委员会第二次会议上强调"关键核心技术是国之重器，对推动我国经济高质量发展、保障国家安全都具有十分重要的意义"，要"培育一批尖端科学仪器制造企业"。2021年中华人民共和国第十三届全国人民代表大会第四次会议和中国人民政治协商会议第十三届全国委员会第四次会议（以下简称全国"两会"）有提案建议：提高对"国家重大科研仪器研制项目"的经费投入，加大资助力度；鼓励科研仪器行业、企业参与创新，探索产学研融合发展；同年3月，《中华人民共和国国民经济和社会发展第十四个五年规划和2035年远景目标纲要》明确提出：要加强高端科研仪器设备研发制造。

国家专项高效促进科技成果高产出，国家市场监督管理总局科研成果登记7664项，获国家科技奖励16项，2项成果获得国家科学技术进步奖一等奖，各类专利授权5500余项，1420项科技成果得到转化，研发3700余种快速高通量检测鉴定技术、试剂和标准物质，150种重大科学仪器设备，有30种仪器设备填补了国内空白、打破国外垄断。

3. 检验方法标准化发展

在这一阶段，指导供水检验工作两部核心标准先后进行了修订，《城镇供水水质标准检验方法》CJ/T 141—2018 和《生活饮用水标准检验方法》GB/T 5750—2023 更多采用了高灵敏度的大型分析仪器及相关技术，大幅提高了检测效率，检测工作进入高质量发展阶段，实现了与国外先进检测技术的全面接轨。

（1）《城镇供水水质标准检验方法》CJ/T 141—2018

2018 年，住房城乡建设部发布了行业标准《城镇供水水质标准检验方法》CJ/T 141—2018，自 2018 年 12 月 1 日起正式实施。该标准以《生活饮用水标准检验方法》GB/T 5750—2006 为基础，充分结合应对新兴污染物检测及水质检测技术快速发展条件下标准及时更新的需求，共包含 80 项水质指标、41 个水质检验方法，其中 32 个水质检验方法为研制的新方法，9 个方法为原行业标准方法的修订。

标准主要技术内容共有 12 章，分别为范围、规范性引用文件、术语与定义、总则，以及无机和感官性状指标、有机物指标、农药指标、致嗅物质指标、消毒剂和消毒副产物指标、微生物指标、综合指标。其中，每个水质指标检测方法的技术内容，依据《标准编写规则　第 4 部分：化学分析方法》GB/T 20001.4—2001 确定，主要包括适用范围、原理、试剂和材料、仪器、样品、分析步骤、数据处理或结果计算、精密度和准确度、质量保证和控制等内容。与原行业标准（CJ/T 141—2001 ~ CJ/T 150—2001）相比，主要技术变化如下（表 2-2）：

1）增加了嗅味、氰化物、硫化物、挥发酚、阴离子合成洗涤剂、氯乙烯、1,1,1- 三氯乙烷、1,1,2- 三氯乙烷、四氯化碳、1,2- 二氯乙烷、1,1- 二氯乙烯、1,2- 二氯乙烯、三氯乙烯、四氯乙烯、六氯丁二烯、苯、甲苯、二甲苯、乙苯、苯乙烯、氯苯、1,2- 二氯苯、1,4- 二氯苯、三氯苯、六氯苯、环氧氯丙烷、丙烯酰胺、微囊藻毒素 -LR、微囊藻毒素 -RR、敌敌畏、乐果、对硫磷、甲基对硫磷、2,4- 滴、五氯酚、七氯、毒死蜱、灭草松、草甘膦、莠去津、呋喃丹、溴氰菊酯、马拉硫磷、2- 甲基异茨醇、土臭素、臭氧、二氧化氯、三氯甲烷、三溴甲烷、二氯一溴甲烷、一氯二溴甲烷、二氯甲烷、二氯乙酸、三氯乙酸、一氯乙酸、一溴乙酸、一氯一溴乙酸、二溴乙酸、二氯一溴乙酸、一氯二溴乙酸、三溴乙酸、贾第鞭毛虫、隐孢子虫 62 项指标的 32 个检验方法。

2）删除了锑、钠、钙、镁 4 项无机类指标的 3 个检验方法。

3）删除了 1,1- 二氯乙烯、1,1,1- 三氯乙烷、1,1,2- 三氯乙烷、三溴甲烷、1,1,2,2- 四氯乙烷 5 项挥发性有机物的 2 个检验方法。

4）修订了二氧化硅、敌百虫、敌敌畏、乐果、对硫磷、甲基对硫磷、苯酚、4- 硝基酚、3-甲基酚、2,4-二氯酚、2,4,6-三氯酚、五氯酚、萘、荧蒽、苯并（b）荧蒽、苯并（k）荧蒽、苯并（a）芘、苯并（g，h，i）芘、茚并[1,2,3-c,d]芘、粪性链球菌、亚硫酸盐还原厌氧菌（梭状芽胞杆菌）孢子和致突变物等22项指标的9个检验方法。

《城镇供水水质标准检验方法》CJ/T 141—2018与原行业标准的水质指标类别对比　表 2-2

水质指标类别	CJ/T 141—2001 ~ CJ/T 150—2001		CJ/T 141—2018			
	水质指标	检验方法	水质指标	检验方法		
				新增	修订	合计
无机和感官性状指标	5	4	6	9	1	10
有机物指标	18	4	35	10	2	12
农药指标	5	1	15	6	1	7
致嗅物质指标	0	0	2	1	0	1
消毒剂与消毒副产物	0	0	17	4	0	4
微生物指标	2	4	4	2	4	6
放射性指标	0	0	0	0	0	0
综合指标	1	1	1	0	1	1
合计	31	14	80	32	9	41

CJ/T 141—2018与GB/T 5750—2006相比，新增加了对62项水质指标进行检验的32个方法，其中《生活饮用水卫生标准》GB 5749—2006正文中的指标52项，附录A中的指标2项。

《城镇供水水质标准检验方法》CJ/T 141—2018在修订过程中，充分考虑了与《生活饮用水标准检验方法》GB/T 5750—2006的衔接，对检测方法进行了全面的补充和完善，解决了国家标准制订时受限于检测技术水平和经济条件，较多采用传统化学检测方法导致的检测效率较低的问题。此行业标准依托气相色谱质谱仪（GC-MS）、液相色谱质谱仪（LC-MS）、离子色谱仪（IC）以及流动注射仪（FIA）等高灵敏度的大型分析仪器及相关技术，大幅提高了检测效率，实现了与国外先进检测技术的全面接轨。

此外，采用行业标准CJ/T 141—2018开展对《生活饮用水卫生标准》GB 5749—2006中106项的全分析水质检测，可降低水质检测成本约20%，缩短检测时间约30%，为《生活饮用水卫生标准》GB 5749—2006的全面实施提供了坚实的检测技术支持，并在行业内获得广泛好评。CJ/T 141—2018 是水专项《水质监测关键技术及标准化研究与示范》课题的主要研究成果之一，该课题于 2017 年获评"华夏建设科学技术奖"一等奖。

国家城市供水水质监测网中心站、北京、上海、哈尔滨、深圳、济南、郑州、广州和天津等监测站参加了本标准的起草工作；国家城市供水水质监测网武汉、杭州、大连、石家庄、太原、无锡、合肥、福州、厦门、西安、珠海、佛山、天津滨海、青岛、乌鲁木齐、兰州、银川、长沙、南昌、株洲、昆明、重庆、成都和南京等监测站参加了标准方法的验证工作。

（2）《生活饮用水标准检验方法》GB/T 5750—2023

《生活饮用水标准检验方法》GB/T 5750.1—2003 ~ GB/T 5750.13—2023 系列标准是《生活饮用水卫生标准》GB 5749—2022 的配套标准检验方法，于 2023 年 10 月起正式实施。由于 GB 5749—2022 增加了高氯酸盐、乙草胺、2-甲基异莰醇、土臭素 4 项指标，并大幅增加了附录 A 中的新污染物指标，对水质检验方法的准确性和检测效率提出了更高要求，加之近年我国供水行业的检测技术和检测设备得到了快速发展，可选用的设备从性能到功能均有大幅提升。因此，GB/T 5750—2023 系列标准中大量引入了基于色谱－质谱联用仪等先进设备的高通量检验方法。

GB/T 5750—2023 系列标准增加了 77 个检验方法，修订了 7 个检验方法，删除了 37 个检验方法，方法变化的数量和主要内容详见表 2-3 和表 2-4。

GB/T 5750—2023 正文中方法数量变化汇总　　　　　　表 2-3

标准号	对应指标类型	增加方法数（个）	修订方法数（个）	删除方法数（个）	现有方法数（个）
GB/T 5750.4—2023	感官性状和物理指标	6	0	1	19
GB/T 5750.5—2023	无机非金属指标	8	2	5	31
GB/T 5750.6—2023	金属和类金属指标	10	1	13	57
GB/T 5750.7—2023	有机物综合指标	3	0	0	12
GB/T 5750.8—2023	有机物指标	24	1	12	46
GB/T 5750.9—2023	农药指标	9	0	5	19
GB/T 5750.10—2023	消毒副产物指标	6	0	1	17

续表

标准号	对应指标类型	增加方法数（个）	修订方法数（个）	删除方法数（个）	现有方法数（个）
GB/T 5750.11—2023	消毒剂指标	2	1	0	12
GB/T 5750.12—2023	微生物指标	6	0	0	15
GB/T 5750.13—2023	放射性指标	3	2	0	5
合计		77	7	37	233

GB/T 5750—2023 的新增方法、修订方法和删除方法的主要内容　　表 2-4

方法变化	方法分类	主要内容
新增	基于大型设备的高效分析方法	VOCs 和 SVOCs 等的气相色谱－质谱联用法、农药和微囊藻毒素等的液相色谱－质谱联用法、氨（以 N 计）等无机非金属指标的流动注射和连续流动法
	金属的不同价态分析	三价砷、五价砷、六价铬、三价铬等的 LC-ICP-MS 联用法
	GB 5749—2022 新增指标配套	高氯酸盐、乙草胺、土臭素、2-甲基异莰醇的检测方法
	GB 5749—2022 附录 A 指标配套	双酚 A、丙烯酸、环烷酸、PAHs、PCBs、PFCs、石棉、NDMA 等的检测方法
	标准外新兴污染物的配套	PPCPs、氯硝柳胺和苯基脲类等农药的检测方法
	自动化及快速方法	高锰酸盐指数（以 O_2 计）的仪器法、游离氯和总氯的现场测定法
修订	修订幅度较大	碘化物、31 种金属、苯系物等 11 种有机物、总 α 放射性和总 β 放射性的检测方法
	修订幅度较小	硫化物和游离氯的检测方法
删除	不能满足限值要求	环氧氯丙烷的气相色谱法、硫化物的碘量法等
	有毒有害或环境不友好	镉柱还原法、双硫腙分光光度法等
	技术落后	填充柱气相色谱法、催化示波极谱法等

新增的方法中，超过 60% 是基于近年来最新发展的先进检测技术，其中基于气质联用、液质联用、流动注射、连续流动等技术的高效分析方法就有 33 个，约占全部新增方法的 42.9%，有针对性地解决了原有检测方法标准落后于检测技术发展的问题。标准还引入了液相色谱与电感耦合等离子体质谱（LC-ICP-MS）联用的分析方法。同时，新增方法系统地对 GB 5749—2002 中的新增指标和附录 A 指标提供了配套方法，并覆盖到部分标准外的新污染物。新增方法还包括自动化程度更高的方法，如新增的

高锰酸盐指数（以 O_2 计）的仪器法，可替代传统手工滴定法，体现了检测技术创新带来的效率提升；新增的余氯和总氯的现场 DPD 测定法，实现各类消毒剂的现场快速准确测定；针对不满足限值要求的检测方法进行删除后开发了替代方法，如环氧氯丙烷由新增气相色谱－质谱联用法替换原填充柱气相色谱法，使饮用水的检测工作更加科学严谨。

修订的方法中，碘化物的硫酸铈催化分光光度法修改了测定范围和方法原理；31种金属的 ICP-MS 检测方法中增加了水源水基质加标试验，修改了部分指标的最低检测质量浓度及标准曲线系列；苯系物的顶空－毛细管柱气相色谱法中增加了 3 项指标，修改了最低检测质量浓度和检测条件；总 α 放射性和总 β 放射性的检测方法修改了检测过程，增加了不确定度评定，修改了结果报告方式、探测限，方法修订幅度较大；硫化物的 N，N－二乙基对苯二胺分光光度法仅修改了标准储备液的标定步骤；游离氯的 DPD 测定法中仅把指标名称由"游离余氯"修改为"游离氯"，方法本身变化不大。

删除的方法中，有针对性地解决了 GB/T 5750—2006 系列标准中部分指标存在的灵敏度不高、检测方法落后、操作步骤复杂、有毒有害或环境不友好等问题。例如环氧氯丙烷检测方法中最低检测质量浓度高于国家标准限值、填充柱气相色谱法或催化示波极谱法等技术落后、镉柱还原法和双硫腙分光光度法等使用有毒有害试剂，所涉及指标均新增或保留了更优的替代方法，更满足当前检测技术发展现状。

此外，GB/T 5750—2023 系列标准进一步优化了水样的采集与保存、水质分析质量控制等方法，为开展水质检验工作提供了更加明确、细致的规范和指引。

国家城市供水水质监测网中心站、无锡监测站等参加了本标准部分检验方法的研制起草工作；国家城市供水水质监测网中心站、郑州、哈尔滨、北京、济南、昆明、石家庄、深圳、杭州、乌鲁木齐、珠海、青岛、广州、天津、合肥、大连、厦门、成都、武汉等监测站及国家城市排水监测网绍兴监测站参加了本标准部分检验方法的验证工作。

2.2 城市排水相关检验方法

城市排水检验工作对实施排水许可制度，保障污水处理设施出水稳定达标，再生水安全使用及污泥安全处理处置等工作至关重要。经过多年的探索发展，我国排水检测技术和方法日渐成熟，从最初的污、废水检测逐步扩展到"水""泥""气"三大领域，城市排水标准检验方法不断发展，且随着检测技术的发展和政策要求的修订完善，为城市排水和污水处理设施科学管理提供了标准检验方法支撑。

2.2.1　起步探索（1949 年～ 1990 年）

1. 背景情况

1973 年召开的中国第一次环境保护会议，审议通过了中国第一个环境保护文件《关于保护和改善环境的若干规定》及第一个排放标准《工业"三废"排放试行标准》，此次会议揭开了中国环境保护事业的序幕。改革开放后，随着工业化进程的加速，政府逐步加大了对排水和污水处理设施的投入，企业开始重视污水处理和排放标准的执行。对污水处理厂出水进行检测是判断设施是否正常运行的重要依据，外排废水经检测达标后排放是保护水体水质的重要保障。

这一阶段，我国相继研制成功了分光光度计、气相色谱仪、质谱仪、原子吸收分光光度计、液相色谱仪、紫外－可见分光光度计等一系列分析仪器，并开始引进国外设备和技术，开展排水水质化验工作。

2. 检验方法标准化

在这一阶段，我国相继发布了《工业"三废"排放试行标准》CBJ 4—73、《污水排入城市下水道水质标准》CJ 18—86、《地面水环境质量标准》GB 3838—88、《污水综合排放标准》GB 8978—88，但这些标准中并没有给出详细的检测方法，相关部门也没有制订针对污水进行检测的标准方法。由于污水监测和水环境监测对象的相似性，行业技术人员多使用环境监测分析方法对污水进行检测。

《水和废水监测分析方法》

1980 年，中国科学院环境化学研究所、北京市环境保护监测中心等单位编写的《环境监测分析方法》是涉及水质检测方法较早的指导书。1985 年，国家环境保护总局开始对《环境监测分析方法》进行补充，1989 年正式形成《水和废水监测分析方法》一书，该书是当时污水水质检测工作开展的重要依据。

2002 年，该书再次修订形成当前使用的《水和废水监测分析方法》（第四版），基本囊括了当时排水检测方法的国家或行业标准、国内研究验证较为成熟的方法、国内少数单位研究应用过的和国外引进作为试用的方法。其检测指标统计见表 2–5。

《水和废水监测分析方法》检测指标统计 表 2—5

序号	指标分类	1989 年版指标	2002 年版新增或调整的指标
1	理化指标	水温、外观、颜色、臭、浊度、透明度、pH 值、残渣、矿化度、电导率、氧化还原电位	色度、酸度、碱度、二氧化碳
2	无机阴离子指标	—	硫化物、氰化物、硫酸盐、硼、游离氯、总氯、氯化物、氟化物、碘化物
3	非金属无机物／营养盐及有机污染综合指标	酸度、碱度、二氧化碳、溶解氧、氨氮、亚硝酸盐氮、硝酸盐氮、凯氏氮、总氮、磷（总磷、溶解性正磷酸盐和溶解性总磷）、氯化物、氟化物、碘化物、氰化物、硫酸盐、硫化物、硼、二氧化硅（可溶性）、余氯	溶解氧、化学需氧量、高锰酸盐指数、生化需氧量、总有机碳（TOC）、元素磷
4	金属及其化合物指标	银、砷、铍、镉、铬、铜、汞、铁、锰、镍、铅、锑、硒、铊、铀、锌、钾、钠、钙、镁、总硬度	铝、钡、铋、钴、钼、钒、铟、铊
5	有机化合物／有机污染物指标	化学需氧量、高锰酸盐指数、五日生化需氧量、总有机碳、矿物油、苯系物、多环芳烃、苯并（α）芘、挥发性卤代烃、氯苯类化合物、六六六、滴滴涕、有机磷农药、有机磷、挥发性酚类、甲醛、三氯乙醛、苯胺类、硝基苯类、阴离子洗涤剂	挥发酚、可吸附有机卤素（AOX）、总有机卤化物（TOX）、石油类
6	特定有机物指标	—	苯系物、挥发性卤代烃、酚类化合物、氯苯类化合物、苯胺类化合物、硝基苯类、邻苯二甲酸酯类、甲醛、有机氯农药（六六六、滴滴涕）、有机磷农药、阿特拉津、丙烯腈、丙烯醛、三氯乙醛、多环芳烃、二噁英类、多氯联苯、有机锡化合物
7	水生生物指标	浮游生物、着生生物、底栖动物、鱼类的生物调查	初级生产力（叶绿素 a）
8	细菌学指标	细菌总数、总大肠菌群、粪大肠菌群、沙门氏菌属、粪链菌	—
9	生物危害性	—	细菌回复突变试验、姐妹染色体交换（SCE）、植物微核试验
	指标数量合计（项）	80	98

　　在国外标准中，《水和废水标准检验法》(Standard Methods of the Examination for Water and Wastewater) 是当时在国际上被广泛认可且内容较为全面的检验方法。该标准由美国公共卫生协会（APHA）、美国自来水厂协会(AWWA)和水环境协会（WEF）于1905 年联合出版，此后持续进行更新完善。1971 年，该标准发布了第 13 版，增加了原子吸收分光光度法、火焰光度法、燃烧红外线法等当时较先进的检测方法。为便于国内同行

查阅，北京市自来水集团有限责任公司的张曾遽，上海市自来水公司的顾泽南、王维一、闵奇若和杨建六等人，会同北京市环境保护科学研究所相关人员对此标准进行了翻译，并于1978年正式出版，为国内供水和排水行业开展水质检测提供了重要的参考依据。1985年，由上海市自来水公司的宋仁元、张亚杰、王唯一、岳舜琳等人，会同北京市环境保护监测中心、中国科学院环境化学研究所和北京市环境保护科学研究所等单位翻译的《水和废水标准检验法》（第15版）正式出版。该书涵盖了国家标准以外更多的指标和检验方法，在普及相关水质检测理论知识、规范水质指标的检测方法等方面发挥了重要的作用，是当时供水排水行业常用的一本工具书。

2.2.2　体系建立（1991年～2011年）

1. 背景情况

随着1985年《中华人民共和国计量法》、1988年《中华人民共和国标准化法》的相继颁布实施，我国质量基础设施逐步发展完善，初步建立了以事业单位检验检测机构为主、国有企业检验检测机构为辅的检验检测体系。尤其在2001年我国加入世界贸易组织后，我国排水监测工作快速发展，在法律依据、机构数量、仪器设备研发等方面都取得了历史性突破，也正是在这样的契机下，城市排水监测工作也快速发展。

1992年12月8日，建设部发布《城市排水监测工作管理规定》，规定了城市建设行政主管部门在排水监测管理方面的各项职责，及各地可根据排水监测任务设置相应等级的排水监测站，并对排水监测站的技术人员比例、设备配置做了相关说明，同时规定，各级监测站必须按照国家有关规定，进行计量认证工作，取得专业监测资格。国家城市供水水质监测网就是在这个时期应运而生。1994年，建设部启动了国家城市排水监测网的组建工作。1996年，包括北京、上海、哈尔滨等9个城市的排水监测站，通过了国家计量认证城市排水监测机构评审组评审，由国家技术监督局颁发了计量认证合格证书，正式批准成为国家城市排水监测网成员单位。

国家城市排水监测网成员单位不仅要受建设部委托行使行政监督职能，还有"提出全国城市排水监测水质检测标准建议，开展同国外水质监测技术交流，开发排水监测新项目、新技术，推动排水监测水平的提高"的基本任务。

2. 检验方法标准化发展

在这一阶段，我国检测分析技术和仪器设备快速更新，检测分析方法也在不断新增，排水检验方法的标准化进程也进一步加速。与同一时期排水相关质量标准相配套，我国先后制定并发布了《城市污水水质检验方法标准》CJ/T 51—2004、《城市污水处理厂污泥检验方法》CJ/T 221—2005 和《城镇排水设施气体的检测方法》CJ/T 307—2009 等方法标准。在这一时期大部分检验方法都是首次制定并发布，标准的制定是在结合我国经济、科学技术的发展水平和水质现状，以及参考国际上标准分析方法而编制形成，快速构建了涵盖"水""泥""气"三大类的标准检验方法体系。

（1）《城市污水水质检验方法标准》CJ/T 51—2004

在排水水质监测事业起步的同时，第一部排水检测标准也随之诞生。1991 年，建设部发布了城市污水水质检验系列标准 CJ 26.1—1991 ~ CJ 26.29—1991，这是我国第一次制定排水检测相关标准（表 2-6），该系列标准于 1999 年经建设部确认为中华人民共和国城镇建设行业标准，并变更标准号为 CJ/T 51—1999 ~ CJ/T 79—1999。城市污水水质检验系列标准见表 2-6。

城市污水水质检验系列标准　　　　　　　　　　　　　　表 2-6

序号	标准名称	建设部标准号	城镇建设行业标准号
1	城市污水　pH 值的测定　电位计法	CJ 26.1—1991	CJ/T 51—1999
2	城市污水　悬浮固体的测定　重量法	CJ 26.2—1991	CJ/T 52—1999
3	城市污水　易沉固体的测定　体积法	CJ 26.3—1991	CJ/T 53—1999
4	城市污水　总固体的测定　重量法	CJ 26.4—1991	CJ/T 55—1999
5	城市污水　五日生化需氧量的测定　稀释和接种法	CJ 26.5—1991	CJ/T 54—1999
6	城市污水　化学需氧量的测定　重铬酸钾法	CJ 26.6—1991	CJ/T 56—1999
7	城市污水　油的测定　重量法	CJ 26.7—1991	CJ/T 57—1999
8	城市污水　挥发酚的测定　蒸馏后 4－氨基安替比林分光光度法	CJ 26.8—1991	CJ/T 58—1999
9	城市污水　氰化物的测定	CJ 26.9—1991	CJ/T 59—1999
10	城市污水　硫化物的测定	CJ 26.10—1991	CJ/T 60—1999
11	城市污水　硫酸盐的测定　重量法	CJ 26.11—1991	CJ/T 61—1999
12	城市污水　氟化物的测定　离子选择电极法	CJ 26.12—1991	CJ/T 62—1999
13	城市污水　苯胺的测定　偶氮分光光度法	CJ 26.13—1991	CJ/T 63—1999
14	城市污水　苯系物（C6-C8）的测定　气相色谱法	CJ 26.14—1991	CJ/T 64—1999

序号	标准名称	建设部标准号	城镇建设行业标准号
15	城市污水 铜、锌、铅、镉、锰、镍、铁的测定 原子-吸收光谱法	CJ 26.15—1991	CJ/T 65—1999
16	城市污水 铜的测定 二乙基二硫代氨基甲酸钠分光光度法	CJ 26.16—1991	CJ/T 66—1999
17	城市污水 锌的测定 双硫腙分光光度法	CJ 26.17—1991	CJ/T 67—1999
18	城市污水 汞的测定 冷原子吸收光度法	CJ 26.18—1991	CJ/T 68—1999
19	城市污水 铅的测定 双硫腙分光光度法	CJ 26.19—1991	CJ/T 69—1999
20	城市污水 总铬的测定 二苯碳酰二肼分光光度法	CJ 26.20—1991	CJ/T 70—1999
21	城市污水 六价铬的测定 二苯碳酰二肼分光光度法	CJ 26.21—1991	CJ/T 71—1999
22	城市污水 镉的测定 双硫腙分光光度法	CJ 26.22—1991	CJ/T 72—1999
23	城市污水 总砷的测定 二乙基二硫代氨基甲酸钠分光光度法	CJ 26.23—1991	CJ/T 73—1999
24	城市污水 氯化物的测定 银量法	CJ 26.24—1991	CJ/T 74—1999
25	城市污水 氨氮的测定	CJ 26.25—1991	CJ/T 75—1999
26	城市污水 亚硝酸盐氮的测定 分光光度法	CJ 26.26—1991	CJ/T 76—1999
27	城市污水 总氮的测定 蒸馏后滴定法	CJ 26.27—1991	CJ/T 77—1999
28	城市污水 总磷的测定 分光光度法	CJ 26.28—1991	CJ/T 78—1999
29	城市污水 总有机碳的测定 非色散红外法	CJ 26.29—1991	CJ/T 79—1999

2004 年，建设部发布了行业标准《城市污水水质检验方法标准》CJ/T 51—2004，自 2005 年 6 月 1 日起正式实施。该标准以《城市污水水质检验方法标准》CJ/T 51—1999 ~ CJ/T 79—1999 为基础，充分结合水质检测技术快速发展条件下标准及时更新的需求，共包含 47 项水质指标、90 个水质检验方法，其中 16 个水质指标 22 个方法为新研制的检验方法，17 个水质指标的 39 个方法为原行业标准水质检验方法的新增方法。

标准主要技术内容共有 47 章，共包含 47 项水质指标的检测方法。其中，每个水质指标的检测方法的技术内容，均包括范围、方法原理、试剂和材料、仪器、样品、分析步骤、分析结果的表述、精密度和准确度等内容。与原行业标准 CJ/T 51—1999 ~ CJ/T 79—1999 相比（表 2-7），主要技术变化如下：

1）新增 16 项水质指标共计 22 个检验方法，包括感官性状指标中的溶解性总固体、色度、温度 3 项指标，无机物指标中的硝酸盐氮、总氰化物、可溶性磷酸盐 3 项指标，有机物指标中的硝基苯类、阴离子表面活性剂、有机磷 3 项指标，金属和类金属指标中的总硒、总锑、钾、钠、钙、镁、铝 7 项指标。

2）在原有的检验方法基础上，结合先进仪器等的应用，新增加了 25 个水质检验方法：包括无机物指标中的硫酸盐、氟化物、氯化物、亚硝酸盐氮、总氮、总磷 6 项指标 12 个检验方法，有机物指标中的五日生化需氧量一项指标 1 个检验方法，金属和类金属指标中的总铜、总锌、总汞、总铅、总铬、总镉、总砷、总镍、总锰、总铁 10 项指标 12 个检验方法。

《城市污水水质检验方法标准》CJ/T 51—2004 与原行业标准的水质指标类别对比　　表 2-7

水质指标类别	原行业标准 CJ/T 51—1999 ~ CJ/T 79—1999		本标准 CJ/T 51—2004	
	水质 指标	检验 方法	水质 指标	检验 方法
感官性状指标	4	4	7	7
无机物指标	9	9	12	28
有机物指标	7	7	10	12
金属和类金属指标	11	9	18	43
合计	31	29	47	90

《城市污水水质检验方法标准》CJ/T 51—2004 在修订过程中，充分考虑了与原行业标准的衔接，借鉴国内外各个行业的检测技术，对检测方法进行了全面的补充和完善（表 2-8），解决了城市污水水质检验标准制订时受限于检测技术水平和经济条件，较多

图 2-3　《城市污水水质检验方法标准》CJ/T 51—2004 修订会议

采用传统化学检测方法导致的检测效率较低的问题（图2-3）。此行业标准依托电感耦合等离子发射光谱仪（ICP）、流动注射仪（FIA）及原子荧光光谱仪（AFS）等高灵敏度的大型分析仪器及相关技术，大幅提高了检测效率，实现了与国外先进检测技术的全面接轨。

国家城市排水监测网上海、北京、哈尔滨、青岛、天津、石家庄、南京等监测站承担了标准的起草工作；国家城市排水监测网广州、武汉、深圳、成都、厦门、海口、杭州、珠海、太原、合肥等监测站参加了标准的研究编写和验证工作。

《城市污水水质检验方法标准》CJ/T 51—2004 新增检测方法统计 表2-8

序号	项目名称	新增检测方法	序号	项目名称	新增检测方法
1	五日生化需氧量	电极法测定溶解氧	15	总氮	蒸馏后分光光度法，碱性过硫酸钾消解紫外分光光度法
2	总氰化物	吡啶－巴比妥酸分光光度法	16	总磷	过硫酸钾高压消解－氯化亚锡分光光度法
3	硫酸盐	铬酸钡容量法，离子色谱法	17	溶解性固体	重量法
4	氟化物	离子选择性电极法（标准系列法），离子色谱法	18	色度	稀释倍数法
5	总铜	电感耦合等离子体发射光谱法	19	温度	水温度计法
6	总锌	电感耦合等离子体发射光谱法	20	可溶性磷酸盐	氯化亚锡分光光度法，离子色谱法
7	总汞	原子荧光光度法	21	硝基苯	还原－偶氮分光光度法
8	总铅	原子荧光吸收光谱法，电感耦合等离子体发射光谱法，石墨炉原子吸收分光光度法	22	阴离子表面活性剂	高效液相色谱分析，亚甲蓝分光光度法
9	总铬	火焰原子吸收分光光度法，电感耦合等离子体发射光谱法	23	总硒	原子荧光光度法，电感耦合等离子体发射光谱法
10	总镉	石墨炉原子吸收分光光度法，电感耦合等离子体发射光谱法	24	总锑	原子荧光光度法，电感耦合等离子体发射光谱法
11	总砷	氢化物发生——原子荧光光度法，电感耦合等离子体发射光谱法	25	总镍	电感耦合等离子体发射光谱法
12	氯化物	离子色谱法	26	总锰	电感耦合等离子体发射光谱法
13	亚硝酸盐氮	离子色谱法	27	总铁	电感耦合等离子体发射光谱法
14	硝酸盐氮	紫外分光光度法，电极法，离子色谱法	28	钾	电感耦合等离子体发射光谱法

序号	项目名称	新增检测方法	序号	项目名称	新增检测方法
29	钠	电感耦合等离子体发射光谱法	32	铝	电感耦合等离子体发射光谱法
30	钙	电感耦合等离子体发射光谱法	33	有机磷	气相色谱法
31	镁	电感耦合等离子体发射光谱法			

（2）《城市污水处理厂污泥检验方法》CJ/T 221—2005

随着我国城市污水处理设施的普及和处理率的提高，污泥的产生量也随之增加，但是，长期缺少针对污水处理厂污泥的检验方法标准，愈发难以指导污泥处置的实践工作。1984年，城乡建设环境保护部发布实施的《农用污泥中污染物控制标准》GB 4284—84 是我国最早的污泥控制标准，该标准依据的监测分析方法是《农用污泥监测分析方法》。2002年，国家环境保护总局发布实施的《城镇污水处理厂污染物排放标准》GB 18918—2002 明确依据的监测分析方法主要有《城镇垃圾农用控制标准》GB 8172—1987《农用污泥监测分析方法》《粪便无害化卫生标准》GB 7959—87《土壤质量　总砷的测定　硼氢化钾－硝酸银分光光度法》GB/T 17135—1997《土壤质量　总汞的测定　冷原子吸收分光光度法》GB/T 17136—1997 等，监测分析方法从数量上已有明显增加，但是由于国内污泥研究比较少，缺少直接为污泥测试量身定做的分析方法，所以标准中个别指标只能引用对应的土壤或水质分析方法。亟待出台污水处理过程和污泥处置过程的物理指标、化学指标及生物指标的监测分析方法。

2005 年 12 月 30 日，《城市污水处理厂污泥检验方法》CJ/T 221—2005 经建设部批准发布，自 2006 年 3 月 1 日起实施。该标准方法由建设部标准定额研究所提出，建设部给水排水产品标准化技术委员会为归口单位，主管部门为建设部，主要起草单位为青岛市城市排水监测站（国家城市排水监测网青岛监测站），由包括国家城市排水监测网北京、上海、广州、深圳、珠海、石家庄、南京、武汉监测站等 21 个具有国家级计量认证资质的监测站参与编写。

《城市污水处理厂污泥检验方法》CJ/T 221—2005 是依据《城市污水处理厂运行、维护及其安全技术规程》CJJ 60—94 中规定的 25 个污泥检测指标编制的，适用于城市污水处理厂污泥、市政排水设施及其他相关产业污泥等的检测。制定了污泥的物理指标、化学指标及微生物指标的分析技术操作规范，共包含 24 个检测项目，54 个检测分析方法。

《城市污水处理厂污泥检验方法》CJ/T 221—2005 在编制过程中，借鉴了国际、国内同行业及其他行业先进的检测分析技术及检测标准，例如采用微波消解进行样品前处理，等离子发射光谱测定金属含量，原子荧光法分析污泥中的汞及砷等。同时，兼顾到国内污泥检测方面，检测人员及检测装备的差异，在同一项目的分析检测方面，尽可能提供多种检测方法，有常规理化分析也有精密仪器分析，供使用者在测定项目时选择。

标准的发布填补了当时国内污泥检测方法的空白，具有十分重要的里程碑意义，在很大程度上推动了我国污泥检验技术水平的发展，为实现污泥的处理处置和综合利用提供了重要的技术支撑，对加强全国城市污水处理厂的污泥运营管理，提高城市污泥的综合治理和利用的能力，维护良好的生态环境作出了积极贡献。

（3）《城镇排水设施气体的检测方法》CJ/T 307—2009

随着我国城市化的进程日益加快，城镇产生的生活污水、工业废水等废水量日益增加，大量污水集中处理过程中，不可避免地会散发恶臭气体污染物。污水处理厂的废气种类主要分为有机废气和无机废气，具有很大的毒害性，其中含有无机的醛类、硫化氢、甲硫醚及二氧化硫等一系列对人体有害的化学成分，同时还含有挥发性较强的有机废气。恶臭气体的危害主要体现在对呼吸系统、循环系统、神经系统、消化系统、内分泌系统及对精神状态的影响。

2009 年 4 月，住房城乡建设部发布了行业标准《城镇排水设施气体的检测方法》CJ/T 307—2009，自 2009 年 10 月 1 日开始正式实施。该标准规定了城镇下水道中的可燃性气体、硫化氢、氧气、氨气、一氧化碳、二氧化硫、氯气、二氧化碳和总挥发性有机物气体的实验室检测方法和现场快速检测方法，适用于城镇接纳和输送城镇污水、工业废水和雨水的管网，沟渠和泵站，污水处理设施，污泥最终处置设施及其他相关设施中蓄积的气体的测定，共包含 9 项排水设施气体指标，14 个气体检验方法。

标准主要技术内容共有 7 章，分别为范围、规范性引用文件、术语与定义、概述、样品采集和质量控制、实验室测定方法、现场便携式测定方法。检测方法的技术内容依据《标准编写规则 第 4 部分 化学分析方法》GB/T 20001.4—2001 确定，主要包括原理、检测范围、试剂材料、仪器设备、采样及样品保存、分析步骤、结果计算、精密度和准确度等内容。其中，实验室测定方法包括：甲烷的测定气相色谱法、硫化氢的测定亚甲蓝分光光度法、氨气的测定纳氏试剂比色法、二氧化硫的测定甲醛吸收 - 副玫瑰苯胺分光光度法、氯气的测定甲基橙分光光度法 5 个方法。现场便携式测定方法包括：可燃性气体的测定催化燃烧法、硫化氢的测定电化学传感器法、氧气的测定电化学传感器法、氨气的测定电化学传感器法、一氧化碳的测定电化学传感器法、二氧化硫的测定电化学传感器法、氯气的测定电化学传感器法、二氧化碳的测定不分光红外线气体分析法、总挥发性有机物的测定光离子化总量直接检测法 9 个方法。

国家城市排水监测网广州监测站承担了标准的起草工作，国家城市排水监测网天津、北京、珠海、成都、昆明、南京、济南、太原、深圳、武汉、杭州、海口、青岛、齐齐哈尔等监测站参加了标准的验证工作。

2.2.3 优化完善（2012 年至今）

1. 背景情况

自 2012 年党的十八大胜利召开以来，生态环境工作被提升至前所未有的高度，成为国家蓝图中核心组成部分之一，与此同时，城市排水和污水处理工作也迎来了蓬勃发展的崭新阶段。这一阶段，我国质量基础设施建设已初步形成完整的管理体系，技术机构不断发展壮大，质量基础设施科技水平显著提升。

2012 年 4 月，住房城乡建设部发布了《关于进一步加强城市排水监测体系建设工作的通知》，进一步明确了城市排水监测体系建设内容、城市排水监测站主要职能、基本要求和管理要求。2013 年《城镇排水与污水处理条例》颁布实施以后，城镇排水与污水处理纳入法治轨道，排水监测工作的重要性更为凸显。

2. 检验方法标准化

在这一阶段，《城镇污水水质标准检验方法》CJ/T 51—2018、《城镇污泥标准检验方法》CJ/T 221—2023 等排水相关检验方法相继进行了修订更新，促使我国城市排水检验标准方法体系进一步优化完善。

（1）《城镇污水水质标准检验方法》CJ/T 51—2018

2018 年，住房城乡建设部发布了行业标准《城市污水水质检验方法标准》CJ/T 51—2018，自 2018 年 12 月 1 日起正式实施。该标准以《城市污水水质检验方法标准》CJ/T 51—2004 为基础，充分结合高精度大型仪器的研发应用及水质检测技术快速发展条件下标准及时更新的需求，共包含 59 项水质指标，104 个水质检验方法，其中 12 个水质指标的 13 个方法为新研制的检验方法，7 个水质指标的 8 个方法为原行业标准水质指标新增的方法。

新标准按照《标准化工作导则 第1部分：标准的结构和编写》GB/T 1.1—2009中给出的规则进行起草，主要技术内容共有5大部分，分别为范围、规范性引用文件、术语与定义、水质检测方法指标、附录。其中，每个水质指标检测方法的技术内容，主要包括适用方法和原理、试剂和材料、仪器和设备、样品采集和处理、分析步骤、结果计算、精密度和准确度等内容。新标准与原行业标准CJ/T 51—1999 ~ CJ/T 79—1999的水质指标类别对比，见表2-9。与原行业标准CJ/T 51—2004相比，主要技术变化如下：

1）增加了耐热大肠菌群、高锰酸盐指数、总余氯、五氯酚、甲醛、氯代烃、总铍、总银、铊、溶解氧、透明度、氧化还原电位12项指标新研制的13个检验方法；

2）色度、有机磷、苯系物、阳离子表面活性剂、总镍、总镉、总铅7项指标，在原有的检验方法基础上，结合先进仪器等的研发应用，新增加了8个水质检验方法；

3）借鉴了国内外各个行业先进的检测分析技术及检测标准，增加了规范性附录，例如采用金属总量微波前处理法等水质检验前处理相关内容。

《城市污水水质检验方法标准》CJ/T 51—2018 与原行业标准

CJ/T 51—1999 ~ CJ/T 79—1999 的水质指标类别对比　　　　　表 2-9

水质指标类别	原行业标准 CJ/T 51—1999 ~ CJ/T 79—1999		本标准 CJ/T 51—2004	
	水质 指标	检验 方法	水质 指标	检验 方法
感官性状指标	7	7	11	12
微生物指标	0	0	1	1
无机物指标	12	28	12	28
有机物指标	10	12	14	20
金属和类金属指标	18	43	21	50
合计	47	90	59	111

《城市污水水质检验方法标准》CJ/T 51—2004 在修订过程中，充分考虑了与原行业标准的衔接，依靠新科技、新仪器、新方法的应用，对检测方法进行了全面的补充和完善，解决了城市污水水质检验标准制订时受限于检测技术水平和经济条件，较多采用低检测精度的仪器以及传统检测方法导致的检测效率较低的问题。此行业标准依托电感耦合等离子体质谱仪（ICP-MS）、气相色谱质谱仪（GC-MS）等高灵敏度的大型分析仪器及相关技

术，大幅提高了检测效率和检测精度，部分检测方法已领先国外最新的检测技术。

国家城市排水监测网广州、上海、北京、山东、天津、青岛、珠海、石家庄、南京、昆明等监测站承担了标准的起草工作。

《城市污水水质检验方法标准》CJ/T 51—2018是当前开展城镇污水水质检验的重要标准依据，共涉及挥发酚、苯胺类等59个城镇污水水质项目的测定，其内容随着化学检验技术的进步、检验结果准确度要求的提升、仪器精密度的提高、操作流程的程序化简便化，正与时俱进地不断更新，为缓解我国用水紧张、推动排水监测事业发展、实现我国山更绿水更清的人居环境建设发挥了重要作用。

（2）《城镇污泥标准检验方法》CJ/T 221—2023

随着城镇污泥处置技术不断提升及发展，城镇污水处理厂的运行管理及污泥的排放处置出台了一系列相关标准及规范，对城镇污水处理厂污泥的检测提出了新的要求。为加强城市污水处理厂的运营管理，保证城市污水及污泥处理设施的安全正常运行及维护，提高城市污泥的综合治理和利用的能力，提高我国污泥检验水平并填补国内标准空白，2015年，住房城乡建设部下发的《关于印发2016年工程建设标准规范制定、修订计划的通知》中，要求对《城市污水处理厂污泥检验方法》CJ/T 221—2005进行修订（图2-4）。

图2-4 2016年《城市污水处理厂污泥检验方法》编制组成立暨第一次工作会议

2023年，住房城乡建设部发布了修订后的行业标准《城镇污泥标准检验方法》

CJ/T 221—2023，自 2024 年 5 月 1 日起正式实施。该标准以《城市污水处理厂污泥检验方法》CJ/T 221—2005 为基础，充分结合应对污泥中存在但未有检测方法的污染物检测及污泥前处理和检测技术快速发展条件下标准及时更新的需求，共包含 56 项泥质指标、105 个泥质检验方法，其中 51 个泥质检验方法为新增的方法，54 个方法为原行业标准方法的修订。

标准主要技术内容共有 9 章，分别为范围、规范性引用文件、术语和定义、污泥样品的采集和制备，以及物理指标、有机物指标、无机物和感官性状指标、金属及其化合物指标和微生物指标。检测方法的技术内容依据《标准化工作导则 第 1 部分：标准化文件的结构和起草规则》GB/T 1.1—2020 和《标准编写规则 第 4 部分：试验方法标准》GB/T 20001.4—2015 编制，主要包括方法和原理、试剂和材料、仪器和设备、样品的制备和储存、步骤、计算、精密度与准确度、质量保证和质量控制等内容。与原行业标准 CJ/T 221—2005 相比，水质指标类别对比，见表 2-10，主要技术变化如下：

1）增加了灰分、有机质、烧失量、污泥沉降比、污泥容积指数、混合液挥发性悬浮固体浓度、钡及其化合物、铍及其化合物、多环芳烃、多氯联苯、可溶性盐、低位热值、含砂量、种子发芽指数、比耗氧速率、有机酸、胡敏酸、富里酸、重金属形态、苍蝇密度、最大污泥用量、粒径、杂物、混合比例、横向剪切强度、温度、有机物去除率、粪大肠菌群等 32 项指标的 51 个检验方法；

2）修订了 24 项指标的 54 个检验方法。

《城镇污泥标准检验方法》CJ/T 221—2023 与原行业标准 CJ/T 221—2005 的水质指标类别对比　表 2-10

指标类别	CJ/T 221—2005		CJ/T 221—2023			
	泥质指标	检验方法	泥质指标	检验方法		
				新增	修订	合计
物理指标	3	3	17	14	3	17
有机物指标	3	4	11	9	4	13
无机物和感官性状指标	5	7	7	5	7	12
金属及其化合物指标	10	36	13	13	36	49
微生物指标	3	4	8	10	4	14
合计	24	54	56	51	54	105

《城镇污泥标准检验方法》CJ/T 221—2023 中，新增检验方法多为国内污泥检测领域

开展较少或未开展过的项目，缺少检测原理、前处理方法等工作基础，且部分方法需要使用等离子发射光谱质谱仪、量热仪等先进仪器，研编工作难度较大。为此，编制组开展了污泥低位热值测定方法研究、标准样品制备研究和多环芳烃测定方法研究3项专题研究，填补了国内污泥检测领域的空白，为污泥检验提供了可靠的技术手段和科学依据，也为污泥处置和资源化利用提供了可靠支撑。

国家城市排水监测网青岛、北京、上海、南京、厦门、天津、广州、昆明、哈尔滨、海口、成都、合肥、石家庄、武汉、珠海、太原等监测站承担了标准的起草和方法验证工作。

2.3 在线和移动监测方法

在我国的供水排水监测体系中，实验室监测、在线监测和移动监测是三种重要的监测方式，它们在各自的应用场景下均具有独特的优势。2.1节和2.2节介绍了供水排水实验室检测方法标准化的历程，本节主要围绕在线和移动监测，介绍其在我国的应用背景和标准化历程。

2.3.1 在线监测

1. 背景情况

随着我国城市的快速发展，供水排水设施规模快速增长，设施运行管理更加精细化和智慧化，因此针对供水排水设施的监测需求也发生了显著变化，从而使各类监测对象的数量成倍增长。传统的供水排水监测主要依赖人工监测，存在监测时效性差、监测点位数量有限等问题，难以满足新形势下的发展需求。在线监测可以连续、实时地监测水质变化，适用于长期、连续监测的需求，多用于水源地、水厂工艺段和供水系统固定监测点的特定水质指标监测，其优点在于可以及时发现水质异常情况，为尽早采取应对措施提供信息支持。因此，采用可以广泛布点，更加实时、高效的在线监测技术势在必行。同时，随着各类传感器和信息化技术的日益成熟，以及各类新兴业务对监测时效性和精细化提出的新要求，在线监测技术在我国供水排水行业设施运行管理中逐渐得到推广普及。

供水排水企业和各级主管部门以此为契机，依托在线监测设备构建了物联感知网络，积极推动城市智慧供水排水项目建设，提升了城市供水排水设施管理效率、增强了供水排水安全保障能力，提高了城市排水基础设施运行效率与智能化水平，为城市数字化转型奠定了良好基础。

供水在线监测技术研究与应用进展

1. 供水在线监测研究进展

供水在线监测内容主要包括水质、流量和压力等。其中，水质在线监测由于饮用水中污染物浓度低，监测技术难度大、成本高，成为研究者关注的重点。近年来，供水水质在线监测技术的研究主要集中于在线监测设备性能参数与设备维护要求，以及在线监测点位布设方案优化研究两个方面。

在供水在线监测设备性能参数与设备维护要求等方面，依托"十一五"时期国家水专项，研究者选取城市供水行业应用最广泛的浑浊度、余氯、pH和叶绿素a等9项指标，通过现场试验，对各类在线监测设备的适用条件、性能参数、维护校验技术要求及数据有效性判别等方面进行了规范化研究。在水源水质风险在线监测预警方面，研究者发现斑马鱼的行为强度变化可以快速评判水质污染程度。

在监测点位布设方案优化研究方面，研究者基于余氯和浑浊度两个关键水质指标建立管网水质模型，优选出最适合城市供水管网监测点布置的节点水龄法，并用于指导实践应用。还有研究者兼顾污染事件及时响应与全面覆盖信息两种要素，开发了TRFC算法，用于确定城市供水管网合理监测点布局数量与最优化布局方案。

2. 供水在线监测技术应用

我国供水水质在线监测的应用从无到有、逐步发展，一是从供水系统的某一环节向供水全流程扩展，二是监测指标从单一指标向多个指标扩展，三是监测目的从单一地掌握水质情况到监测预警等多功能拓展。上海在供水在线监测方面起步较早，自20世纪90年代初开始在供水系统安装在线水质仪表，经过近20年的建设，基本实现供水全过程动态水质管理，大大提高了供水水质精细化管理水平。2000年以后，北京供水水质在线监测预警管理平台实现了对水源、水厂和管网的全过程在线监测，对提高精细化管理水平、实现科学调度都给予了有力支持。在"十一五"时期国家水专项研究成果的基础上，供水在线监测在济南、杭州、东莞等城市得到了示范应用。济南市建立了涵盖城市供水系统全流程的水质在线监测站，实时动态掌握水源的水质状态、输水过程中污染情况、供水厂制水及管网输配过程中的关键水质指标变化状况，基本实现了对突发性水质问题的提前预警和及时报警。杭州市和东莞市供水水质监控网络由原水、出厂水和管网水在线监测点构成。水源水在线监测项目除常规5个参数外，根据各自的水源水质风险，杭州市还包括藻类、重金属等类别的19项指标，东莞市还包括总氰、重金属、石油类等11项指标。

排水在线监测技术研究与应用进展

1. 排水在线监测研究进展

在排水监测领域，由于排水系统的复杂性，以及各类新型排水监测业务的不断涌现，为了保证在一定的经济成本约束下达到预期监测成效，需要通过优化研究制定合理有效的排水管网在线监测方案，因此研究者的重点主要集中在监测点布局方案优化方面。

针对排水防涝、海绵城市、污水提质增效、排水系统模型支持等业务的排水监测点位优化方面，研究者开展了大量理论与实践应用探索。研究者针对排水领域常见的业务需求，提出了建立源头、分区、整体3个层级的分级监测思路，这一思路在后续监测实践过程中得到了不断发展和广泛应用。还有研究者利用理论结合实践的研究方法，建立了一套基于污水管网拓扑关系的分布式在线流量监测点优化布局方法，并通过监测数据诊断分析提出了监测点布局优化方案。在单项业务方面，海绵城市建设成效监测是研究者关注的重点。研究者根据降雨径流的汇流过程，按照"源头－过程－末端"的思路构建了系统化在线监测布点方案，成为海绵城市监测领域普遍采用的监测方案制定方法。

2. 排水在线监测技术应用

排水在线监测技术的应用从排水设施运行状态监控与问题诊断，逐步拓展到海绵城市建设成效评估、水环境治理等领域，并对各项业务的开展发挥了重要的支撑作用。

在排水设施运维与管网诊断方面，在线水量和水质监测通常作为一种高效的诊断手段。研究者针对合流制排水管网，在流量在线监测基础上确定了管网视频检测的重点区域，降低了管网诊断成本，提高了工作效率。还有研究者综合采用现场摸查、河道降水位、水位及水质在线监测大数据分析等多源信息融合创新的方法，全面分析高水位运行下污水管网系统问题。此外，研究者发现电导率可以灵敏地反馈不同的雨污混合比，作为排水管道的水质特征初筛指标具有显著优势。

在海绵城市监测方面，在线监测主要用于支撑海绵城市建设评估工作。研究者在青岛市海绵城市试点区构建了包括源头产流、过程输送、末端排放全过程的完整监测体系。还有研究者对深圳市坝光西侧片区的典型海绵城市项目和典型排水分区进行流量监测，并利用暴雨洪水管理模型进行了整体效果评估。

2. 标准化历程

在线监测技术的快速发展和在线监测设备的广泛应用提高了城市供水排水行业的监测水平，但是在我国城市供水排水在线监测技术发展初期，仍然缺乏在线监测的标准规范体系，在线监测系统在应用过程中尚存在诸多管理和应用盲点及问题，难以有效发挥在线监测的作用，对在线监测设备的适用条件、性能选择、运行维护、数据质量控制等方面缺乏科学统一的技术要求，导致监测数据不真实、不准确，在线监测数据的有效性得不到保障，问题突出。在这样的背景下，行业标准《城镇排水自动监测系统技术要求》CJ/T 252—2007和《城镇供水水质在线监测技术标准》CJJ/T 271—2017 的制定修订，为指导和规范供水排水领域在线监测技术的应用发挥了重要作用。

（1）《城镇排水自动监测系统技术要求》CJ/T 252—2007

2007 年，建设部发布了《城镇排水自动监测系统技术要求》CJ/T 252—2007。该标准由北京市市政工程管理处负责起草，是我国排水在线监测的首部行业标准，标准规定了城镇排水自动监测系统的构成及功能、现场监测站设备及在线监测仪器配置、设备的技术要求、运行管理的技术要求与监测数据的质量保证，适用于城镇排水设施和污水处理厂的自动化在线监测。

2011 年，在首部行业标准的基础上，广州市城市排水监测站（国家城市排水监测网广州监测站）等 15 家单位对其进行了修订，编制了《城镇排水水质水量在线监测系统技术要求》CJ/T 252—2011。新标准于 2011 年 12 月 6 日发布，2012 年 5 月 1 日实施。新标准代替 CJ/T 252—2007，与之相比主要技术变化如下：① 原标准名称修改为《城镇排水水质水量在线监测系统技术要求》；② 修改了城镇排水水质水量在线监测系统的构成及功能；③ 删除了"重点排水户"的定义；④ 删除了术语和定义中的代号；⑤ 增加了抽取水样单元的要求；⑥ 增加了水样分配单元的要求；⑦ 修改了水质水量检测单元的要求；⑧ 删除了各类现场监测站仪器配置；⑨ 删除了在线监测仪器中的可燃气体、有害气体监测仪；⑩ 修改了数据采集存储与传输单元的要求；⑪ 修改了系统管理单元的要求；⑫ 增加了系统辅助单元的要求；⑬ 增加了系统运行环境的要求；⑭ 修改了质量控制与质量保证的要求。

（2）《城镇供水水质在线监测技术标准》CJJ/T 271—2017

2017 年，住房城乡建设部发布了《城镇供水水质在线监测技术标准》CJJ/T 271—2017，该标准是国内首部也是目前唯一一部全面系统地对城镇供水系统全流程水质在线监测进行规范要求的行业技术标准。该标准基于对供水行业在线监测设备配置和使用维护规范情况的全面调研，分析行业对在线监测技术规范的需求，对各种水源条件、水处理工艺及输配水系统的关键水质指标进行识别分析，以实施供水全流程关键水质指标在线监测为目的，选择行业内长期稳定运行的水质在线监测系统，通过大量试验研究和验证编制而成。

该标准的主要技术内容是：水质在线监测、仪器与设备、安装与验收、运行维护与管理。该标准规范了城市供水水质在线监测系统的建设及常用的 13 项指标在线监测仪的技术要求，并提出了安装验收、运行维护、校验及数据管理等方面的技术规范，其中重点解决了在线仪表监测值与实验室标准方法的比对及数据有效性校验等方面的技术难点，其中在我国首次提出了 UV 和叶绿素 a 在线监测标准校验方法，实现了城市供水水质在线监测关键技术的突破，填补我国供水行业在线监测技术标准的空白。

该标准主要有以下 3 个创新点：一是建立了从水源到水厂、管网的全流程供水水质在线监测技术体系，弥补了现行水质在线监测技术要求的缺陷，满足了城市供水水质在线监测的特殊要求，从系统的角度规范化了供水水质在线监测系统的应用。二是形成了供水水质在线监测仪表运行维护规范化操作流程，明确了 13 项常用水质指标的在线监测仪表的维护内容、维护周期等技术要求。三是实现了供水水质在线监测仪表安装验收及数据管理的规范化，从技术上明确供水水质在线监测仪安装验收流程和数据采集标准，保障在线监测仪运行的可靠性以及数据采集的有效性。

（3）**地方和团体标准**

为了规范和指导城镇供水原水、水厂、管网及二次供水设施的水质在线监测，以及排水管网水质、流量和业务检测工作，国家城市供排水监测网各监测站和行业内科研单位依托国家"水专项"等重大科研项目的成果，在两项行业标准基础上，还编制了多项地方和团体标准，规范了供水排水在线监测工作，填补了部分行业技术内容的空白。

2015年，山东省住房和城乡建设厅、山东省质量技术监督局联合发布了由山东省城市供排水水质监测中心牵头主编的地方标准《城镇供水水质在线监测系统技术规范》DB37/T 5042—2015，该规范对水质在线监测系统的设计、建设、安装调试、运行维护等加以规范。提出了监测预警的技术方法及其配套的信息化要求。

2020年，广东省住房和城乡建设厅发布了由广州市城市排水监测站牵头主编的地方标准《城镇排水管网动态监测技术规程》DBJ/T 15-198—2020，该规程在现有行业标准的基础上，结合广东省在排水管网运行管理中的特征问题和需求，对排水管网监测方案设计、仪器设备技术要求、仪器设备安装、监测信息管理平台、验收和运维作出明确要求。

2021年，中国工程建设标准化协会发布了由上海市政工程设计研究总院（集团）有限公司牵头主编的团体标准《城镇排水管网在线监测技术规程》T/CECS 869—2021。该规程主要技术内容包括：在线监测方案制定、在线监测布点要求、检测设备选型、数据采集和存储、安装、验收和维护、数据应用分析，解决了目前排水在线监测标准在方案制定、设备选型、运维管理、数据分析等方面的不足。

2021年，中国工程建设标准化协会发布了由山东省城市供排水水质监测中心牵头编制的团体标准《城镇供水水质监测预警技术指南》T/CECS 20010—2021。该指南明确了水质监测预警的内涵，提出了城镇供水水质监测预警相关技术标准、技术方法及其配套的信息化要求。

2022年，中国城镇供水排水协会发布了由中国电建集团华东勘测设计研究院有限公司牵头主编的《城镇排水管网流量和液位在线监测技术规程》T/CUWA 40054—2022。该规程适用于城镇排水管网流量和液位在线监测的方案设计、设备选型、设备安装与维护、数据采集与应用，主要技术内容包括：监测方案制定、监测设备选型、监测设备安装与维护、数据采集与应用、安全管理与操作，为规范城镇排水管网流量和液位在线监测方法提出技术要求。

2.3.2 移动监测

1. 背景情况

从 20 世纪 80 年代开始，由于自然灾害、食品安全、环境保护等，对现场应急检测需求的增加，城市供水排水行业对现场快速实时检测也提出越来越高的要求，具有移动性能的科学仪器、移动实验室装备、适用于移动环境状态下开展检测的实验方法，越来越受到人们的关注，我国一些机构开始研究开发应用快速检测仪器、方舱和移动车载实验室。移动监测以其灵活性和快速响应能力成为水质监测体系中的有力补充，可以实现快速到达现场并在现场进行水质分析和数据处理，尤其适用于应急监测和偏远地区监测。相较于实验室监测，移动监测在检测的时效性、灵活性和经济性上具有显著优势；相较于在线监测，移动监测在覆盖范围、检测能力和准确性上占据上风，使其成为水质监测领域中不可或缺的重要部分。

当前，移动监测在城市供水排水行业主要应用于四类任务：一是突发事件应急处置中的污染物、污染源分析；二是供水应急救援过程中的水质保障；三是在现场开展水质监督检查；四是大范围、高频次，但检测项目较少的日常监测。常见的水质移动监测有三种形式：一是检测人员带便携式仪器到现场进行取样分析；二是驾驶搭载水质分析仪器的专用车辆或船舶到现场取样分析；三是遥控集成了水质分析仪器的专用船舶或无人机到现场进行实时监测。其中应用广泛、影响较大的是基于车载的移动实验室，移动实验室是实施移动监测的主要装置和平台。

移动实验室的分类

根据移动实验室在移动过程中运载方式的不同，可将其分为自行式、拖挂式和方舱式三类：

（1）自行式（self-propelled）为自带动力并依靠自身的运行机构沿有轨或无轨通道移动的方式。自行式移动实验室载具与实验舱为一体，实验室本身自带运行能力。因它车身较短小、配置人员较少，能够方便快速的到达城市各个角落。

（2）拖挂式（trailer）即无动力系统具备行走机构依靠其他动力牵引移动的方式。拖挂式移动实验室的实验舱本身没有动力系统，陆地上主要需拖挂车

或者卡车牵引移动。其特点是空间大，部分空间能拓展，能容纳更多人的实验团队，而且其电力等资源能自给自足。

（3）方舱式（shelter）即具有方舱特征的结构形式。方舱式移动实验室的实验舱可通过汽车、火车、轮船、飞机等运输工具转运到相应工作地点。方舱式移动实验室为使实验室空间最大化，并且使机械部分以及加热、噪声和震动等干扰从实验室分离开而设计的，独特的模块化设计使组建大型的移动实验站成为可能。各组方舱均是一个独立的模块，在需要时可快速模块化安装以实现更复杂、协作化程度更高的实验检测目的。这类移动实验室主要用于相对长期固定场所的移动实验室，并可以与当地已有的固定实验室进行组合，节约检测成本。

移动实验室不仅是一个装置，它包含了两部分内容：一是成套装置，它是移动实验室的技术支撑部分，包括实验舱、载具、仪器设备和支持系统，其中支持系统还包括温湿度控制系统、通风系统、配电系统、供水排水系统、信息传输系统、内部装饰材料等；二是运行管理，移动实验室除了仪器设备等硬件设施外，还包括一系列保障其能够正常运行的管理要素。基于以上特点，移动实验室更像是固定实验室的延伸，或一个独立的检测机构。移动实验室因为具有较好的机动性、快速反应能力，适用于快速检测分析，因此在很多场合都有成功应用。如2005年的松花江水污染事件中，移动实验室在 −32℃ 的低温环境下，行驶1000多千米跟踪沿江监测，为政府决策提供了准确数据；在2008年"5·12"汶川地震中，移动实验室紧急赶往灾区监测饮用水和食品安全，防止了次生灾害的发生。

国家供水应急救援中心移动实验室

2015年，国家发展改革委、住房城乡建设部启动了"国家供水应急救援能力建设项目"，在辽宁抚顺、山东济南、江苏南京、湖北武汉、广东广州、河南郑州、四川绵阳、新疆乌鲁木齐8个城市建设国家应急供水救援中心，设置保养基地，各配备一套应急供水设备。每套装备包括：$5m^3/h$ 移动式应急净水装置 4 台、有机物及常规指标水质监测装置 1 台、重金属及常规指标水质监测装置 1 台、应急保障装置 1 套。住房城乡建设部城市供水水质监测中心配备信息管理及应急指挥保障装置 1 套。

经过 4 年紧锣密鼓的调研、设计、建设和验收，2019 年，住房城乡建设部举行国家供水应急救援装备移交工作会议暨授牌仪式，黄艳副部长主持会议并讲话，向各国家供水应急救援中心区域基地授牌并交付成套装备。

项目中建成的水质监测装置是一套按照国家标准构建的移动实验室，具备常规指标、有机物指标和重金属指标的现场检测能力。考虑到应用场景的不确定性，具备隔热降温、电磁辐射屏蔽、超低温启动等功能，搭载超静音大功率发电机，保障了装置在恶劣环境下的正常运转。内部采用模块化设计，配置便携仪器、车载仪器和在线仪器，能够实现应急监测、在线连续监测和实验室监测的灵活组合，满足应急监测、现场督察和飞行检查的不同需要。装置应用了质谱、色谱、光谱等先进检测技术，检测指标达到 145 项，基本覆盖《生活饮用水卫生标准》《地表水环境质量标准》和《地下水质量标准》等主要水质标准及其水质指标。同时还利用生物毒性分析与谱库检索等技术，具备一定的未知物快速筛查能力。

这套装备在之后 2020 年恩施"7·21 滑坡"、2022 年"9·5"泸定地震、2023 年海河"23·7"流域性特大洪水等灾后移动监测工作中发挥了极为重要的作用。

2．标准化历程

（1）移动实验室标准

与固定实验室不同的是，移动实验室强调了"动"，其基于移动检测车的各种检测设置，决定了所配备的仪器，对稳定性、快速性、功耗及体积等方面有较多的特殊要求。为了对移动实验室进行标准化规范，使移动实验室出具的检测数据准确可靠，并具有法律效力，使其更好地发挥作用，2010 年，国家标准化管理委员会批准成立了"全国移动实验室标准化技术委员会"，授权其开始制定移动实验室系列国家标准。

2012 年，国家质量监督检验检疫总局、国家标准化管理委员会发布了，由全国移动实验室标准化技术委员会归口管理的《移动实验室安全管理规范》GB/T 29472—2012 推荐性国家标准，为规范移动实验室的建设和发展发挥了重要作用。2014 年和 2016 年，发布了第二批 6 项和第三批 3 项移动实验室推荐性国家标准，进一步完善了设计和建设移动实验室的标准要求。

由于上述标准规范移动实验室基础性要求的国家标准无法满足不同行业、不同专业领域对移动实验室标准化的需求，自 2017 年起，全国移动实验室标准化技术委员会除了继续完善移动实验室基础性标准体系外，陆续组织编制并发布了《地下水检测移动实验室通用技术规范》GB/T 35401—2019，《地表水快速检测移动实验室通用技术规范》GB/T 38118—2019 等多项针对不同行业移动实验室建设的技术规范。

目前，全国移动实验室标准化技术委员会共制定推荐性国家标准 32 项，按标准制定目的及应用分为四类。其中，基础性标准 7 项，技术性标准 11 项，管理性标准 4 项，专业综合标准 10 项，大部分标准是在 2018 年之前制定和发布的。

（2）供水水质检测移动实验室标准

在城市供水排水行业，主管部门和企业开展水质检测的内容、要求、频率、范围等与环保、水利等部门差别很大，难以按照已有的国家标准或其他行业标准开展相关工作，因此，制定行业移动实验室标准十分必要。

早在"十一五"时期，行业内单位就依托水专项课题"水质监测关键技术及标准化研究与示范"，对使用移动实验室开展水质督察的方法进行过研究。选择了样品保存时间最短、在水质督察实施中准确定量分析难度较大的 22 种挥发性有机物，在传统实验室检测方法基础上，引入新型车载 GC-MS，针对水质督察现场快速检测的需要，在保证精度的前提下，以缩短检验时间为目的，设计试验方案。从吹扫时间、气体流量、解析时间、升温程序等方面对检测方法进行改进和完善，编制了《水质　挥发性有机物的测定吹扫捕集／气相色谱－质谱法》HJ 639—2012。解决了城市供水水质督察中由于时效性要求影响挥发性有机物准确定量检测的问题。方法验证结果显示，车载 GC-MS 方法中各项指标的相对标准偏差最大为 11.05%，回收率为 80.7% ~ 118.3%，检测限在相关水质指标限制的 10% 以下，精密度、准确度和灵敏度均能满足城市供水水质督察的要求。但上述研究成果并未以标准检验方法的形式发布，且重点在车载检验方法的研究，而不在移动实验室上。"十三五"时期，依托水专项课题"城市供水全过程监管技术系统评估及标准化"，继续开展对移动实验室更加深入、全面的研究。

2024 年，中国工程建设标准化协会发布了由中国城市规划设计研究院牵头编制的《城镇供水水质检测移动实验室》T/CECS 10371—2024 和《城镇供水水质检测移动实验室应用技术指南》T/CECS 20015—2024 两项团体标准。其中，T/CECS 10371—2024 是城镇供水水质检测移动实验室的产品标准，主要规定了其设计和制造的分级、技术要求、试验方法和检验规则，以及产品的标志、包装、运输与贮存要求；T/CECS 20015—2024 是城镇供水水质检测移动实验室应用的技术标准，旨在通过全方位规范其应用要求，提高移动检测数据的准确性，强化移动实验室的管理。以上两项团体标准的编制发布，有效缓解了城镇供水行业水质移动监测缺乏规范性依据的问题，提高了发生水源污染等突发事件时水质移动监测数据的准确性和科学性，促进了供水水质移动监测能力的全面提升，为水质检测移动实验室的应用和发展提供了技术支撑，推动了行业的技术进步与标准化建设。

① 《城镇供水水质检测移动实验室》T/CECS 10371—2024

该标准规定了城镇供水水质检测移动实验室的术语和定义，一般要求，分级，技术要求，试验方法，检验规则，标志、包装、运输与贮存。适用于陆地上使用的可开展供水水质现场检测的移动实验室的制造与检验。

主要技术内容说明如下：

第 1 章规定了本标准的技术内容和适用范围。

第 2 章规定了本标准中规范性引用文件。

第 3 章规定了本标准中的术语和定义。

第 4 章规定了移动实验室的一般要求。

第 5 章规定了移动实验室的分级，以及对应不同级别的检测能力与检测设备参考配置、载具和移动实验舱配置。

第 6 章规定了移动实验室的载具、附属设施、配套设施及涂装、实验舱、供配电系统及防雷装置、照明系统、空调通风系统、供水排水系统、供气系统、安全系统、仪器设备、实验台柜、通信系统和智能管理系统的要求。

第 7 章规定了移动实验室的试验方法。

第 8 章规定了移动实验室的检验规则。

第9章规定了移动实验室的标志、包装、运输和贮存要求。

②《城镇供水水质检测移动实验室应用技术指南》T/CECS 20015—2024

该标准规范了移动实验室在城镇供水水质检测活动中的应用，对提高移动实验室检测数据的准确性，保证移动实验室安全，强化移动实验室管理水平提供了详尽的技术指导。

该标准包括10章和2个附录，主要内容包括：总则、基本要求、人员、设施与环境、设备、试剂耗材、检测方法、样品检测与质量控制、记录与检测报告、环境保护与实验室安全等。

主要技术内容说明如下：

第1章为总则，明确了该标准编制目的、适用范围和编制原则。

第2章为基本要求，从移动实验室的质量管理体系、工作机制和应急预案等方面提出了总体要求。

第3章为人员，明确了移动实验室的人员配置及能力要求、人员培训方式和培训内容。

第4章为设施与环境，包括一般要求；设施的分类、标识和档案；设施的使用、维护与保养等内容。

第5章为设备，包括一般要求；设备配置与档案、设备的安装；设备的运输与使用；设备的检定、校准与核查；设备的维护、维修与存储等内容。

第6章为试剂耗材，包括一般要求；设备的验收与核查、贮存与运输、使用与评价等内容。

第7章为检测方法，包括检测方法的选择、验证与确认和偏离等方面的内容。

第8章为样品检测与质量控制，包括一般要求、样品采集与检测方面的质控要求、检测数据的处理规定等。

第9章为记录与检测报告，包括记录的分类、生成、存储、传输，以及数据安全等方面的规定。

第10章为环境保护与实验室安全，包括环境保护基本规定、危险废物管理和安全管理规定。

第 3 章 奋楫笃行：供水水质监测监管

20 世纪 90 年代，随着城市供水行业管理体制改革的推进，原有计划经济体制下形成的政府对企业大包大揽的家长式管理模式被打破，城市供水不再全部由政府直接投资、建设和经营，取而代之的是市场化运行机制下的供水企业自主经营，政府与企业间的角色定位关系随之转变。在此情况下，传统的管理方式已经不能适应新的形势需要，这就要求政府按照政企分开的原则依法对企业进行指导、监督和行业管理，强化行政管理职能，尤其要加强供水水质监管。此外，在全面建设小康社会的形势下，人们对供水水质的要求越来越高，也迫切需要政府加大水质监管力度，强化政策法规约束和规范管理。

经过 30 多年的探索与实践，供水行业逐步形成了适合我国城市供水水质监管工作特点的水质监管业务体系、技术体系、组织体系和质量体系，使各级政府城市供水主管部门能够充分发挥主导和宏观调控作用，实现对城市供水水质的全流程监管，将水质安全的控制前移，有力保障供水水质安全。国家城市供水水质监测网（本章中简称国家网）在主管部门的领导下，从建立供水水质督察实施机制入手，开展了检查流程规范化、评价方法合理化、现场检测标准化的城市供水水质督察活动。

3.1 业务体系：城市供水水质督察业务

3.1.1 缘起：水质督察模式初步探索

1994 年，国务院颁布《城市供水条例》，这是我国城市供水行业的第一部法律法规，条例明确要求供水企业应当建立、健全水质检测制度，确保城市供水的水质符合国家规定的饮用水卫生标准。

1999 年，建设部发布了《城市供水水质管理规定》，明确了我国城市供水水质管理实行企业自检、行业监测和行政监督相结合的管理模式,建立了供水水质监督检查和信息公开制度,并完善了由国家和地方两级城市供水水质监测网络组成的"两级网,三级站"的城市供水水质监测体系。同时,确定了城市供水水质监测网在水质管理中的职责,即建设部城市供水水质监测中心(简称部水中心)根据国务院建设主管部门的委托行使全国城市供水水质监督检查职能,城市供水水质监测站接受当地城市建设行政主管部门的委托实施辖区内供水水质监测工作。根据《城市供水水质管理规定》,部水中心应当定期或随机抽检国家站所在城市的供水水质并将结果报送国务院建设行政主管部门,国家站和地方站应定期或随机抽检所在地辖区内城市的供水水质并将结果报送当地省级或市级建设行政主管部门。自此,城市供水水质监测网逐渐开始依规在城市供水水质监管工作中发挥作用,并于1999年5月起根据《城市供水水质管理规定》的要求履行数据上报职责,由国家站将经当地供水主管部门审核后的水质数据报送至部水中心,部水中心汇总后上报建设部,再由建设部每月向社会公布36个重点城市的水质信息。

《城市供水水质管理规定》的发布奠定了城市供水水质监督检查的政策基础,但监督检查工作如何开展尚缺乏经验,从组织机构到实施机制等诸多方面均需要探索与研究。为此,2001年~2004年,建设部与联合国开发计划署(UNDP)合作,开展了中国城市供水水质督察体系专项研究,项目目标是协助中国政府建立城市供水水质督察体系框架,促进城市供水行业的改革,强化水质监测和监督,保障用户权益,增强公众参与。该项目针对我国城市供水行业改革出现的投资来源多样化、企业主体多元化、运营模式市场化等特点,借鉴英国等国家的先进经验,研究政府、供水企业、水质监测站在水质保证和管理中的职能定位和作用,探讨在国家和地方两个层面加强水质督察的模式和途径,建立了我国城市供水水质督察体系的总体框架和实施策略,促进了国家有关政策和法规的陆续出台和水质督察实践的开展。该项目还在国家层面和地方层面开展了试点,国家层面上加强建设部城市供水水质监测中心的能力建设,支撑其组织行业力量配合供水主管部门实施水质督察,地方层面上在北京、深圳、乌鲁木齐3个城市提出改革建议和行动方案。该项目的实施在推动国家和3个试点城市水质督察能力建设的同时,也为水质督察工作在我国的广泛开展提供了有益的经验。2004年,建设部发布了《关于开展重点城市供水水质监督检查工作的通知》,正式启动了供水水质督察工作。

3.1.2 建立：水质督察制度逐渐确立

2005 年，建设部为贯彻落实《国务院办公厅关于加强饮用水安全保障工作的通知》精神，在总结水质督察研究成果及已有经验的基础上，下发了《关于加强城市供水水质督察工作的通知》，要求各省级政府城市建设、供水行政主管部门和建设部城市供水水质监测中心等有关机构，加强水质督察工作，确保居民饮用水安全。该通知提出改革"企业自检、行业监测和行政监督相结合"的供水水质管理制度，建立"供水企业负责、地方政府监管、中央政府督察、社会公众参与"的城市供水水质管理新机制，建立国家、省、市上下沟通通畅、工作对接紧密、工作运转高效的城市供水水质管理模式，完善城市供水水质监督检查制度，建立城市供水水质通报制度。该通知在强调各地城市供水主管部门应履行城市供水水质管理职责的同时，要求完善行业供水水质监测体系，强化国家网对水质管理的技术支持作用，并明确提出部水中心受建设部委托负责制订全国城市供水水质督察计划和技术规程，具体组织实施重点城市供水水质督察和相关工作。该通知的发布，标志着我国的城市供水水质督察工作进入有序实施阶段。

2007 年，建设部修订并发布了《城市供水水质管理规定》，新规定强化了城市供水水质管理要求，增加了水质督察、应急管理、公众参与等内容。该规定要求各级建设（城市供水）主管部门建立健全城市供水水质检查和督察制度，进一步明确了部水中心（国家网中心站）、国家网监测站和地方网监测站在业务上分别接受国家、省、市各级建设（城市供水）主管部门的指导并承担相关工作，并规范了水质数据上报工作的程序、审核要求及部水中心、国家网监测站的任务分工。同年，在建设部的积极争取下，财政部正式批复设立城市供水水质督察监测专项经费，全国城市供水水质督察工作逐步走向常态化和制度化。

从 UNDP 项目开展的供水水质督察体制研究到《城市供水水质管理规定》和《关于加强城市供水水质督察工作的通知》对督察工作的明确要求，我国逐步形成了由住房城乡建设部、各省、自治区住房和城乡建设厅及各城市供水主管部门、部水中心和国家网监测站及地方网监测站组成的从中央到地方、从行政到技术的全方位城市供水水质督察机构体系，建立了国家、省（自治区、直辖市）、城市三级督察工作体制。三级督察工作体制明确了各级政府在供水水质督察方面的职责和权力，形成了有效的层级管理和监督机制。通过定期督察和考核，各级政府能够及时了解供水水质状况，发现问题并采取有效措施进行整改，保障城市供水水质的安全和稳定。

1. 政府主管部门职责

《关于加强城市供水水质督察工作的通知》明确规定了各级建设（城市供水）主管部门的职责。

住房城乡建设部作为国务院城市供水行政主管部门，负责对地方开展督察工作给予指导；组织对影响全国的重大供水水质事件进行调查、取证、分析和评估；对地方供水水质执行督察技术规程和督察计划的情况实施监督；组织对全国重点城市的供水水质进行定期检查和不定期抽查。

各省级建设（城市供水）主管部门负责制订本行政区的城市供水水质督察计划和实施方案；对影响本辖区的重大供水水质事件进行调查、取证、分析和评估；对本辖区的供水单位执行国家规范、标准、规程的情况进行监督；对重点城市供水水质进行定期检查和不定期抽查。

县级以上城市人民政府供水主管部门，负责实施本行政区域的水质督察；配合做好国家与省级建设行政主管部门组织实施的水质督察和监督管理工作；对所在城市供水单位的水质管理、生产流程等进行巡查，按照国家水质标准要求的水质监测频率和项目，对城市供水的原水、出厂水、管网水等进行水质监测；负责监督水质不合格的供水企业的整改工作。

2. 技术支撑单位职责

城市供水水质督察的技术支撑单位是配合建设（城市供水）主管部门制定督察技术方案、承担水质检测工作的检测机构，包括国家网中心站、地方网中心站和国家网各监测站、地方网各监测站。监测网监测站在水质抽样检测中承担技术方案制定、组织实施、水质检测、数据分析和报告编制等工作。

国家级水质督察工作，由住房城乡建设部委托设立在部水中心的国家城市供水水质监测网中心站负责具体实施，国家网各监测站参与各地的水质检测相关工作，对于监测站隶属于供水企业的，则采取交叉互检机制以保证水质检测的公正性。部水中心负责制订全国城市供水水质督察计划和技术规程，并承担具体组织实施和相关工作，负责管理各城市供水水质监测站国家级计量认证组织和质量控制工作。

省、自治区建设行政主管部门和各直辖市城市供水主管部门委托地方城市供水水质监测网中心站负责实施本辖区的城市供水水质督察工作。县级以上城市人民政府供水行政主管部门组织的水质督察工作与省级督察相同，一般委托地方网监测站或地方网中心站实施水质检测工作。

3.1.3 发展：国家水质督察持续深入

1. 水质督察工作的持续开展

自 2004 年建设部开始组织全国城市供水水质督察以来，各级城市供水主管部门和国家城市供水水质监测网各成员单位依据《城市供水水质管理规定》《关于加强城市供水水质督察工作的通知》《生活饮用水卫生标准》等相关法规、文件和标准，持续开展城市供水水质督察工作，为加强我国城市供水水质管理，保障供水安全起到了重要作用。

2004 年～ 2012 年的水质督察工作，经历了从摸索经验到稳定实施的阶段，其形式、范围、内容主要结合当年的工作需求确定。2004 年，为全面了解全国重点城市供水水质状况，建设部从部水中心和国家站抽调技术人员组成检查组，对全国 36 个重点城市公共供水企业和向社会转供水的自建设施供水企业的管网和居民用水点的水质情况进行检测（图 3-1）。2005 年，针对水源水中存在的有机污染风险，对全国 45 个重点城市以地表水为供水水源的供水厂原水、出厂水有机污染物情况进行调查。2006 年，为配合《全国水资源综合规划》和《全国城乡饮用水安全保障规划》编制工作，国家发展改革委员会会同水利部、建设部和卫生部对饮用水水源地有机污染物进行调查。2007 年和 2008 年，由建设部组织的供水水质督察的范围从重点城市扩大至其他地级城市，对全国 200 多个城市的供水厂和管网水质进行监督检测，同时对应急预案编制及落实情况进行调查。2009 年，为配合《全国城镇供水设施改造与建设"十二五"规划及 2020 年远景目标》的编制，对全国全部设市城市和县城公共供水的水源和出厂水水质情况进行专项调查，调查结果作为规划编制的依据。2010 年～ 2012 年，为掌握《生活饮用水卫生标准》GB 5749—2006 全面实施后我国城市供水水质达标情况，供水水质督察范围进一步延伸至县级城市，检测内容从常规指标扩展至全分析指标，用 3 年的时间对全国 653 个设市城市公共供水厂出厂水水质进行了全分析检测，第一次完成了对全部设市城市公共供水厂的水质普查。

图3-1 2004年全国城市供水水质督察——银川、厦门

经过从初期对重点问题的调查到逐步实施有计划的抽样检测，2004年～2012年的水质督察实践积累了丰富的经验，加之国家"十一五"时期水专项"城市供水水质督察技术体系构建与应用示范"等课题研究成果的有力支撑，水质督察工作已经步入科学、有序开展的阶段。自2013年开始，住房城乡建设部开始采取3年滚动的方式实施水质督察，即以3年为一个周期，对全国设市城市和县城的出厂水、管网水、二次供水进行抽样检测。2013年～2015年对县城公共供水厂和管网水水质进行了抽样检测，2016年～2018年对全国设市城市公共供水厂出厂水、管网水和二次供水水质进行了抽样检测，2019年～2021年对全国县城公共供水厂原水、出厂水和管网水水质进行了抽样检测（图3-2）。2022年，住房城乡建设部对国家级水质督察的组织方式进行了调整，逐步采取国家抽检、各省全面覆盖的方式，目的在于进一步压实地方政府供水主管部门的水质监管责任，同时也加强了对水质督察结果的通报力度。

图3-2 全国供水水质督察现场

随着全国性水质督察工作的持续开展，国家级水质督察呈现如下特点：

（1）督察范围从重点城市扩展至全部设市城市和县城。2004年，首次开展的城市供水水质督察范围仅涵盖全国36个重点城市（直辖市、省会城市和计划单列市）。自2007年全国水质督察工作稳定开展以来，督察范围逐步扩大并覆盖至全国所有设市城市和县城。

（2）督察内容从水质抽检逐步扩大至供水厂水质安全管理检查。随着《生活饮用水卫生标准》GB 5749的修订，逐步将标准中的非常规指标纳入水质监督检测中，全分析样品逐年增多。同时，逐步纳入水质安全管理检查内容，初期主要是针对公共供水企业水质管理制度和保障措施的检查，包括公共供水企业应急预案的编制及落实情况、水质自检情况和供水厂消毒设施运行情况、城市公共供水厂水质检测、数据审核与记录档案等方面的情况，2014年之后开始实施城市供水规范化管理考核工作，对城市供水管理制度的建立和落实情况进行系统评估。

（3）督察形式从交叉互检到国家抽检、地方全覆盖。最初的国家级水质督察，由住房城乡建设部统一组织实施，部水中心制定技术方案、编制督察报告并对督察采样、运输、检测、结果报送各阶段工作进行技术指导，各省级主管部门负责组织、协调有关城市供水主管部门和供水企业配合本地区水样的采集工作，各个国家站采取交叉互检的方式承担样品采集、运输、检测和结果上报工作。2022年之后由各省级住房城乡建设（城市供水）主管部门对本地区所有城市和县城开展供水水质抽样检测，部水中心受住房城乡建设部委托对部分市县实施抽样检测。

2. 供水规范化管理考核制度的提出

在水质督察工作实现业务化运行的基础上，为进一步实施供水全流程监管，对供水企业的各个生产环节实施有效的管理，2013年，住房城乡建设部印发了《城镇供水规范化管理考核办法（试行）》，并自2014年开始对市县（区）城市供水主管部门、供水企业在部门职责、规范化管理制度的制定和落实情况进行考核，目的在于督促各地加强供水规范化管理，全面落实相关规章制度。按照文件的规定，供水规范化管理考核主要由省（自治区、直辖市）住房城乡建设（城市供水）主管部门负责实施辖区内的考核工作，住房城乡建设部对各地实施情况进行抽查（图3-3，图3-4）。

3. 公众参与制度的确立

确保供水水质安全不仅是供水企业的责任，也是政府和社会各界的共同使命。公众参与不仅可以增强供水企业的责任感和透明度，还能促使政府加强对供水水质的监管力度，

图 3-3　2016 年全国供水规范化管理考核——贵州省

图 3-4　2017 年全国供水规范化检查——湖北省

市民也可以了解供水水质情况，并对供水企业的工作进行监督和评价，从而推动供水服务质量不断提升。因此，《城市供水水质管理规定》提出城市供水企业应按照所在地直辖市、市、县人民政府城市供水主管部门的要求公布有关水质信息，《城市供水水质数据报告管理办法》进一步明确了水质数据上报的流程和内容。同时，为保障公众的参与权，《关于加强城市供水水质督察工作的通知》要求建立供水企业负责、地方政府监管、中央政府督察、社会公众参与的城市供水水质管理新机制，建立水质通报制度，并要求各级建设（城市供水）主管部门要将本地区城市供水水质检测数据汇总分析后向社会公布。

从 1999 年开始，国家城市供水水质监测网各省会城市、直辖市监测站按照《城市供水水质管理规定》的要求报送水质数据至部水中心汇总，由建设部将水质达标率通过建设报向社会公布。随后，各地供水主管部门和供水企业陆续建立了公众参与和信息公开制度，通过网站、媒体等各种渠道定期公布水质信息，并建立了多样化的公众参与途径。

政府主管部门建立公众参与及信息公开制度经历了从无到有的过程，特别是《城市供水水质管理规定》和《关于加强城市供水水质督察工作的通知》发布后，各级供水主管部门对公众参与水质监督工作的意识明显加强，大部分城市的供水主管部门将公众参与落实在水质管理工作中。2010 年在国家城市供水水质监测网各监测站所在的 30 个城市开展的调查结果显示，分别有 30% 和 43% 的地方城市供水主管部门将公众参与、水质信息公开列入地方性政策法规，47% 的地方城市供水主管部门定期在当地报纸、网站公布水质信息。与此同时，供水企业也在逐步推进公众参与和信息公开工作，采取的形式覆盖了电视、报纸、电话、网络、走访、宣传材料发放、会议、参观等。2010 年的调查结果显示，47% 城市的供水企业制定了公众参与相关制度，57% 城市定期在媒体公布水质信息，几乎所有被调查的供水企业均以电话、网络、媒体、信件等形式设置水质投诉热线。90% 以上的供水企业定期或不定期地向居民发放宣传材料，内容涉及涉水法律法规、供水安全、水质标准、水质数据、用水常识等。宣传材料一般在举办供水相关大型宣传活动上发放，或在水务服务进社区活动时向社区居民发放，也有的供水企业在营业厅备有宣传资料，或通过水费账单上印制供水知识进行宣传。

2017 年，修订后颁布实施的《中华人民共和国水污染防治法》要求县级以上地方人民政府有关部门应当至少每季度向社会公开一次饮用水安全状况信息。县级以上地方人民政府应当组织有关部门监测、评估本行政区域内饮用水水源、供水单位供水和用户水龙头出水的水质等饮用水安全状况。

2021 年，住房城乡建设部印发《供水、供气、供热等公共企事业单位信息公开实施办法》，对信息公开的职责分工、公开方式、重点内容等进行详细规定，明确了由住房城乡建设部负责全国城市供水公共企事业单位信息公开的监督管理工作，县级以上地方人民政府城市供水主管部门负责本行政区域内供水公共企事业单位信息公开监督管理工作，城市供水公共企事业单位是信息公开的责任主体并负责本单位具体的信息公开工作，同时要求城市供水公共企事业单位应当将供水厂出厂水和管网水水质信息等列入公开信息清单，从制度上保障了公众获取水质信息的权利。

2022年，住房城乡建设部办公厅、国家发展改革委办公厅、国家疾病预防控制局综合司联合印发《关于加强城市供水安全保障工作的通知》，再次强调各地要加强对供水企事业单位信息公开的监督管理和指导，规范开展信息公开。

上述一系列法规政策文件的发布，进一步强化了水质信息公开制度作为公众参与的重要形式。长期以来，国家城市供水水质监测网成员单位积极配合相关部门开展城市供水厂出厂水、管网水的水质检测和信息公开工作，对促进城市供水管理的公众参与，确保公众对水质的知情权、参与权和监督权起到了重要作用。

3.1.4　拓展：地方水质督察因地施策

国家层面供水水质督察的实施也带动了地方督察工作的开展。省级层面，北京市、山东省、江苏省等地根据《城市供水水质管理规定》和《关于加强城市供水水质督察工作的通知》的要求相继启动了水质督察工作。省级水质督察一般以辖区内的国家站为技术依托单位，采取省（直辖市）城市供水行政主管部门组织、委托国家站具体实施的模式，国家站承担主要的检测工作，部分地方站也承担一定的检测任务。省级水质督察工作主要依据《城市供水水质管理规定》《关于加强城市供水水质督察工作的通知》和地方城市供水水质管理办法、水质督察相关文件开展，一般针对辖区内地级市并逐渐扩大到设市城市及其所辖县，督察的频率一般每年一次，个别省、直辖市分枯水期和丰水期每年两次，督察内容一般包括水质检查和水质管理检查两部分内容，主要检查城市公共供水厂、管网的水质、水质管理工作情况和公共供水企业应急预案的编制及落实情况。

城市一级的水质督察具有与国家级、省级不同的特点。由于城市供水主管部门的职责更为具体，所开展的水质督察工作更具针对性，主要是对城市中心城区及所属县（市、区）的公共供水单位进行检查，由于城市一级供水主管部门的职能范围差异很大，部分城市一级的水质督察包括了二次供水和自建设施供水。督察频率一般每年一次，督察内容一般包括水质检查和水质管理检查两部分，但开展水质管理检查的城市相对较少。

1. 北京市：以 UNDP 技术援助项目为契机，建立供水水质督察体系

北京市城市供水水质督察工作是伴随着2002年城市供水水质监测网筹建开始的，迄今已有20

余年的发展历程，水质监测网的成长发展使北京市供水行业水质监督检测水平得到了全面提高。

（1）供水水质督察体系建设情况

2001 年 12 月 5 日，建设部城市建设司发布《关于组织申报 UNDP 技术援助项目试点城市的通知》，邀请北京、深圳和乌鲁木齐等城市参加项目。北京市政府敏锐地意识到，该项目将会使北京市在城市供水水质监督管理和检测监测能力上得到跨越式提高，为即将举办的 2008 年北京奥运会的供水水质安全打下坚实基础。为此，2002 年 4 月 5 日，根据建设部《关于组织实施联合国开发计划署（UNDP）技援项目〈中国城市供水水质督查体系〉有关工作的通知》，北京作为试点城市之一正式启动相关工作。

按照 UNDP 项目要求，监测网建成后要实现四个目标，即强化政府监管职能、全面提高城市供水水质、促进行业健康发展和公众参与。为此，北京市供水主管部门提出了"依托北京市自来水集团有限责任公司及各区供水企业水质化验室，构建覆盖全市范围的水质监督检测体系"的工作思路。基本框架是以国家城市供水水质监测网北京监测站为地方监测网中心站，以 12 个区自来水公司水质化验室为分站，日常检测城区供水厂及管网水质主要由中心站负责，各郊区供水厂、管网由各分站负责检测。

建网之初，各分站的检测水平参差不齐，多的有 20 项，最少的仅 13 项，人员从 1 到 10 人不等，大部分只有天平、显微镜及分光光度计等仪器。为推动监测网能力建设，北京市多措并举，在硬件建设方面，拨专款 1200 万元为各分站统一配置检测设备，在软件建设方面，对检测人员进行相关法规、标准和实操强化培训，使各分站初步具备参加实验室认证／认可的能力。2005 年年底前至 2006 年上半年，各分站陆续通过北京市质量技术监督局组织的实验室资质认定（计量认证）资格评审，各分站于 2006 年 7 月 28 日正式挂牌，北京城市供水水质监测网正式形成。

2006 年，北京市作为 UNDP 项目的试点城市，基本实现了项目要求的"强化政府监管职能、全面提高城市供水水质、促进行业健康发展和公众参与"4 个工作目标，顺利通过了项目验收。自此，覆盖全市的城市供水水质督察体系建设完成。

（2）供水水质督察工作开展情况

1）北京市供水主管部门依托督察体系严格行使监督检测职能

自 2005 年起，北京市水务局每年安排专项资金用于全市所有公共供水厂、部分乡镇集中供水厂和自备井供水单位的出厂水和管网水水质监督检测。2005 年以来，依托监测网每年开展全市范围的城市供水水质监督检查工作。从近 20 年的监测数据来看，全市城市供水水质综合合格率一直保持在优于国家规定的标准之上。综合监测网内各监测站的质量控制考核情况、被检查的各供水企业的水质检测情况及其他工作情况，北京市水务局组织每年编制供水水质监督检查年度工作报告，对监测网及全市各供水企业的全年供水水质工作作出客观评价，促进了全市供水水质管理工作的整体提升。

2）不断强化、提升监测网各站自身水平

每年开展水质督察工作也推动了监测网整体能力的提升。监测网组建以来，各区县监测站不断投入资金用于扩建实验室和购置检测仪器设备。2002 年建网前各监测站建筑总面积为 1900m²，拥有检测仪器总价值为 120 万元。到 2023 年，各监测站总面积已达 5423m²，检测仪器总价达 4259 万元。

在此期间，北京市水务局先后制定并发布了《北京城市供水水质监测网水质分析质量控制考核办法》和《北京城市供水水质监测网水质管理随机抽查实施细则》，要求监测网每年开展一次内容涉及理论和实操的质量控制考核，并将综合考核结果进行公示。依照上述规范性文件，每年组织对各监测站进行随机抽查，主要抽查检测能力、实验室管理、质量体系运行情况，以及财政资金使用情况。此外，举办政策法规、资质认定、内审及管理评审、检测方法标准、质量控制和检测技术等各类培训班，提高监测网水质检测人员的业务水平。

3）扩大公众参与，加强社会监督

2012 年，北京市水务局制定并发布了《北京市城市公共供水水质信息公开工作管理办法》。自 2013 年 1 月 15 日起，全市各公共供水企业每季度在网站上对社会公布其供水水质信息供市民查阅监督，公布的水质信息包括供水厂出厂水、管网水的水质检测数据等，至今已经持续了 11 年。

4）接诉即办

随着人们生活水平的提高，公众越来越注重用水品质，12345 市民热线、96116 自来水热线等政务热线已成为市民反映、咨询供水用水问题的重要渠道，而北京城市供水水质监测网作为政府水质督察的主要力量，成为供水单位与北京市民的沟通桥梁，消除了民众对供水水质的疑虑，提高了公共供水在公众心中的信任度，为供水事业作出了不可替代的贡献。

5）应急水质保障和服务

北京作为全国的政治中心、文化中心、国际交往中心、科技创新中心，地位十分重要，确保城市供水安全，特别是水质安全，尤为关键。多年来，北京市水务局依托城市供水水质监测网，在党的"十八大""十九大""二十大"和第 29 届夏季奥林匹克运动会、第 24 届冬季奥林匹克运动会、第13届冬季残疾人奥林匹克运动会、亚太经合组织第二十二次领导人非正式会议、中国国际服务贸易交易会，以及每年全国"两会"、国庆节等重大活动和会议中，出色地完成了供水水质监督检测的保障工作。

2023年7月～8月北京遭遇强降雨极端天气，导致南水北调中线输水干渠惠南庄泵站受灾，同时房山区和门头沟区水源地受灾。监测网中心站、房山站、门头沟站、丰台站、石景山站、大兴站等多个监测站连续奋战，确保出厂水与管网水质合格；灾后重建期间，在确保城市公共供水安全的同时，监测网还全力支援门头沟区、房山区两个地区的村镇灾后应急供水水质安全保障和指导工作，10 d内完成两区村镇300余处水源井的消杀、取样、检测工作，检测样品共计600余个，水源井检测指标达4万余项次，有力保障了受灾村镇顺利恢复供水。

供水水质安全，涉及公众健康、社会稳定，事关国家安全。供水水质督察是社会公众关注的焦点，是政府主管部门的职责所在，更是监测网的责任担当。自UNDP供水水质督察技术援助项目开始，北京市水务局不断完善监督监测体系，以一张蓝图绘到底的工作精神，不忘初心，全力做好供水水质安全保障工作。监测网在北京市水务局的支持下整体水平实现跨越式发展，已经成为北京市水务局行使水质监管的一支重要力量。

2. 山东省：立足机制创新与科技支撑，科学开展供水水质督察

2006年，山东省政府办公厅印发《关于进一步加强饮用水安全保障工作的通知》，要求供水主管部门全面落实供水水质督察制度。为此，山东省住房和城乡建设厅持续组织开展全省城市供水水质督察工作，逐步建立并完善水质督察运行机制，不断加强水质监测体系建设并提升监测能力，构建了高效的供水监测预警和应急保障体系，推动各地供水设施提标建设改造，强化供水全过程水质管控，设市城市供水厂出厂水合格率由2011年的82%提升到2023年的100%，全省供水安全保障能力和水平不断提升。

（1）创新城市供水水质督察工作机制

建立省域范围内的"企业自检－行业监测－政府督察－公众参与"供水水质督察运行机制。一是定期开展水质督察。自2006年起，山东省住房和城乡建设厅每年定期组织开展全省供水水质督察检测、供水安全检查等工作，检测范围涵盖全省地级市（县、区），检测出厂水、管网水、末梢水、二次供水和自建设施供水等，实现县级以上城镇全供水领域覆盖。针对督察抽检发现的问题，采取约谈督导、限期整改和技术帮扶等措施，督促属地政府及供水企业及时消除水质隐患。二是组建政府直接管理的水质监测机构。济南、潍坊2市分别建立了济南市供排水监测中心、潍坊市市政公用事业服务中心等供水水质政府监管机构。其中，济南市供排水监测中心受山东省住房和城乡建设厅和济南市城乡水务局委托，承担全省县级以上城市和济南市城乡供水排水监测工作，为强化省、市两级政府水质监管奠定了坚实基础。三是加强城镇一体化水质监管，将水质督察链条向城镇薄弱点覆盖延伸。采取"实验室检测－在线监测－移动检测"相结合的水质检测监管模式，强化城镇供水厂水质检测实验室、山东省城市供水水质监测预警业务化平台和国家供水应急救援中心华北基地建设，初步实现供水全链条闭环管控，有效提高了山东省城镇供水水质一体化管理的效率和水平。

（2）加强山东省城市供水监测网建设

组建由省级中心站和市级监测站组成的山东省城市供水监测网，省级中心站设在山东省城市供排水水质监测中心，市级中心站现有17家，全部通过CMA实验室资质认定。建立《山东省城市供水监测网工作规则》，监测网成员单位直接参与全省城市供水水质督察工作。发布实施山东省城市供水水质检测机构能力等级评定标准和运行管理制度，覆盖全省的28家A级、B级和132家C级水质实验室，并全部纳入省供水监测网进行统一管理，共同服务山东省供水行业技术进步与高质量发展。

（3）开展培训及技术帮扶

针对全省水质督察中发现的问题，开展针对性的行业培训和技术帮扶。先后举办全省供水排水化验员培训班114期，水质检测实验室管理、水质检测大型仪器使用、在线预警监测、水处理技术应用等专项培训班30余期，累计培训供水专业技能人员5000余人次，全省供水行业从业人员专业素养和技能水平获得整体提升。公益性技术服务"进企业"，建立与基层供水企业常态化沟通联络机制，主动开展各类"送服务""送技术"活动，帮助各城市完成水质突发污染处置、供水厂技术改造、实验室能力提升等工程建设项目，提供公益性技术咨询报告154份。

（4）推进水质监管支撑技术研究

聚焦城镇供水行业监管需求，积极开展水质监管体系标准化建设。在检测方法方面完成20项地方标准的编制；在水质预警方面，研究编制了《城镇给水水质监测预警技术指南》T/CECS 20010—2021等7项团体或地方标准，服务山东省省、市两级城市供水水质监测预警业务化平台建设和水质突发问题应急处置；在水处理技术方面，发布实施《山东受水区湖库型水源水质保障技术指南》等5部政府规范文件和《城镇供水系统全过程水质管控技术规程》T/CUWA 20054—2022 等 15 项行业、团体或地方标准。同时，结合国家水专项的研究、实施和成果推广，建设示范工程供水厂，搭建"省、市两级饮用水水质监测预警系统技术平台"，构建黄河下游地区饮用水安全保障技术支撑体系，强化饮用水水质监测预警及应急能力，为供水行业管理和水质提升提供了良好的技术支撑。

3. 江苏省：以全省水质达标为导向，全面实施供水水质督察

为加强全省城市公共供水水质监管，做到"不合格水不出厂，不达标水不进网"的全省统一要求，自 2000 年开始，江苏省住房和城乡建设厅以行政任务为要求，通过市场化招标形式，委托国家城市供水水质监测网南京监测站、国家城市供水水质监测网无锡监测站及部分省级监测站对全省城市公共供水企业原水、出厂水、管网水水质、二次供水（2016 年增加）进行监督检测，实现江苏省供水全地区、全过程、全要素监督监管（图 3-5）。

（1）供水水质督察组织实施情况

江苏省住房和城乡建设厅根据城市供水水质情况，结合住房城乡建设部水质督察要求，每年组织 2 ~ 4 次抽样检测，检测样品覆盖全省所有城镇公共供水企业。重点针对省内上年度住房城乡建设部监督检测不合格的城市、上年度江苏省住房和城乡建设厅水质督察不合格的城市、"江苏省城乡统筹供水监管平台"中上报水质数据不合格的城市、自来水深度处理改造达不到时限目标要求的地区、二次供水改造进展较慢的地区、供水安全保障评价结果为"合格"等次的地区，加大监督检测频次，并根据江苏省的具体情况合理设置督察时间、形式、评价方法及整改要求。

1）督察时间。考虑初汛期间原水水质相对较差的情况，为摸清最不利水源情况对供水安全的影响，每年第 1 次水质督察时间通常定在 5 月 ~ 6 月。同时考虑枯、丰水期原水水质变化较大，当年后续水质督察时间通常定在 9 月 ~ 11 月。并限定督察周期不超过 10 个工作日。

2）督察形式。为提高检测公正性、客观性，加强过程管理，江苏省住房和城乡建设厅对部分水质样品进行集中编号后再委托检测，整个过程采取不发预通知、不打招呼、不听汇报、直奔抽样点的形式，力求随机、客观的反映全省供水企业水质情况。选取城区最不利管网点、供水企业服务范围内的农村最不利管网点进行检测，且同一个地区的管网水和二次供水采样点设置在不同供水片区，针对二次供水改造进度较慢的地区，抽查未改造小区。

3）监测机构资质要求。参与督察的检测单位必须承担过国家或省级供水行业水质监督检测工作，熟悉饮用水制水工艺流程及江苏供水行业情况，通过 CMA 认证，具备原水、生活饮用水全指标检测能力。

4）结果评价。对水质样品除按照国家相关水源水、饮用水标准进行评价外，还依据《江苏省城市自来水厂关键水质指标控制标准》DB 32/T 3701—2019 的要求对出厂水进行进一步评价。同时，进一步进行预警评价，对水质数据达到国家限值80%的指标进行预警，做到源头治理，将风险关口前移，形成科学合理的风险评价。

5）督察结果处理。由江苏省住房和城乡建设厅对水质超标地区的政府部门发放整改函，督促采取有针对性的措施进行改进。为进一步提升供水安全保障度，确保供水水质稳定达标，江苏省住房和城乡建设厅组织专家赶赴水质超标的城市开展现场指导，剖析水质超标原因，提出针对性改进建议。

图 3-5　江苏省供水水质督察现场工作照

图 3-6　江苏省行业比武现场

（2）江苏省城市供水水质监测网能力提升情况

江苏省住房和城乡建设厅于 2010 年、2020 年、2022 年陆续出台《关于开展江苏省城市供水企业水质检测实验室等级能力建设评定工作》《城乡统筹区域供水企业水质检测能力建设技术规范》《江苏省城市供水安全保障工作评价指标体系》和《江苏省城市供水安全保障工作评价细则》等相关要求，保障了实验室技术管理能力，从而更好地支撑了供水督察工作。国家站配合江苏省住房和城乡建设厅，定期在省范围内组织实验室技术体系培训、行业练兵比武竞赛（图 3-6）、实验室等级评定等工作，提升全省供水水质监测实验室整体水平，并对能力较弱的地方站进行业务指导。

（3）水质督察技术支撑体系建设情况

一是2015年在"江苏省城乡统筹供水监管平台"中开发水质督察模块，开展智慧管理，实现在平台上派发检测任务、上传检测数据、智能分析评价。二是自2015年起，针对群众关心的饮用水水质安全热点问题，开展江苏省部分地区水源水和出厂水新污染物风险评估。

回首20多年来江苏省供水水质督察实践工作，江苏省住房和城乡建设厅通过不断完善督察手段、强化督察力度，对全省供水企业生产工艺提升产生了巨大的促进作用，自2014年至今，江苏省已接近100%完成深度处理工艺改造，这对全省供水水质提高有着决定性作用。此外，通过强化监督管理，及时发现水质问题隐患，安排专家组现场调研提出解决方案，形成供水水质督察闭环管理。

4. 福建省：历经20余年探索实践，有序推进供水水质督察

福建省供水水质监督检测工作开展的比较早，从水质监督检测逐渐延伸至水质信息上报与公布等业务，并实现常态化运行，每年发布督察通报并对供水企业整改落实情况进行跟踪。同时，大力推进全省供水水质监测信息系统平台建设、供水水质监测网能力建设，借助省级信息系统平台完成水质督察及省、市两级的城市供水企业安全运行评估工作，促进水质监管能力的提升。通过20余年的努力，全省供水水质大幅提升，目前已经实现出厂水、管网水浑浊度小于0.3NTU和0.5NTU，达到福建省人民政府在2018年《提升城市供水水质三年行动方案的通知》中提出的要求。

（1）供水水质督察发展历程

1）起步阶段：水质送样监督检查。福建省的供水水质监督检查工作始于1995年，福建省住房和城乡建设厅发布《关于开展城市供水水质监督检查工作的通知》，选择福州、厦门、三明、泉州、漳州、南平、龙岩、宁德、莆田、石狮10个城市作为试点，每年进行一次监督检查，丰水期与枯水期交叉隔年进行，监督范围为原水水质29项和供水水质35项，检测工作由国家城市供水水质监测网福州监测站承担，送检样品实行有偿收费，检测费用由被检测单位负责。自1997年起，福建省住房和城乡建设厅将监督检查的范围扩大至23个设市城市，检测工作由福州、厦门监测站承担，对检测结果及有关情况进行通报。

2）完善阶段：水质督察现场抽样。自2006年起，随着《生活饮用水卫生标准》GB 5749—2006颁布，福建省住房和城乡建设厅将水质督察形式调整为现场采集出厂水和管网水样品，根据福建省具体情况选取重点指标进行检测，并通过现场查阅相关管理制度、报表、数据、原始记录和考核水质检测技能等方式，检查各城市供水水源保护、供水管理、应急处理预案建立、

《生活饮用水卫生标准》GB 5749—2006 执行情况、水质检测能力等，费用由福建省监测网各监测站承担，福建省住房和城乡建设厅适当予以补助。自 2008 年起，随着福建省供水水质监测网的逐步完善，水质检查任务由城市供水水质监测网各监测站采取交叉互检的方式完成。

3）成熟阶段：全程管控全项抽检。2015 年～2021 年，福建省住房和城乡建设厅每年申请省级财政资金近 300 万元，以政府采购公开招标方式委托福州、厦门监测站，对全省所有市县区公共供水企业的出厂水、管网水开展《生活饮用水卫生标准》GB 5749—2006中 106 项全项指标抽检，并严格按照相关标准要求进行采样、保存、运输、检测、质量控制，提交包括水质检测过程、统计分析、原因分析、建议等内容的水质检测分析报告，每年抽检水样约 260 个。自 2022 年起，按照《生活饮用水卫生标准》GB 5749—2022 对全部97 项指标进行抽检，并将水质抽检范围扩大至出厂水、管网水、管网末梢水和二次供水，水样抽检数量每年约 370 个。福建省住房和城乡建设厅每年下发年度供水行业安全运行检查问题整改通知，对水质不合格的供水企业进行通报并要求整改，促进供水企业加大供水设施建设和改造、提高运行管理水平。

（2）建立水质信息公开制度

福建省住房和城乡建设厅于 2000 年 9 月印发《关于进行福建省城市供水水质公报的通知》《福建省城市供水水质监测数报上报管理方法》，要求已通过计量认证的省供水水质监测网所在城市（福州、厦门、三明、泉州、南平、龙岩）每月公布供水水质，公布内容为管网水浑浊度、余氯、总大肠菌群、细菌总数 4 项指标的合格率及出厂水综合合格率。2015 年，福建省住房和城乡建设厅再次印发《福建省城市供水水质信息公布暂行管理办法》，进一步完善水质信息公布制度，要求城市供水企业在供水服务营业场所、企业网站以及供水主管部门或地方政府政务网站上公布水质信息，每日公布一次各供水厂取水口 9 项指标和出厂水 9项指标、每月公布一次各供水厂出厂水 42 项常规指标、每年公布一次全项指标的检测结果。

（3）构建省级供水水质监测信息系统

2020 年，根据福建省人民政府印发的《提升城市供水水质三年行动方案的通知》，省财政投入 6000 多万元建成了覆盖全省全部市县的省级供水水质监测信息系统平台，安装了379 套出厂水、管网水在线监测设备，接入 1000 多路水厂视频，从省生态云平台接入 106个县级以上集中水源地水质在线监测数据，实现了从水源、供水厂到管网的水质实时在线监测。通过系统平台，供水企业按照要求上传日检、月检、年检的原水、出厂水、管网水水质数据，主管部门对各城市供水企业运行健康情况进行评估，根据在线监测及实验室检测水质数据、在线监测设备完好及数据上传情况、供水企业运营管理与突发事件应急处置情况等进行供水企业运行健康排名，并纳入当地优化营商环境考核范围，强化了全省供水水质数字化监管。

（4）推进供水水质质控考核工作

1995年，福建省住房和城乡建设厅发布文件组建福建省城市供水水质监测网，委托监测网实施全省供水水质监督检查工作，并由福州监测站作为省网中心站负责省网的日常工作。2002年，福建省住房和城乡建设厅印发《关于开展城市供水水质分析质量控制考核的通知》，开始对监测站及市县供水企业水质化验室实施质控考核。自2008年起，结合水质督察工作开展水质检测能力现场考核。自2010年起，福建省住房和城乡建设厅印发《福建省城镇供水企业安全运行管理标准》，结合全省城市供水企业安全运行评估工作，由福州监测站、厦门监测站发放标准考核样对供水厂化验室的检测能力进行测试，并对考核不合格的供水企业进行通报，使质控考核工作常态化，提升了监测网整体能力水平。

3.2 技术体系：供水水质监管支撑技术

供水水质监管工作的科学决策和有序开展始终离不开科技支撑，自"十一五"时期以来，国家城市供水水质监测网立足供水安全科技需求，各成员单位积极参与水专项等供水领域科研项目，在供水安全关键技术、标准规范、管理制度等方面深耕细作，形成了一大批重大科研成果，建立了城市供水水质督察技术体系，实现了水质督察工作的规范化开展，建设了城市供水水质监管平台，实现了对全国重点城市水质数据的信息化管理，研发了一系列城市供水水质检测方法标准，实现了实验室检测、在线监测、应急监测的协同开展，为提升我国城市供水安全监管能力提供了重要的技术支撑（图3-7）。

图3-7 部水中心主任邵益生在2019年全国科技活动周上介绍水专项成果

3.2.1 借助部级科研项目，聚焦重点问题探索研究

1. 水质预警与安全评价方法研究

2006年开展的《国家城市供水水质预警系统与保障机制研究》项目，研究建立了由城市供水水质信息管理系统和基于水质安全评价的预警系统构成的水质安全保障及预警平台，实现城市供水水质数据上报业务的信息化管理，并通过科学评价供水水质和及时预警为各级政府应对城市供水水质突发事件提供技术支撑。

项目针对饮用水和水源水的不同特征，分别建立由122个指标构成的饮用水评价指标体系、129个指标构成的水源水评价指标体系，根据水中污染物对人体健康的影响特征、存在水平，以及水处理工艺对污染物的去除程度，将评价指标分为5类，并对每一类指标赋予相应的危害系数，进而研究建立了城市供水水质安全评价指数计算方法，包括单因子指数法和综合指数法。其中，单因子指数法针对超标的指标，可充分反映水质污染的程度，适合对突发水污染事故的水质进行评价与预警。综合指数法用于水质状况的总体评价，对合格的饮用水水质进行优劣的评定，便于对不同区域、不同时间的水质情况进行比较，适用于常规监测中的水质评价与预警。最后提出了水质分级标准，将水质分为严重污染、中度污染、轻度污染、轻微污染、良、优6级，并结合事件即将造成的影响范围、危害程度和紧迫性，将水质预警级别由高到低划分为特别严重（Ⅰ级）、严重（Ⅱ级）、中度（Ⅲ级）、轻度（Ⅳ级）4个警级，并分别提出各警级的响应程序。

项目同时研发《城市供水水质信息管理系统》和《城市供水水质预警与应急管理系统》两个业务系统，实现城市供水水质信息资源共享，并为下一步构建国家、省、市多级水质信息管理平台预留接口。同时，将环保、卫生、水利、地矿等与水相关的行业的监测能力、监测项目、监测点布局等资料纳入基础信息管理，扩展城市供水水质预警与应急监测信息网络的信息资源。

2. 水源水质应急监测方法研究

2005年12月，松花江水污染事件发生后，开展了《重点城市水源水水质监测方案研究》，研究范围为松花江沿岸的吉林市、长春市农安县、松原市、哈尔滨市和佳木斯市等重点城市，主要任务是制定重点城市恢复期、应急期及正常期水质监测优化方案。

一是确定重点城市应急期及正常期水质监测优化方案。通过分析松花江流域的水质状况对重点城市原水水质的影响，研究松花江流域重点城市在水污染事件时水质监测和正常期水质监测中监测点的布局、监测项目及监测频次的成功经验与不足，结合各城市的具体

情况，参考水质监测方案优化的基本原则，为各城市制定应对日后可能出现的水污染事件应急期水质监测方案及正常期水质监测方案。二是确定重点城市恢复期水质监测方案。针对此次水污染事件的特点，并根据五城市的具体情况，对各城市在水污染应急期的监测点布局、监测项目和监测频次进行合理性分析，根据松花江在恢复期的水文特征，参考已制定的水质监测方案优化的基本原则，对监测点、监测项目和频次进行优化和调整，为各城市供水企业制定具有可操作性的恢复期水质监测方案建议。三是提出可用于其他城市应急监测的水源水质监测方案。基于松花江沿岸城市应急监测研究，针对应急期、恢复期和正常期水质监测的不同特点，借鉴供水企业及生态环境部门已有的监测经验，依据相关标准及技术规范，制定水污染事件发生后河流沿岸城市在应急期、恢复期和正常期水源监测的方案，并提出应急监测的组织实施与保障措施。

3.2.2 依托国家重大专项，开展面上问题系统研究

1. 水质督察技术体系研究

《城市饮用水水质督察技术体系构建与应用示范》是"十一五"时期国家水体污染控制与治理科技重大专项课题，由国家网中心站、北京监测站、上海监测站、深圳监测站、济南监测站、郑州监测站、哈尔滨监测站、东莞监测站共同完成。

该课题针对城市供水水质督察中亟需解决的缺乏规范化技术和规范化程序的科技难题，重点开展了供水系统规范化检查技术、现场快速检测技术、监测技术、资源优化技术、督察运行机制的研究，建立了适合我国水质监管特点的城市供水水质督察技术体系和保障制度，实现了对供水水质的全流程监管，为各级政府加强城市供水水质监管提供技术支撑，提升了供水水质监管技术水平，在为科学制定行业规划政策提供依据、促进供水行业水质监测能力建设、提高水质督察工作的社会公信力、保障供水安全等方面起到了重要作用。

该课题形成了一系列技术指南、规划、管理办法，其中，《城市供水水质督察技术指南》，指导了住房城乡建设部 2009 年以来开展的全国城市供水水质督察工作，对水质督察的顺利实施起到了技术支撑作用，其水质安全管理主要内容纳入了《城镇供水规范化管理考核办法（试行）》，自 2014 年依据该办法组织的全国供水规范化管理考核工作，累计对 300 余个市县的供水管理情况进行了检查，对支撑各级政府水质监管工作和推动行业技术进步具有显著作用。《城市供水水质监测机构发展规划》，纳入了住房城乡建设部、国家发展改革

委发布的《全国城镇供水设施改造与建设"十二五"规划及2020年远景目标》，成为我国"十二五"时期监测机构发展和能力建设的纲领性文件，在"十二五"时期指导我国城市供水水质监测体系建设。该规划中的能力建设技术要求纳入《城镇供水厂和污水处理厂化验室技术规范》（供水部分），提出城市供水水质监测机构能力建设技术规定，有力提升行业水质监测机构的整体水平。《城市供水水质监测机构质控考核办法》，用于指导全国城市供水水质监测机构质控考核工作，参加质控考核的水质实验室覆盖全国30个省、自治区、直辖市。车载GC-MS检测方法及《城镇供水水质现场快速检测技术规程》DB37/T 5039—2015应用于四川芦山震后应急水质监测中，为水质安全保障与当地供水主管部门科学决策提供有力的技术支持。

该课题研究紧密结合城市供水主管部门水质监管工作，产出的各项成果在国务院住房城乡建设主管部门和地方城市供水主管部门的工作中广泛应用，增强了水质督察工作的规范性、科学性，从根本上保障了督察工作的权威性和公信力。

> 2014年，行业标准《城镇供水与污水处理化验室技术规范》CJJ/T 182—2014由住房城乡建设部发布，国家城市供水水质监测网中心站、天津监测站、深圳监测站、上海监测站、北京监测站等；国家城市排水监测网天津监测站、青岛监测站等参加了标准的起草工作。该标准以我国城镇供水与污水处理化验室建设的实践经验为基础，参考并吸纳了国际先进技术法规和标准，对城镇供水与污水处理化验室的分级、设置、设计和管理进行了规范，填补了我国城镇供水和污水处理化验室建设与管理标准的空白，为行业开展水质检测能力建设提供了科学依据和技术支撑。
>
> 该标准适用于城镇供水与污水处理化验室的新建、改建、扩建和运行管理，主要内容共有5章，分别为总则、基本规定、化验室的分级和设置、化验室设计、化验室管理。其中，化验室的分级和设置部分按检测能力将化验室分为Ⅰ～Ⅲ级，并根据不同应用场景的需求规定了对应的设置级别；化验室设计包含布局要求、设计要求2部分，首次提出了各级化验室的功能区设置和面积最低要求；化验室管理包含仪器设备、环境、质量控制、档案和安全5部分，分别规定了化验室日常管理的相关要求。

2．水质检测方法标准研究

《水质监测关键技术及标准化研究与示范》是"十一五"时期国家水体污染控制与治理科技重大专项课题，由国家网中心站、北京监测站、上海监测站、深圳监测站、济南监测站、郑州监测站、哈尔滨监测站等单位共同完成，国家网30多个监测站参与了检测方法验证工作。

该课题通过研发实验室、在线和应急监测关键技术，建立了从"源头到龙头"的供水系统全流程监测方法标准体系，编制了《城镇供水水质标准检验方法》CJ/T 141—2018和《城镇供水水质在线监测技术标准》CJJ 271—2017两项行业标准，全面提升了"从源头到龙头"城镇供水全流程水质监测能力，提高了城镇供水行业水质监测的技术水平，为城市饮用水水质安全监管和预警技术体系提供了技术基础支撑。

该课题针对《生活饮用水标准检验方法》GB/T 5750—2006中部分方法检测成本较高、检测限达不到要求、对国产仪器设备考虑不足，以及缺乏新型仪器配套方法等问题，从样品采集与保存、样品前处理、仪器条件选择与优化、样品检测及质量控制、干扰及消除等方面对62项水质指标的32个检测方法进行了研究，在全国31个城市34家实验室进行了方法的适用性验证，修订了《城市供水水质标准检验方法》。针对饮用水在线监测缺乏应用标准，数据质量难以保证等问题，该课题通过大量的现场试验和实地应用验证，在上海、济南等10多个城市开展了现场评估验证、数据分析和质量控制等研究，对浑浊度、余氯、耗氧量等13项在线监测指标，提出了仪器性能、校验方法、比对误差、运行维护等技术要求，对供水全流程监测数据质量管理相关技术进行了规范，编制了我国城镇供水的行业标准《城镇供水水质在线监测技术标准》CJJ/T 271—2017。

课题创建了"实验室－在线－移动"互补协同的监测标准方法体系，编制了《城镇供水水质标准检验方法》CJ/T 141—2018、《城镇供水水质在线监测技术标准》CJJ/T 271—2017等行业标准，通过相关技术合作研发、参与验证、标准宣贯、技术研讨、行业培训等多种形式，在全国城镇供水行业以及卫生部门得到全面推广应用。课题成果的应用，全面促进了城镇供水行业的技术进步，提高了城镇供水全流程水质监测能力，提升了城镇供水全过程的监管能力，为"让人民群众喝上放心水"提供了科技支撑。

3．水质信息管理平台研究

在水质预警平台研究基础上进一步深化研究，依照各级政府城市供水主管部门的职责分工，建立全国城市供水水质监管信息系统，对原水、出厂水、管网和用户终端的水质信息进行统一管理，形成各级政府供水主管部门对水质进行监管的信息平台。

《三级水质监控网络构建关键技术研究与示范》是"十一五"时期国家水体污染控制与治理科技重大专项课题，针对现有城市水质在线监测数据仅停留在为供水企业生产服务、尚未打通政府部门获取信息的通道、在突发水污染事件时缺乏应急监测数据上报通道、地方监测网目前尚未打通与国家网的信息通道等问题，以提高各级政府部门对饮用水水质的监控能力为目的，初步构建了分布式、网络化、多信源的国家、省、市三级供水水质监控网络框架，为国家、地方和供水企业实施水质监管提供技术支撑。项目建立了国家、省、市三级供水水质监控网络框架，为城市供水水质预警提供基础数据，并为可视化平台提供统计分析数据，进而为项目层面建立从中央到地方多层级水质监管、从"源头到龙头"全流程水质监控提供信息基础，推动全国覆盖到县城的城市供水水质管理信息化建设的同时，也可指导地方自建系统的建设，并纳入国家系统，建成可扩充、可持续发展的城市供水水质三级监控网络。

《城市供水全过程监管平台整合及业务化运行示范》是"十三五"时期国家水体污染控制与治理科技重大专项课题，也是"十一五"时期课题的延续。该课题紧密对接城市供水监管需求，开展了监管业务平台化实用技术和供水系统全过程水质监测预警系统等关键技术的研究，构建了城市供水系统监管平台，实现了"由单一水质管理到供水全过程综合监管"的功能扩展和"由技术平台到业务平台"的技术提升，进一步强化了供水监管手段，提高了供水安全保障的精准性和有效性，为全面提升我国城市供水全过程的综合监管能力、保障供水安全发挥重要作用。课题构建的三级城市供水系统监管平台在国家层面，以及山东、河北、江苏等省市实现了业务化运行，大幅提升了城市供水安全保障的全过程监管能力。

3.3　组织体系："两级网、三级站"的网络队伍

城市供水水质监管工作离不开供水水质监测网络队伍的技术支持。城市供水水质监测网体系的成立和发展伴随着水质督察制度的建立与完善，30年来，监测网的能力建设得到了长足的发展，运行机制不断完善，各监测站的设施环境、仪器设备、人员素质显著提升，构成了保障城市供水安全的"两级网、三级站"组织体系。

3.3.1　政策背景

1993年，为加强城市供水水质监管，建设部发布《关于组建国家城市供水水质

监测网的通知》，通知中提出决定组建国家城市供水水质监测网。国家网由各地区水质监测站组成，受建设部委托，行使一定行政监督职能。在建设部和各地方主管部门的重视和支持下，各城市供水企（事）业单位积极配合，组建了国家城市供水水质监测网，为政府全面履行保障供水水质监管职责提供技术支撑。同年，建设部发布《关于批准设立国家城市供水水质监测网第一批监测站的通知》，批准北京、哈尔滨、天津、上海、广州、成都、兰州7个城市的监测站为第一批国家城市供水水质监测网监测站。

1999年，建设部发布了《城市供水水质管理规定》，明确提出城市供水水质管理行业监测体系由国家和地方两级城市供水水质监测网络组成，国家城市供水水质监测网，由部水中心和直辖市、省会城市及计划单列市经过国家技术监督部门认证的城市供水水质监测站组成，地方城市供水水质监测网，由设在直辖市、省会城市、计划单列市的国家站和经过省级以上技术监督部门认证的城市供水水质监测站组成。该规定正式确立了我国城市供水监测体系的"两级网、三级站"组织架构，其中"两级网"指国家和地方两级城市供水水质监测网，"三级站"指部水中心、国家站和地方站，这标志着城市供水水质监测网络组织架构通过法规进一步确立。

2007年，建设部对《城市供水水质管理规定》进行了修订。新规定第六条明确指出：城市供水水质监测体系由国家和地方两级城市供水水质监测网络组成。国家城市供水水质监测网，由建设部城市供水水质监测中心和直辖市、省会城市及计划单列市等经过国家质量技术监督部门资质认定的城市供水水质监测站（本章中简称国家站）组成，业务上接受国务院建设主管部门指导。建设部城市供水水质监测中心为国家城市供水水质监测网中心站，承担国务院建设主管部门委托的有关工作。地方城市供水水质监测网（本章中简称地方网），由设在直辖市、省会城市、计划单列市等的国家站和其他城市经过省级以上质量技术监督部门资质认定的城市供水水质监测站（本章中简称地方站）组成，业务上接受所在地省、自治区建设主管部门或者直辖市人民政府城市供水主管部门指导。省、自治区建设主管部门和直辖市人民政府城市供水主管部门应当根据本行政区域的特点、水质检测机构的能力和水质监测任务的需要，确定地方网中心站。新规定还进一步明确了部水中心（国家网中心站）、国家网监测站和地方网监测站业务上分别接受国家、省、市各级建设（城市供水）主管部门的指导并承担相关工作，完善了组织架构的具体要求。

3.3.2 成长发展

1. 国家城市供水水质监测网能力发展

国家城市供水水质监测网成立初期，仅有第一批7个成员单位。经过30年的不懈努力，国家城市供水水质监测网队伍不断发展壮大，成员单位数量不断增长。截至目前，成员单位数量已经扩展至42个，涵盖了除拉萨以外的全部直辖市、计划单列市、省会城市等重点城市。以"两级网、三级站"为核心的城市供水监测体系架构已经日趋健全，在国家网强大的技术支撑下，我国城市供水排水行业的监管水平实现了显著提升，有力促进了城市供水水质监管业务和技术进步，提高了城市供水安全保障水平，为城市发展和民生改善提供了有力支撑。国家城市供水水质监测网的发展（图3-8）主要体现在以下几个方面：

一是业务场所面积显著增长。国家城市供水水质监测网成员单位的业务场所面积由2014年的10万 m^2 扩大至2023年的14万 m^2。平均每个监测站的业务场所平均面积达到3433m^2，其中，国家城市供水水质监测网南昌监测站业务场所面积达到了7959m^2。

二是仪器设备资产原值快速提升。国家城市供水水质监测网成员单位的检测仪器设备原值由1993年的0.9亿元提高至超过12亿元。各成员单位采购引进先进的检测仪器设备，

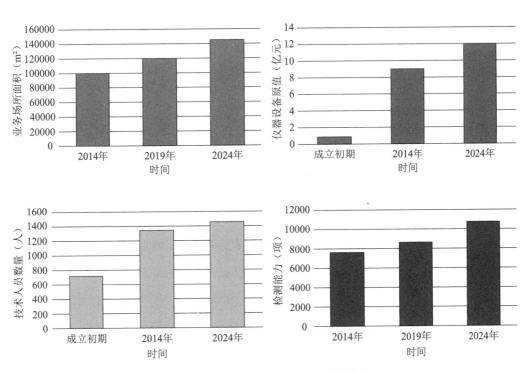

图3-8 国家城市供水水质监测网发展情况

不仅提高了水质监测的准确性和效率，也为保障公众饮水安全提供了有力的技术支撑。

三是人员队伍不断扩大。国家网成员单位在不断提升技术装备水平的同时，也在加强人才培养和队伍建设，国家城市供水水质监测网成员单位的技术人员数量由成立初期的729人扩充至近1500人。各成员单位平均拥有技术人员38名，其中，国家城市供水水质监测网深圳监测站技术人员达到了67人。

四是检测能力持续提高。2014年，国家城市供水水质监测网成员单位取得的资质认定能力有7664项水质参数，截至2023年，这一数字已经增加到10746项，这不仅体现了国家网成员单位在城市供水监测领域的专业实力，也展示了持续进步和对水质安全重视的坚定决心。

五是科研能力有力增强。国家城市供水水质监测网持续开展科技攻关，在推动城市供水行业的技术进步和标准化方面也发挥了重要作用。通过不断引进新技术、研发新方法、编制新标准，国家网不仅提高了自身的监测能力，还为整个行业的技术进步和标准化提供了有力支持。如今，我国的城市供水行业已经形成了一套完整的技术标准和规范体系，为推动行业的可持续发展奠定了坚实基础。

回顾过去，国家网已经走过了30年的不平凡历程，在应对各种复杂情况和挑战时展现出了顽强的生命力和创新精神，通过不断完善自身的监测体系和技术手段，为政府监管提供了有力的技术支持。同时，还积极开展了一系列的科学研究和技术创新，推动了城市供水行业的技术进步。

2. 地方监测网建立完善

随着国家监测网络的建设和不断完善，地方监测网络的建设也取得了显著进步。这些进步不仅体现在数量的增长上，更体现在质量的提升和结构的优化上。通过国家网的建设示范、带动和指导，地方站在技术和设备方面得到了显著的提升。目前，山西省、浙江省、内蒙古自治区、河南省、海南省、四川省、湖北省等国内多数省（自治区）已建立了省级地方网，全国范围内通过省级计量认证的地方监测站已达200多个，以"两级网、三级站"为核心的全国城市供水监测体系日趋完善，将国家站和地方站紧密结合起来，形成了一个层次分明、功能互补的监测网络。

> （1）内蒙古自治区城市供水排水监测网
> 2021年，内蒙古自治区住房和城乡建设厅根据住房城乡建设部关于城镇

供水的法律法规和政策要求，组建了内蒙古自治区城市供水排水监测网。包括1个中心站和13个地方网监测站，共同构成了全面而高效的监测网络，在保障内蒙古自治区的水质安全方面发挥着重要作用。同时，内蒙古自治区住房和城乡建设厅对地方监测网的建设也给予了高度的重视。在政策层面上，不断出台相关的政策措施，以鼓励和支持地方网的发展，包括完善制度经费保障措施、推动技术交流等。内蒙古自治区地方网成员单位合影如图3-9所示。

图3-9　内蒙古自治区地方网成员单位合影

（2）山西省城市供水水质监测网

山西省城市供水水质监测网由山西省住房和城乡建设厅于1995年组织建立，国家城市供水水质监测网太原监测站作为省网中心站，其余地方站为省内通过资质认定的供水企业水质检测部门，目前共有9家成员单位。2013年山西省住房和城乡建设厅出台《山西省城市供水企业水质监测能力建设导则（试行）》，要求山西省城市供水水质监测网各成员监测站须获得Ⅱ级以上实验室等级评定后方可开展相关工作。

山西省住房和城乡建设厅定期组织省网成员单位开展经验交流、技术培训、质控考核等工作。近3年来，为提高山西省城市供水水质检测人员能力水平，省政府投入资金，山西省住房和城乡建设厅依托国家城市供水水质监测网太原监测站共举办了3期供水企业水质检测人员技能培训，覆盖全省11个市、100个县区供水企业的水质检测人员500余人。

（3）浙江省城市供水水质监测网

2000年4月，浙江省住房和城乡建设厅发布《关于成立浙江省城市供水水质监测网及领导小组的通知》，成立浙江省城市供水水质监测网，共有12家成员站。国家城市供水水质监测网杭州监测站为浙江省城市供水水质监测中心，另有国家城市供水水质监测网温州监测站、国家城市供水水质监测网宁波监测站和国家城市排水监测网绍兴监测站3家国家站，其余各市均设立了省网站，并设立了萧山监测站（原省级单列县市）。

浙江省城市供水水质监测网主要由浙江省住房和城乡建设厅组织开展水质管理相关工作，包括检测技术交流，检测数据审查、水质交互检查、检测质量保证等。

（4）河南省城市供水水质监测网

2002年9月，河南省住房和城乡建设厅发布《关于成立河南省城市供水水质监测网的通知》成立河南省城市供水水质监测网，国家城市供水水质监测网郑州监测站为省水质监测网中心站，并批准了第一批8家单位加入省网站，目前河南省网共有16家成员单位。

河南省城市供水水质监测网成员单位在河南省住房和城乡建设厅的业务指导下，充分发挥职能作用，受河南省住房和城乡建设厅委托开展了2024年全省水质抽样检测；作为河南省住房和城乡建设厅技术支撑单位解决省内水质突发事件；由国家城市供水水质监测网郑州监测站作为技术牵头单位每两年组织全省地级市的供水实验室开展质量控制考核、每年举办全省水质检验行业培训和技术交流。

3. 机构改革和业务拓展

国家网创立之初，成员单位主要是设立在各重点城市供水企业的实验室。依据《市场监管总局关于进一步推进检验检测机构资质认定改革工作的意见》和《检验检测机构资质认定管理办法》的要求，为适应逐步成熟的检测市场及自身业务发展的迫切需求，有不少国家网成员单位已经完成了向独立法人检验检测机构的转型，国家城市供水（排水）监测网济南监测站、国家城市供水水质监测网武汉监测站等是较早开始积极向外部市场拓展，以寻求新的发展机会的国家站。随着国家市场监督管理部门对检验检测机构资质认定管理的持续强化，转型为适应市场化、专业化的独立法人检测机构，在社会化检测市场上争得一席之地，已成为所有国家站面临的问题，同时也是检验检测行业提升自身竞争力、扩大市场份额的积极探索和实践。

随着社会的发展和需求的深化，国家网成员单位现已形成覆盖广泛、多层次的服务模式，业务范围逐步向上游和下游行业开拓延伸，积极参与市场竞争，推动行业健康发展。目前，国家成员单位在持续开展供水水质督察、水质数据报告、应急救援监测、污染物筛查等传统业务领域深耕细作，也在不断拓展业务的广度与深度，协助主管部门开展了规范化考核、政策研究、标准规范制定、举办培训研讨会、提供多元化的衍生技术服务，以及大力推进科技成果的转化等特色工作，为政府决策提供更为科学的依据和专业咨询，成为政府信赖的合作伙伴的同时，也能够满足社会各界对高质量服务的需求。

> （1）国家城市供水水质监测网武汉监测站
>
> 2021年，国家城市供水水质监测网武汉监测站转型为独立法人实验室，成立了武汉既济检测技术有限公司，注册资本1600万元。目前已发展成为国家高新技术企业、湖北省专精特新中小企业、湖北省科技型、创新型中小企业。
>
> 在企业的成长期，武汉监测站以检验检测为核心业务，以创新为驱动，积极布局市场化转型，并构建了新的发展模式。近3年累计完成检测数据约138万个，出具检测报告约15万份，维持了较好的盈利能力，正在以全新的面貌快速成长壮大。同时，围绕水质安全、指标检测方法、检测能力拓展开展多级别、多领域的科研项目研究；重视科研成果转化，拥有多项实用新型专利和发明专利，参与编写多项团体标准、地方标准及行业标准，持续展现强劲的发展潜力。
>
> （2）国家城市供水（排水）监测网济南监测站
>
> 国家城市供水（排水）监测网济南监测站为副局级公益一类事业单位，承

担全省供水排水行业的水质监测评价、水质投诉受理、行业技术培训与科学技术研究等专业技术工作。2010年10月，山东省供水行业第一家博士后科研工作站在济南监测站挂牌成立，济南监测站形成了集行业监测、科技创新、人才培养等多管齐下、协同发展的建设模式。

济南监测站承担济南市公共供水、二次供水、自建设施供水、城市排水许可、污水集中处理、再生水、河道水等供水排水日常监督检测任务；历次全国和山东省城市供水水质督察任务；协助政府有关部门及相关企事业单位成功应对并处理处置各类水质突发事件近百起；连续承办9届人力资源和社会保障部立项的城市水安全院士论坛暨国家级高级研修班；承担国家科技重大专项及省市各类科研项目60余项，研发的多项实用性科研成果已经推广应用；主持编写（参与编写）各类标准56部；科研成果获省部级以上科技奖励25项，发明专利26项，实用新型专利32项。

3.4 质量体系：行业培训和质量控制考核

质量体系的核心是质量控制。在城市供水水质监管工作中，为确保过程及结果符合规定的标准和质量要求，需要通过一系列的方法和手段来进行质量控制，质量体系中包含质量策划、过程控制、质量保证、质量改进、纠正与预防措施等多种手段和工具，其中行业培训和质量控制考核，作为外部质量控制中最为重要的工作，可以提高行业人员的业务素质和工作技能，也不断推动着城市供水水质监测网的成熟与技术进步。

3.4.1 行业培训

城市供水水质监管督察业务和国家监测网组织建设均伴随着质量管理工作的开展，组织行业培训是质量管理的重要组成部分。

1993年，北京、哈尔滨、天津、上海、广州、成都、兰州等城市的监测站成为第一批国家网监测站。为了强化监测网的质量管理，1994年组织举办了第一次国家城市供水水质监测网培训班，此后成为常态化工作每年开展（图3-10）。培训初期主要由各个监测站的站长参加培训，培训内容针对入网建站、计量认证评审、经验交流等。其后，培训范围逐渐扩大到技术负责人、质量负责人和技术骨干，内容也不断拓展，包括供水领域的新政策、新技术、新方法等。截至目前监测网培训已经持续组织了30年，培训人数从最初的几十人到现在的200多人，近些年组织形式多样，除了传统的现场培训外，还增加现场直播渠道，采用线上线下多种方式，增加受益人群，行业影响力逐年扩大，已经成为供水行业内最具专业影响力的培训之一，持续的培训有力推动了监测网的整体检测能力和管理水平的提高。

图 3-10　1997 年全国城市供水水质监测网软件培训班

2005 年，为了贯彻落实城市供水水质相关精神，加强城镇供水水质管理工作，宣传贯彻建设部新颁布的《城市供水水质标准》CJ/T 206—2005，组织召开了"城市供水水质管理工作会议暨 2005 年国家城市供水水质监测网年会"，总结交流城镇供水水质管理与监测技术的经验，进一步提高城镇供水安全性，促进城镇健康发展（图 3-11）。

图 3-11　城市供水水质管理工作会议暨 2005 年国家城市供水水质监测网年会合影

2006年，为了贯彻实施国家认证认可监督管理委员会的有关精神，学习新转换资质认定及计量认证《实验室资质认定评审准则》，以及即将发布的《生活饮用水卫生标准》GB 5749—2006，组织召开了"2006年国家城市供水水质监测网年会暨城市供水水质监测站站长会"。会议总结了2006年监测站的整体工作，宣讲了《实验室资质认定评审准则》《生活饮用水卫生标准》GB 5749—2006及《生活饮用水标准检测方法》，交流研讨供水水质管理和监测新技术等。

2007年，建设部发布的《城市供水水质管理规定》对城市供水水质实施监督管理，其中规定，城市供水单位应根据所在地直辖市、市、县人民政府城市供水主管部门的要求，按月公布有关水质信息。为了指导各监测站完成上报数据，举办了"城市供水水质上报数据管理软件使用技术交流会"，讲解《城市供水水质数据报告管理办法》《城市供水水质数据上报管理软件》使用方法培训，指导各监测站现场完成当月上报数据的录入等。

2009年，为进一步落实《城市供水水质管理规定》，推进城市供水水质督察等各项工作的开展，住房城乡建设部委托部水中心组织了由各国家站站长参加的城市供水水质管理工作会议暨监测网年会（图3-12），深入了解城市供水水质现状及问题，研讨下一步城市供水管理工作的重点、策略。

图3-12　2009年城市供水水质管理工作会议暨监测网年会

2013年，随着行业队伍的逐步扩大，行业对于资质认定的培训需求也日益强烈，为了提高国家城市供水水质监测网、国家城市排水监测网各监测站质量管理水平，规范资质认定内部审核工作的程序，举办了"城市供水、排水监测站资质认定内审员培训班"。对实验室资质认定制度、实验室质量体系内部审核及管理评审等资质认定内审知识，向国家城市供水、排水监测站的有关人员展开培训（图 3-13）。

2014 年，恰逢国家城市供水水质监测网成立 20 周年，举办了"全国水质监测研讨会暨国家城市供水水质监测网 20 周年会议"，会议围绕国家城市供水水质监测网 20 周年回顾与展望，深度解读监测网的职责和使命，就国外发达国家水质监督管理与检测技术方法等进行相互讨论。

图 3-13 2013 年城市供水、排水监测站资质认定内审员培训班现场

同年，针对近年来自然灾害、突发水源污染事故频发，我国城镇供水行业尚未建立供水应急救援体系的问题，为进一步提高城市供水排水监测机构的应急能力建设及风险应对水平，举办了"城市供水排水监测机构应急能力建设及风险应对培训研讨会"，针对国家供水应急救援能力建设项目的情况及供水水质的安全管理与应急监测方案等进行了讨论，部分成员单位就各自应对水质突发事件的经验进行了交流（图 3-14）。

图 3-14 2014 年城市供水排水监测机构应急能力建设及风险应对培训研讨会现场

2015 年，根据住房城乡建设部工作部署，结合国家城市供水、排水监测站的实际需求，举办了"国家城市供水、排水行业相关监测机构资质认定法规及相关制度宣贯培训班"。培训宣贯了《检验检测机构资质认定管理办法》，讲解了新出台的《检验检测机构资质认定评审准则》及监测机构质量体系转换要点，并围绕着城市供水排水监测能力发展中的水行业藻类等热点问题进行交流（图 3-15）。

图 3-15　2015 年国家城市供水、排水行业相关监测机构资质认定法规及相关制度宣贯培训班开班现场

2016 年，为进一步提升国家城市供水水质监测网成员单位的技术水平，增强城镇供水水质安全保障能力，结合国家城市供水监测机构的实际需要，召开了"国家城市供水水质监测网资质认定培训暨监测技术研讨会"。会议就城镇供水行业发展动态、水质监测技术及标准化工作进展、供水安全保障与应急监测管理等进行研讨（图 3-16）。

图 3-16　2016 年国家城市供水水质监测网资质认定培训暨监测技术研讨会现场

2017 年，针对供水排水行业监测机构发展快、评审任务重、评审员数量严重不足等问题，为了及时补充评审员队伍、做好新老评审员顺利过渡，举办了"检验检测机构资质认定评审要求和评审技巧研讨班"。培训主要内容包括：《检验检测机构资质认定管理办法》、监管要求和相关管理制度改革、检验检测机构资质认定评审技巧、检验检测机构资质认定监督检查典型案例及问题解答等（图 3-17）。

图 3-17　2017 年检验检测机构资质认定评审要求和评审技巧研讨班现场

2018 年，为进一步落实中央城市工作会议精神，全面贯彻"水十条"中从水源到水龙头全过程监管饮用水安全的要求，住房城乡建设部发布了《城镇供水水质标准检验方法》CJ/T 141—2018，为了推进《城镇供水水质标准检验方法》CJ/T 141—2018 的贯彻实施，进一步提高供水行业水质监测水平，召开了"标准宣贯暨监测技术应用培训"。培训上对标准内容与技术要求进行了全面解读，同时对标准在执行过程中对水质检测机构质量体系、检验检测机构资质认定评审政策与准则的影响进行了全面讲解。

2019 年，随着经济社会发展，人们的生活品质不断提高，用水需求已从水量需求转移到水质需求，召开了"城镇供水排水安全保障与水质监测技术研讨会"，围绕生态文明发展理念，推介水专项最新科技成果，全面贯彻"水十条"，从水源到水龙头全过程监管，保障饮用水安全，不断提升人民群众获得感、幸福感、安全感（图 3-18）。

2021 年，为推进住房和城乡建设事业高质量发展，进一步提升国家城市供排水监测网成员单位的技术水平，加强城镇供水排水监测体系能力建设，召开了"2021 年国家城市供水排水监测技术及资质认定培训班"。培训围绕"城镇供水排水监测技术及资质认定"主题，围绕"生活饮用水卫生标准解读""检验检测机构资质认定管理和机构监督管理办法解析"等议题进行了交流。

图 3-18　2019 年城镇供水排水安全保障与水质监测技术研讨会现场

2023 年 1 月，基于住房城乡建设部对国家城市供排水监测网和供水应急救援基地能力建设和专业提升的高度重视，为提高国家城市供排水监测网和国家供水应急救援基地的技术水平，促进国家网各监测站和应急救援基地技术交流，召开了"2022 年国家城市供排水监测网城镇供水排水检测及应急技术培训班"，培训以"面向高质量发展的城镇供水排水检测"为主题，深入探讨了新兴污染物的研究成果及高品质供水的技术要点等（图 3-19）。

图 3-19　2022 年国家城市供排水监测网城镇供水排水检测及应急技术培训班现场

2023 年，为推进住房和城乡建设事业高质量发展，进一步提升国家城市供排水监测网成员单位的技术水平，强化国家供水应急救援中心区域基地的实战能力，在住房城乡建设部城市建设司、人事司的部署和指导下，召开了"2023 年城市供水排水检测及供水应急技术培训班"。培训针对当前水质安全面临的挑战，深入解析水质监测与行业前沿技术，就应急救援与能力建设等展开了讨论（图 3-20）。

图 3-20　2023 年城市供水排水检测及供水应急技术培训班现场

通过不断地培训交流和积极实践，行业培训成为供水领域不可或缺的基石之一，不仅是传递知识的摇篮，更是汇聚行业高端人才、激发创新思维、赋能行业高质量发展的重要平台。随着供水行业对人才需求的不断增加和技术创新的不断深入，行业培训将继续发挥重要作用，为供水行业的高质量发展注入更加强劲的动力。

3.4.2　质量控制考核

1991 年，建设部下发《关于开展城市自来水公司水质分析质量控制工作的通知》，为确保供水水质检测分析的准确性和数据严谨性，要求在各直辖市、各省（自治区）省会城市、各计划单列市，以及其他相关城市的供水企业开展水质分析质量控制工作。通过组织单位发放样品，参加单位进行检测的方式，对自来水公司水质分析水平进行评定。由此正式开启了全国城市供水水质检测行业质量控制考核的序幕。1999 年建设部城市供水水质监测中心成立后，开始开展国家城市供水水质监测网质量管理相关业务，根据《关于加强城市供水水质督察工作的通知》及上级部门工作部署，此后由建设部城市供水水质监测中心负责管理各城市供水水质监测站国家级计量认证组织和质量控制工作。

全国城市供水质量控制考核工作，是在城镇供水排水行业开展的实验室能力验证活动，是对全国供水排水检测领域机构的能力进行评定，是保证其检测能力持续有效的重要手段。从 1991 年开始每 2 ～ 3 年组织一次考核，截至目前在全国范围内组织 16 次，历届质量控制考核情况见表 3-1，涉及指标 50 余项，考核范围从最初主要针对自来水公司到后期以国家监测网和地方监测网为主、供水厂化验室为辅的转变，参加机构由前期的 50 家增加到现在的 300 多家，考核指标共计 50 余项，包括浑浊度、pH、镉、铅、氯化物、氨氮、高锰酸盐指数、三氯乙烯、四氯化碳、乐果、氯酸盐、贾第鞭毛虫等。涉及感官性状及物理指标、无机非金属指标、金属指标、有机物综合指标、有机物指标、农药指标、消毒副产物指标、消毒剂指标、微生物指标等。城市供水质量控制考核已经成为全国供水检验检测行业公认最具权威的质量管理手段之一，对提高城镇供水水质监测机构的检测技术水平，确保检测能力持续有效，促进城镇供水行业水质监测机构检测能力和管理水平提升起到了重要作用。

历届质量控制考核情况 表 3-1

次数	时间	考核指标
第一次	1991 年	镉、铅、氯化物、硫酸盐、硝酸盐氮、溶解性总固体
第二次	1993 年	pH、总硬度、六价铬、汞、三氯甲烷、四氯化碳、浊度
第三次	1995 年	浊度、氨氮、亚硝酸盐氮、COD、砷、锌、六六六、DDT
第四次	1997 年	铁、锰、铜、氯化物、氟化物、氰化物、苯并（a）芘
第五次	1999 年	硒、镉、钙、镁
第六次	2001 年	锌、铜、硫酸盐、氯化物、氯仿、四氯化碳
第七次	2003 年	汞、砷、硝酸盐氮、氨氮、γ-666、浑浊度
第八次	2005 年	六价铬、镉、硒、pH、氟化物、高锰酸盐指数
第九次	2007 年	铁、镉、总硬度、亚硝酸盐氮、甲苯＋二甲苯（总量）、六氯苯
第十次	2009 年	锰、铝、三氯甲烷、四氯化碳、硫酸盐、硝酸盐
第十一次	2012 年	铁、镉、耗氧量、马拉硫磷、对硫磷、乐果
第十二次	2013 年	氟化物、氯化物、三氯乙烯、四氯乙烯
第十三次	2016 年	浑浊度、挥发酚、铅、滴滴涕、氯酸盐、亚氯酸盐、游离氯
第十四次	2017 年	贾第鞭毛虫、隐孢子虫、菌落总数、总大肠菌群、耐热大肠菌群、大肠埃希氏菌
第十五次	2020 年	氨氮、二氯乙酸、三氯乙酸
第十六次	2022 年	总硬度、硼、砷、草甘膦

第4章 砥砺深耕：排水监测监管

20世纪90年代后，随着经济社会快速发展，城镇化进程深入推进，城市排水管网和污水处理厂站设施规模持续增长，同时排水户数量、类型和排水量快速增长，污水收集、处理和环境治理等各环节的问题也愈加复杂多样。尤其是党的十八大以来，随着生态文明建设深入推进，新理念、新思想和新战略给城市排水和污水处理工作指明了新方向，对排水户、厂、网、河等开展监测、诊断和评估，成为加强设施监管、规范排水行为、提高系统效能的重要手段和主要支撑。

国家城市排水监测网（本章中简称国家网）各监测站在主管部门的领导下，科学开展排水监测工作，业务范围从污水处理厂、中水站及排水户等单位的日常监测，扩展到海绵城市监测、黑臭水体监测、污水提质增效评估和管网诊断等多个领域。城市排水监测的业务体系和组织体系，为政府排水监管和相关决策提供了重要依据，为保障城市排水和污水处理设施安全运行、内涝防治和水环境治理提供了重要支撑。

4.1 业务体系：排水监测业务实践与成效

为保障城市污水达标排放，提高排水系统效能，促进水环境质量改善，构建资源循环、绿色低碳的排水和污水处理系统，排水监测行业积极落实国家的法规、政策和相关技术标准要求，科学开展了（排水许可）重点排水户监测、污水处理厂与再生水厂水质监测、污水提质增效诊断评估、黑臭水体治理成效评估和海绵城市建设成效评估等一系列监测业务，取得了显著成效。

4.1.1 排水户／排水许可监测

1. 背景与主要任务

随着我国经济社会的快速发展，工业以及公共建筑等非居民排水户数量和排水量迅速增长，水质复杂程度不断提高，不良排水行为造成排水与污水处理事故频发，严重威胁污水处理设施的安全和水环境的安全。因此，亟需规范排水户行为，保障公共安全和排水与污水处理安全，保障污水、污泥资源再生利用，保障排水与污水处理设施达标运行。

1994年建设部颁布的《城市排水许可管理办法》首次确立了排水许可制度；2004年6月，《国务院对确需保留的行政审批项目设定行政许可的决定》明确保留"城市排水许可"。2004年10月，建设部发布的《建设部关于纳入国务院决定的十五项行政许可的条件的规定》规定了城镇排水许可核发条件。2006年12月，建设部颁布的《城市排水许可管理办法》提出了排水许可管理的具体要求；2013年，《国务院办公厅关于做好城市排水设施防涝设施建设工作的通知》再次强调，要严格设施接入排水管网许可制度，避免雨水、污水管道混接。2013年10月，《城镇排水与污水处理条例》明确实施污水排入排水管网许可制度。2015年1月，《城镇污水排入排水管网许可管理办法》颁布实施，构建了完整的排水许可管理制度。2022年，住房城乡建设部发布了《住房和城乡建设部关于修改〈城镇污水排入排水管网许可管理办法〉的决定》，修订后的《城镇污水排入排水管网许可管理办法》自2023年2月1日起施行。该管理办法对重点排水户提出了安装主要水污染物排放自动监测设备的要求，并对排水监督检查过程中排水监测站的主要任务、参与方式和资质要求进行了规定。

2. 监测工作的支撑作用

在《城镇排水与污水处理条例》中，第二十四条规定了城镇排水主管部门委托的排水监测机构，应当对排水户排放污水的水质和水量进行监测，并建立排水监测档案。排水户应当接受监测，如实提供有关资料。此外，列入重点排污单位名录的排水户安装的水污染物排放自动监测设备，应当与环境保护主管部门的监控设备联网。环境保护主管部门应当将监测数据与城镇排水主管部门共享。

《城镇污水排入排水管网许可管理办法》中排水监管的相关职能规定包括：列入重点排污单位名录的排水户应当安装主要水污染物排放自动监测设备；城镇排水主管部门通过"双随机、一公开"方式对排水户排放污水的情况实施监督检查过程中，有权进入现场开展检查、监测，并委托具有计量认证资质的排水监测机构对排水户排放污水的水质、水量进行监测，建立排水监测档案。

3. 实践案例

（1）郑州排水监测站重点排水户水质监测实践

自2015年起，国家城市排水监测网郑州监测站（以下简称郑州排水监测站）根据《郑州市城市排水许可工作的指导意见》的要求，承担了郑州市重点排水户水质监测任务。郑州排水监测站针对排水许可采样面积大、数量多、环境条件差异大等特点，采取"常规项＋遴选项"组合的方式，针对不同类型的排水户制定有针对性的检测方案：对医疗单位重点检测微生物类指标，对餐饮单位重点检测油类指标，对工业单位重点检测重金属含量。对已经审批批准的排水户开展水质监测工作，对超标排放的排水户，向执法部门出具水质监测报告。监测站每年根据已申领排水许可证排水单位的运行情况，结合城市管理执法局的要求，对已取证排水单位进行监督检测，监督频次根据排水单位评定性质，常规单位每年监督1次，重点观察单位每年监督2～4次。近年来，郑州排水监测站重点受理了医疗、工业、餐饮、建筑四类行业排水户水质检测申请，对42家医疗单位、46家餐饮单位、3家工业单位、15家建筑单位共开展排水水质采集检测300余次，检测样品数量400余个。

为提高工作规范性，现场采样时排水户、执法部门、监测站三方相关人员同时在场（图4-1、图4-2），对采样过程进行监督，根据实际情况对采样过程进行记录。为增强公众对排水事业的认知，促进规范排水意识的提高，郑州排水监测站还参与到宣传工作当中，组织采样员开展排水知识宣讲，向排水户讲解排水监测的工作步骤及排水知识，配合监管部门协助排水户排查排水资料，指导排水户选取排水取样点位。

多年来，城市排水许可在郑州市新型工业化、城镇化发展进程中由点到面，逐步推开。郑州排水监测站认真履行职能，在做好城市排水现状和排水户情况的调查、分析问题中持续发力，与郑州市城市管理局共同推进郑州市城市排水许可工作，为全面推进城市排水许可工作奠定基础，为郑州市营造了良好的社会氛围和发展环境。

图 4-1　郑州排水监测站采样过程三方监督　　　图 4-2　郑州排水监测站多人同步样品检测

（2）太原排水监测站重点排水户水质监测实践

国家城市排水监测网太原监测站（以下简称太原排水监测站）在重点排水户水质监测工作中，承担了医疗行业排水户源头治理及入户摸底巡查、强化城市排水监管规范排水行为专项行动等相关任务。

2023年上半年，太原排水监测站积极推进"一泓清水入黄河"行动，开展医疗行业排水户源头治理及入户摸底巡查工作。在巡查过程中，首先向排水户进行《城镇污水排入排水管网许可管理办法》宣贯，然后按照采样规范在总排口采集水样，并交由化验室进行分析检测。在此次专项行动中，太原排水监测站共出动200余人次，采集水样100多个，掌握了太原市城区范围内医疗行业排水户数量及排水户基本排水情况，包括水质、水量、排口及排水去向。通过巡查使排水户了解最新的《城镇污水排入排水管网许可管理办法》，明确了下一步具体工作内容及新的工作方向，切实提高了排水户依法排水意识，共同营造法治规范、健康有序的排水环境，保障了城镇排水设施安全稳定运行，有效提升了水环境质量。

2023年～2024年，太原排水监测站分两个阶段开展了强化城市排水监管规范排水行为专项行动。在宣传动员阶段，太原排水监测站设计印制了排水条例宣传彩页，并培训和组织800余名网格采集员在太原市城区范围内开展了排水许可宣贯。在摸底阶段，太原排水监测站首先完成了工业排水户、较大型医疗卫生行业、洗车行、大中专院校等重点排水户的信息汇总统计（图4-3）。随后，针对其他行业的经营排水户开展了地毯式摸排工作。在摸排工作中，首先以街道为线将城区范围进行网格化，划定工作进度图，设计排水户登记表，然后按一级排口为一个排水户原则，按照以口带户、以大带小的工作思路对网格区域内排水户进行逐一登记。

图4-3 太原排水监测站开展重点排水户水质监测

（3）哈尔滨排水监测站重点排水户水质监测实践

自2013年起，国家城市排水监测网哈尔滨监测站（以下简称哈尔滨排水监测站）开展了哈尔滨市区内重点排水用户的水质、水量的监测和检测工作任务（图4-4）。哈尔滨排水监测站依据《污水排入城镇下水道水质标准》GB/T 31962—2015要求，截至2023年排水户水质全分析检测累计已近 6000 户。2022 年起，哈尔滨排水监测站结合流域综合治理工作，以流域为单元制定排水户监测方案，并将排水用户监测工作纳入流域化管理，把流域内有代表性的排水用户的水质、水量监测数据整理到地理信息系统（GIS）中，为上级主管部门了解排水管网的实际运维情况提供了科学有效的判定依据。上述工作的开展，为哈尔滨市政府主管部门掌握市区内排水污染物的走向和污染因子的特征指标提供了数据支撑，也为哈尔滨市排水用户节能减排提供了基础数据。

此外，哈尔滨排水监测站已连续开展近 30 年的跨年度城市排水总量的测定工作，利用长期积累的排水总量测定数据为哈尔滨市及主要行业开展年度排水流量汇总提供了参考数据。

图 4-4　哈尔滨排水监测站重点排水户采样与水质检测

（4）青岛排水监测站重点排水户水质监测实践

国家城市排水监测网青岛监测站（以下简称青岛排水监测站）常年承担青岛市污水处理厂监督检测、排水户监督检测和排水水质临时检测任务（图 4-5）。根据青岛市水务管理局每月下达的监测计划，青岛排水监测站按时对排水户进行水质监测，同时对排水户污水处理设施运行状态进行检查。对于超标排放的排水户，青岛排水监测站于次月对该用户进行复检。如复检仍不达标，则转交行政执法部门，对该排水户进行处罚，督促排水户达标排放。目前，排水户监督监测工作已开展超过 10 年，青岛排水监测站均圆满完

图 4-5　青岛排水监测站化验人员日常化验

成了排水户检测工作任务。平均每年调查监测的排水户超过 140 家，每年出具排水户排水水质监测数据超过 1000 个。

青岛排水监测站通过对排水户的监督监测，保证了排水户排入城市下水道污水和半岛流域排水的达标排放，对污水处理厂进水的安全起到了监督作用，保护了水环境。

（5）厦门排水监测站重点排水户水质监测实践

2023 年，国家城市排水监测网厦门监测站（以下简称厦门排水监测站）对厦门市思明区、湖里区、海沧区、集美区、同安区、翔安区报送的 35 处重点排水区域以及部分月均用水量超过 2500m³ 的用水企业的污水排放情况开展了抽样检测。在 4 个月的时间内，对厦门市 35 处重点排水区域进行了 1 ~ 2 次全覆盖水质抽测，对月均用水量超过 2500m³ 的用水企业按 3% 比例进行水质抽样检测。

为保证检测任务的顺利完成，厦门排水监测站制定了科学详细的采样计划，采样过程均按照检测项目要求进行分装采集，并做好现场采样记录、质量保证工作。所采样品均为瞬时样并及时送检，并在规定时间内完成检测工作（图 4-6）。

图 4-6　厦门排水监测站现场采样

针对此次重点排水户水质监测工作，厦门排水监测站在任务紧迫且取样困难的情况下，科学组织部署，出色完成了水质抽样检测任务，并对数据进行汇总分析，为政府决策提供了重要依据，充分体现了监测队伍的责任担当和专业精神。

4.1.2　海绵城市建设成效评估

1. 背景与主要任务

2013 年，习近平总书记在中央城镇工作会议上首次提出"建设自然积存、自然渗透、

188

自然净化的海绵城市"。2015 年，国务院办公厅印发了《关于推进海绵城市建设的指导意见》，对今后我国新型城镇化建设转型过程中统筹推进海绵城市建设做出了总体部署。2015 年~2016 年，中央财政引导资金支持了全国 30 个城市开展海绵城市建设试点，同时也带动了各省市开展海绵城市建设工作。2019 年 8 月 1 日起实施的《海绵城市建设评价标准》GB/T 51345—2018 中提出了采用监测方式对海绵城市建设成效进行评价的要求。2021 年，财政部、住房城乡建设部、水利部联合印发了《关于开展系统化全域推进海绵城市建设示范工作的通知》，提出在"十四五"期间开展系统化全域推进海绵城市建设示范工作，2021 年~2023 年共有 3 批 60 个城市入选系统化全域推进海绵城市建设示范城市。

2．监测工作的支撑作用

排水监测在海绵城市建设中的支撑作用主要表现在以下四个方面：

一是为城市海绵绩效考核提供基础数据和量化指标。针对典型片区开展包含"源头减排、过程控制、系统治理"的系统性监测，以降雨量及各类水质、流量和液位监测数据为支撑，将监测原始数据经分析计算转化为可考核的指标，定量检验海绵城市建设成果。

二是为海绵城市智慧管控平台建设提供基础数据。海绵城市监测可以为管控平台中的项目管理、监测展示、绩效评估、内涝模拟预警、公众参与、移动端 App 等业务提供降雨量、径流量控制、径流污染控制、管网运行情况、水环境、河道水位等基础数据。

三是为海绵城市规划设计与运维管理提供基础数据。通过大量在线和人工监测数据的统计分析，为海绵城市规划和项目与设施的设计提供更为准确的基础数据和设计参数，并为模型运算提供数据支撑。通过设施－项目－片区－流域的长期监测，可以跟踪评价海绵设施及排水系统的运行状态，为海绵项目与设施的运行维护提供参考。

四是为城市内涝预警应急与排水防涝设施运行调度提供数据支撑。在雨天，通过管网液位、易涝点、重点区域、河道水位等数据的在线监测，为内涝风险预警模型提供数据支撑，并为应急措施的制定实施提供依据，提高城市防洪排涝应急抢险能力。在旱天，通过雨水管网异常排水的监控，为污水提质增效与水环境治理提供基础数据。

3．实践案例

（1）国家网中心站深圳市海绵城市监测评估实践

2016 年 4 月，深圳市成功入选第二批"国家海绵城市建设试点城市"。深圳市光明区国家海绵城市建设试点区域位于光明区东南部低山丘陵区，面积 24.65 km²，海绵城市建设按照"源头减排、过程控制、系统治理"的要求实施，并于 2019 年通过验收。

为了对试点区域海绵城市建设效果进行考核评价、为海绵城市运维管护和推广应用提供数据支撑，国家城市供排水监测网中心站（中国城市规划设计研究院）联合有关单位对试点区域编制了流域和排水分区两级监测方案，并开展了系统、长期连续的监测。

该项目从自然本底－下垫面－设施－地块－分区－水系方面，重点对监测对象的水质和水量进行监测，主要监测内容包括：降雨量监测、河流水质水量监测、雨水管网排水口水质水量监测、截留式管网溢流口水质水量监测、雨水管网关键节点和污水管网关键节点水质水量监测、易涝点液位和视频监测、典型下垫面水质水量监测、典型设施水质水量监测、典型项目水质水量监测、雨水利用和再生水利用量监测、土壤渗透性监测等。根据监测方案，采用固定监测点与轮换监测点相结合的方式，共设置降雨量、流量、液位、水质在线监测点 155 个，完成人工采样送检水样量 3976 个。通过实测和模拟分析项目年径流总量控制率、分区年径流总量控制率、项目实施有效性、雨水管网排水能力、城市内涝防治能力、黑臭水体治理效果、试点区域海绵城市达标面积比例等指标，对深圳光明区海绵城市建设实施效果进行了综合评估。

通过海绵城市监测模拟评估综合分析，试点区域海绵城市建设成效显著，各项指标完全达到规划设计方案的目标，试点区域雨水滞蓄能力明显提升，城市防洪排涝能力得到显著提高，原有内涝点全部消除，真正实现了小雨不积水、大雨不内涝的目标；城市水环境质量明显改善，鹅颈水河道全部消除黑臭，东坑水河道水质明显优于海绵城市建设前。试点区域海绵城市建设在监测点布局、模型体系构建、参数设定和验证、系统评价方法等方面积累的经验和方法，对其他类似地区具有重要的参考价值，可以在其他地区复制和推广。

（2）国家网中心站宿迁市海绵城市监测评估实践

2022 年，宿迁市入选国家第一批系统化全域推进海绵城市建设示范城市，为评价宿迁市海绵城市建设成效，借助现代化管理手段和技术提升海绵城市建设运营管理水平，根据有关要求，宿迁市以达标片区为重点，开展了系统性海绵监测与数据评估。

国家城市供排水监测网中心站（中国城市规划设计研究院）联合有关单位，承担了《宿迁市海绵城市建设成效监测和智慧管控平台项目》中海绵城市建设成效监测的相关工作，包括海绵城市建设监测方案编制、设备采购与安装、后期运行维护、建设成效监测与评估等。

根据宿迁市海绵城市建设实际情况，项目组从示范期拟达标片区中选取 5 个典型片区，以典型片区为核心开展海绵城市监测与效果评估，所选取的典型片区充分反映了中心城区所在的四大治涝片区的地形、水系、下垫面特征以及海绵城市建设情况。在典型片区内，构建了"本底特征—源头减排—过程控制—系统治理"的监测体系，监测对象包括15处典型下垫面、25处典型设施、25个典型项目、21条黑臭水体，此外还设置了20个水环境监测点以及20个水位监测点。项目组针对降雨、典型下垫面、典型设施、典型项目、管网关键节点及排口、易涝点、水系水质和水位等开展监测，监测方式以降雨、流量、液位和水质在线监测为主，以人工采样和实验室水质检测为辅。

通过监测数据分析，对宿迁市海绵城市建设本底特征，以及源头减排、过程控制和系统治理三个层级的建设成效进行了评价。在源头减排效果方面，典型设施和典型项目对径流量和径流污染进行了有效控制，达到项目设计目标。通过降雨监测和3类典型下垫面的径流水质监测，获取了典型本底数据，为海绵城市建设成效评估和相关规划方案的编制提供了数据支撑。在过程控制监测方面，典型片区管网关键节点和排口的监测结果表明，片区径流量和污染控制效果达到专项规划控制要求，内涝防治标准内降雨未出现明显的道路积水，典型片区整体达到预期建设效果。在系统治理监测方面，中心城区水环境质量得到了明显改善，黑臭水体水质稳定达标。此外，通过对20处河道关键断面进行水位监测，为海绵城市的规划、方案编制和河湖水位调度提供数据支撑。

4.1.3 黑臭水体治理效果评估

1. 背景与主要任务

在我国城市快速建设发展过程中，排水设施的建设和运维管理相对滞后，城市排水管网系统的混接、错接、破损、混流等问题大量出现，甚至还存在污水管网空白区，导致大量污水进入城市水体，加之河道水体生态基流不足，从而使水质严重恶化，出现黑臭现象。

城市黑臭水体不仅给群众带来了极差的感官体验，也直接影响群众生产生活。2015年，国务院颁布的《水污染防治行动计划》提出：到2020年，地级及以上城市建成区黑臭水体均控制在10%以内，到2030年，城市建成区黑臭水体总体得到消除的控制性目标。2018年5月，习近平总书记在全国生态环境保护大会中强调，要把解决突出生态环境问题作为民生优先领域，基本消灭城市黑臭水体，还给老百姓清水绿岸、鱼翔浅底的景象。2018年9月，住房城乡建设部与生态环境部联合印发了《城市黑臭水体治理攻坚战实施方案的通知》。全国城市黑臭水体治理工作就此全面展开，经过3年的治理工作，各地黑臭水体治理初见成效。为贯彻落实《中共中央、国务院关于深入打好污染防治攻坚战的意见》，持续推进城市黑臭水体治理，加快改善城市水环境质量，2022 年 3 月 28 日，住房城乡建设部、生态环境部、国家发展改革委和水利部印发了《深入打好城市黑臭水体治理攻坚战实施方案》，城市黑臭水体治理进入到进一步巩固和提升的阶段。

2．监测工作的支撑作用

在黑臭水体治理的各个阶段中，监测起到了至关重要的作用。一是在治理工作开始之前，首先要通过水质监测，对疑似黑臭水体进行分级与判定，以确定该水体是否为黑臭水体以及水质黑臭的程度。二是在黑臭水体治理工程完成后，要通过监测对治理效果进行评估。三是要针对治理效果开展长期的监控，防止水质恶化，甚至返黑返臭。

（1）分级与判定

根据黑臭程度的不同，城市黑臭水体包括不黑臭、轻度黑臭和重度黑臭三个级别。在水环境治理之前，需要按照《城市黑臭水体整治工作指南》中规定的方法对水体的黑臭情况进行分级和判定。因此，黑臭水体水质检测与分级结果可为黑臭水体整治计划制定和整治效果评估提供重要参考。

（2）整治效果评估

黑臭水体整治完成后，需要通过水质监测等手段进行整治效果评估。

城市黑臭水体整治效果评估的主要内容和依据应包括公众调查评议材料、专业机构检测报告、工程实施影像材料、长效机制建设情况等。其中，公众调查评议结果是判断地方政府是否完成黑臭整治目标的主要依据，其他专业评估结果可为整治工作绩效考核、政府购买服务支付服务费等提供技术支撑。

具有计量认证资质的第三方监测机构（一般可选择在黑臭水体治理前开展等级判定的检测单位）可根据地方人民政府或有关部门委托，于工程实施前后按照黑臭水体分级判定的指标进行整治效果评估，还可考虑选用其他参考评价指标（如 SPI 等），开展辅助评估。采样布点要求和监测频率可根据《城市黑臭水体整治工作指南》执行。第三方监测机构应系统整理黑臭水体整治前后的水质变化情况，作为第三方评估或专家评议的主要依据。

（3）整治效果持续跟踪

在黑臭水体治理初见成效后，还需要通过水质监测等手段对治理效果进行持续的跟踪。在《深入打好城市黑臭水体治理攻坚战实施方案》中，提出了强化监督检查的要求，其中包括定期开展水质监测：对已完成治理的黑臭水体要开展透明度、溶解氧、氨氮指标监测，持续跟踪水体水质变化情况。每年第二季度、第三季度各监测一次，有条件的地方可以增加监测频次。加强汛期污染强度管控，因地制宜开展汛期污染强度监测分析。

3. 实践案例

（1）北京排水监测站黑臭水体监测实践

为落实国家关于黑臭水体治理工作要求，2015年北京市发布了《北京市水污染防治工作方案》，该方案提出到2017年，中心城、新城的建成区基本消除黑臭水体等一系列治理目标。

为保障北京市黑臭水体整治工作的顺利进行，2015年～2018年，国家城市排水监测网北京监测站（以下简称北京排水监测站）先后开展了黑臭水体判定、评估等监测工作，通过现场勘查、取样点位确定、水样采集、水质检测、数据审核、检测报告编制、数据填报及质量控制、安全保证等，共计完成通州区52条河流、朝阳区32条河段、丰台区10条河段黑臭水体判定监测工作，完成通州区53个河段、朝阳区34个河段、丰台区7个河段黑臭水体治理效果评估监测工作。在黑臭水体判定阶段，共获得水质数据7400个，获得水质数据清单3份，黑臭水体起止断面信息3份，编制黑臭水体清单3份，绘制黑臭水体分布图3份。在黑臭水体治理效果评估阶段，共计完成监测数据11644组，完成公众调查11160份。

通过持续开展的黑臭水体治理效果评估监测，助力北京市在2017年年底实现建成区的黑臭水体治理效果"初见成效"，并在2018年全面进入到黑臭水体"长制久清"阶段。在监测过程中，除了传统的实验室检测，北京排水监测站还首次开展了公众评议调查（图4-7）。3年的时间，见证了北京市上百条河流的治理过程，记录下了这些河流治理前后的面貌和水质数据，从感官和数字上都看到了北京水环境的持续向好，通过项目的实施，真正达到了改善城市生态环境，提升老百姓幸福感的目标。

图4-7 北京市黑臭水体治理成效现场评议调查

（2）上海排水监测站水环境及黑臭水体监测实践

国家城市排水监测网上海监测站（以下简称上海排水监测站）先后承担了上海市长江口断面监测（图4-8）、中小（黑臭）河道水质监测（图4-9）项目，在上海市水环境治理工作中发挥了重要作用。

图4-8　上海排水监测站长江口现场采样

图4-9　上海排水监测站中小河道现场采样

2017 年～2019 年，上海排水监测站对长江口市考断面进行了现场监测、水质采样、底泥采样及实验室分析工作（图 4-10）。该项目要求每月为 1 个监测周期，每个周期内每个点位根据潮汐时间采集高平、低平 2 个频次的水质样品，并于每年服务期限内对本项目范围内的所有断面开展一次底泥采样及检测工作，每年需完成 1152 组水样，11 组河道底泥，共计 25392 项次的采样与检测工作。

图 4-10　上海排水监测站实验室检测

2018 年起，上海排水监测站承接了中小（黑臭）河道水质监测项目。中小河道水质检测一般对 8 项指标进行检测，根据监管要求开展月度或年度水质监测工作，2018 年最高峰时，完成 3000 多组水质样品，共计约 24000 项次的采样与检测工作。针对该项目，监测站对所有项目人员进行上岗培训及质控考核，并进行全程质量管控，确保检测数据的真实性及准确度。所有现场采样人员都参与了上海市监测中心地表水监测人员的相关培训及上岗证考核，确保满足上海市生态环境局要求。在项目实施过程中，上海排水监测站通过与上海市环境监测中心开展多轮技术研讨，优化实施流程，提高服务质量，通过了上海市环境监测中心的多次现场及实验室考核监管，达到项目预期目标。

多年来，上海排水监测站始终秉持"水环境瞭望者"初心，致力于提升技术能力，优化监管措施。在地表水考核断面水质监管及中小河道综合整治工作中，凭借精准的监测数据，为政府部门提供了坚实的决策依据，为上海市的中小河道综合治理作出了卓越的贡献，体现了监测站的高度社会责任感，更彰显了监测站的行业领先地位。

（3）天津排水监测站黑臭水体监测实践

2017年，天津市建成区黑臭水体治理工程已完成。为巩固城市黑臭水体治理成效，对水质进行持续跟踪，国家城市排水监测网天津监测站（以下简称天津排水监测站）在2018年～2019年，对张贵庄河、小王庄河、护仓河、陈台子河四条原黑臭水体进行持续水质监测（图4-11）。在实施过程中，监测站在每月月初制定采样计划，每周检测一次。

目前，天津市地表水Ⅳ类及以上水体比例占比91.7%，12条入海河流消除地表水劣Ⅴ类水体，全市域黑臭水体实现动态清零。天津排水监测站依托河道监测工作，向水务管理部门如实反馈河道水质情况，为黑臭水体治理及评估工作提供了科学准确的水质检测数据。

图4-11　天津排水监测站河道采样现场

（4）郑州排水监测站黑臭水体监测实践

为保障郑州市城市黑臭水体治理工作的顺利开展，从2018年开始，国家城市排水监测网郑州监测站（以下简称郑州排水监测站）对全市黑臭水体开展了排查检测、整治效果评估，以及整治后的监督性检测等工作（图4-12，图4-13）。

2018年，郑州市完成了贾鲁河（航海路—化工路）、瓦屋李明沟、金洼干沟、金水河（农业东路附近）共20.4km黑臭水体治理工作。郑州排水监测站按照《城市黑臭水体整治工作指南》要求，进行了每半月一次，连续6个月共计420个点次的水体检测，结合民众调查评议情况，于2019年10月完成整治效果评估。在郑州市城市黑臭水体治理工作完成后，郑州排水监测站对上述4条河流及其他郑州市主要河流及湖泊持续进行水质监测，定期排查，持续监管，防止返黑、返臭。

自 2020 年以来，郑州排水监测站共计采样并检测了约 1500 个点位。通过不断地排查检测、监督检测，郑州排水监测站持续掌握水质变化情况，并根据测定结果分析研判水质情况。对于疑似返黑情况，郑州排水监测站深入分析原因并提出整改建议，由相关责任部门排查隐患，并按照"控源截污、内源治理、生态修复、活水保质"的技术路线开展整治，郑州市黑臭水体治理成果得到持续巩固。

图 4-12　郑州排水监测站溶解氧现场检测　　　　图 4-13　郑州排水监测站河道现场采样

4.1.4　污水提质增效诊断评估

1. 背景与主要任务

我国城镇污水处理行业经过多年的建设和发展，城镇污水处理设施建设基本实现全覆盖，城镇污水处理率已提高到 90% 以上。但我国城镇污水处理仍存在一些突出问题，导致我国城镇污水处理效能整体较低。党中央、国务院高度重视城镇污水处理工作，在 2018 年发布的《关于全面加强生态环境保护坚决打好污染防治攻坚战的意见》中提出，实施城镇污水提质增效三年行动，加快补齐城镇污水收集和处理设施短板，尽快实现污水管网全覆盖、全收集、全处理。

在上述背景下，2019 年 4 月 29 日，住房城乡建设部、生态环境部、国家发展改革委联合发布了《城镇污水处理提质增效三年行动方案（2019—2021 年)》。目标是经过 3 年努力，地级及以上城市建成区基本无生活污水直排口，基本消除城中村、老旧城区和城乡接合部生活污水收集处理设施空白区，基本消除黑臭水体，城市生活污水集中收集效能显著提高。确保用 3 年左右形成与推进实现污水管网全覆盖、全收集、全处理目标相适应的工作机制，扎实打好水污染防治攻坚战。

2．监测工作的支撑作用

排水监测在污水提质增效中发挥了重要作用，主要体现在两个方面：一是开展污水系统的管网诊断，为各地制定污水提质增效治理方案提供支撑；二是针对"厂—网—河"系统开展现状和治理成效监测评估。

（1）排水管网诊断

由于我国在城市排水系统建设管理过程中存在的种种问题，导致城市排水管网普遍存在混接错接等问题。排水管网的诊断工作是开展污水提质增效的重要基础与关键环节，开展城市排水管网诊断，分析判断城市排水管网混接错接和破损等问题，能够为排水管网的更新改造提供支撑，从而推动城市污水处理提质增效和水环境治理。

通常，排水管网诊断以老旧城区、城乡接合部、污水量明显偏大或偏小的区域、管网上游和下游水质变化显著的区域、黑臭水体的汇水范围和雨水污水混接错接严重的区域等为重点监测范围，将管网诊断与管网普查同步开展。管网诊断以排水分区为单元，采取从下游往上游、从主管到支管的方式开展监测排查。通过对污水处理厂进水口、典型单位或小区排水口、雨水管排水口、管网关键节点等开展水量水质监测，由下向上沿线追溯问题、由点到面对比分析问题、由区域到节点定位问题管段。在问题诊断的过程中，通常采用两种方式：一是通过物质和水量平衡的方法进行上游下游的对比分析；二是通过特征水质指标浓度变化寻找问题点位。将监测分析结果结合管道内窥检测等手段，判定城市排水系统有无雨污管线混接错接、外水入渗、淤泥沉积等问题，根据相应问题的类型、位置、数量和状况，制定管网修复和改造工程方案。

（2）"厂—网—河"水质监测评估

"厂—网—河"水质监测评估是针对某一污水处理厂的污水提质增效现状和治理成效开展的监测。监测对象包括污水收集管网关键节点、污水处理厂进出水、尾水受纳水体。通过系统监测，一是识别收集系统中水质存在异常的区域，进而通过管网诊断查找问题；二是研究污水进水浓度对污水处理效果的影响；三是通过水环境监测，一方面考察污水处理厂尾水对水环境的影响，另一方面是监控污水收集区域内是否存在污水直排、溢流排放或者混接错接排放，进而通过管网诊断技术确定问题根源。

3．实践案例

（1）天津排水监测站污水提质增效监测实践

2018年12月，天津市发布了《天津市城镇污水处理提质增效三年行动实施方案（2019-2021年）》。为落实上述方案要求，2019年6月，由天津市水务局和国家城市排水监测网天津监测站（以下简称天津排水监测站）组织召开了天津市城镇污水处理提质增效工作推动会（图4-14），宣贯《天津市城镇污水处理提质增效工作方案》，对不达标片区的治理方案、措施和监测方法进行了培训。

图4-14 天津市城镇污水处理提质增效工作推动会

天津排水监测站于2018年9月和2019年8月分别举办了日处理万吨规模以上和日处理万吨规模以下城镇污水处理厂COD、总氮两项指标的能力验证工作。此外，为确保能力验证考核工作的顺利进行和切实提高化验员的检测技能，2018年9月，天津排水监测站组织全市城镇污水处理厂化验工集中进行了化验理论和现场实操培训（图4-15）。

图4-15 天津市污水处理厂检验人员技能培训

天津排水监测站按照《天津市城镇污水处理提质增效工作方案》要求，自 2019 年 1 月起，每月承担全市 94 座城镇污水处理厂进出水水质检测。监测站在每月月初制定采样计划，保证每月 25 日完成当月工作任务。据统计，该项任务每年出具检测数据 1.1 万余个（图 4-16）。

天津排水监测站依托日常监测工作和运用技术优势，为天津市水务局等相关管理部门持续改善排水管网系统运行效果、提升污水处理能力运行监管工作成效，提供了大量真实可靠的检测数据和强有力的技术支持。

图 4-16 天津市污水提质增效现场采样与实验室检测

（2）海口排水监测站污水提质增效"厂—网—河"协同监测实践

为提高城市生活污水集中收集效能，改善水体环境，海口市开展了污水提质增效"厂—网—河"一体化治理行动。国家城市排水监测网海口监测站（以下简称海口排水监测站）全面参与到污水处理厂、污水提升泵站和水环境的水质监测中（图 4-17，图 4-18）。

图 4-17 海口排水监测站实验人员五日生化需氧量检测　图 4-18 海口排水监测站采样人员对泵站进行采样

在污水处理厂水质监管监测中，海口排水监测站对海口市白沙门污水处理厂（一期）、海口市白沙门污水处理厂（二期）进出水水质每周监测两次，桂林洋污水处理厂、长流污水处理厂、龙塘污水处理厂、狮子岭一期和二期污水处理厂、云龙污水处理厂、金牛湖污水处理站、美舍河3个一体化污水处理站进出水水质每周监测一次。2020年共取得监测数据17690个。其中，每周监测一次的项目13项，每季度监测一次项目共10项。

在管网泵站监测工作中，海口排水监测站对海口市海甸泵站、疏港泵站、美舍河泵站、新埠岛泵站、金贸泵站、秀英沟泵站、桂林洋1号和2号泵站等市政污水提升泵站开展水质采样监测，监测频率为每月一次，检测项目包括水温、pH、盐度、悬浮物、化学需氧量、易沉固体、五日生化需氧量、磷酸盐、动植物油、氨氮、色度、铜共计12项。2020年共取得监测数据1336个。

在河道水环境监测中，海口排水监测站对海口市美舍河－沙坡水库水环境治理项目11个水质考核断面点位进行采样检测。其中月检项目9项、季检项目27项。2020年共取得监测数据1940个。

海口排水监测站通过上述工作，为海口市污水提质增效工作的开展提供了有力支撑。

（3）国家网中心站拉萨市排水管网诊断实践

由于拉萨市城区污水管网存在混接错接以及管网破损等问题，导致污水管网中混入了大量河水和地下水，从而使污水处理厂进水浓度严重偏低，同时污水水量大大超出污水处理厂处理能力，大量低浓度污水溢流进入河道，严重污染城区水环境。为了对管网存在的问题进行全面诊断，国家城市供排水监测网中心站（中国城市规划设计研究院）承担了拉萨市中心城区排水管网诊断工作。

项目组在主干道路交叉口、道路跨河处、污水处理厂前总进水口等处设置监测点111处。在河道出入境、交汇、排口前后，以及湿地前后、河道沿线目测水质发生变化等处设置监测点，并在城区内外均匀布置地下水检测点，检测地下水埋深和水质状况。各类流量监测均采用在线监测方式、水质采用在线采样和人工检测相结合的方式。

项目组创新性地采用"河道管道两层次流量水质平衡分析""基于特征离子分析的外水掺混判断"方法，对旱天污水溢流、进厂污水浓度低、河道水质恶化、雨污管道混接等问题进行了定性、定量、定位、定级的精确分析和判断。通过诊断发现的"真问题""真原因"，厘清了城市污水、河水、地下水等的复杂关系，是相关规划和改造方案的重要支撑。

（4）国家网中心站呼和浩特市排水管网诊断实践

2020 年，在呼和浩特市排水管网公司的协助下，国家城市供排水监测网中心站（中国城市规划设计研究院）承担了呼和浩特市城市排水管网普查和诊断工作（图 4-19）。

经过管网普查和诊断，发现呼和浩特市城区排水系统存在外水入渗入流、雨污混接错接、分流制管网改造不彻底、管道淤积等问题，共发现市政合流制管网 25km，雨污混接错接点 143 处，其中污水管道接入雨水管道 58 处，雨水管道接入污水管道 65 处，雨污水管道混接 20 处，淤积堵塞深度超过管径 1/5 的排水管道 587km。针对发现的问题，项目组提出了开展市政管网雨污分流改造、市政管网混接错接改造、合流制小区雨污分流改造、空白区污水收集设施建设、断头排水管改造、排水管道修复改造和清淤疏通等管网建设与改造任务。

通过这项工作的实施，获取了完整准确的管线数据，摸清了呼和浩特市排水系统底数，查清了排水管线存在的混接错接问题，为城市排水管网建设和改造提供了依据，有效支撑了城市污水提质增效和水环境治理工作。

图 4-19　项目组人员对排水管网进行采样

4.2　组织体系：排水监测体系建立与发展

为支撑排水设施的运行和排水行为的监管，各级管理部门和相关主体相继建立了各类排水监测机构，如污水处理企业化验室、行业主管部门监测机构等。城市排水监测网的成立发展伴随着我国城市排水和污水处理工作的进步发展，30年来，监测网的能力建设得到了长足的发展，运行机制不断完善，各监测站的设施环境、仪器设备、人员素质显著提升，为城镇排水管理提供了监测组织保障。

4.2.1 政策背景

1. 城市排水监测工作起步探索

1992年12月，建设部为适应城市排水管理体制改革的需要，保障城市排水设施正常维护和安全运行，推行城市排水设施有偿使用，印发了《城市排水监测工作管理规定》。该规定是我国关于排水监测工作的第一份行政管理文件，规定了我国城市排水监测工作的范围、排水监测主管部门及主要职责、排水监测机构的设置及要求等。

《城市排水监测工作管理规定》提出：排水监测范围包括排入城市排水设施的污水、废水和雨水等的监测管理。其中城市排水设施是指接纳、输送城市污水、废水和雨水的管网、泵站、沟渠，起调蓄功能的湖塘以及污水处理厂、污水和污泥最终处置及相关设施。首次明确各类排水监测的工作范围。

在排水监测主管部门及管理职责方面，该规定首次明确了国家、省、市三级排水监测工作的行政主管部门和工作职责，具体如下：国务院建设行政主管部门主管全国城市排水监测工作；省、自治区人民政府城市建设行政主管部门主管本行政区域内的城市排水监测工作；城市人民政府城市建设（市政工程）行政主管部门主管本市行政区内的城市排水监测工作。城市人民政府城市建设（市政工程）行政主管部门可授权城市排水（经营）管理单位负责城市排水监测的具体工作。城市建设行政主管部门在排水监测管理方面的主要职责为：负责城市排水监测管理工作，组织编制城市排水监测的发展规划，并监督实施；组织协调重大的、综合性的城市排水监测调查，技术评价，成果评定及事故处理等工作；组织、监督城市排水（经营）管理单位对城市排水设施及其水量和水质的监测工作；组织城市排水监测专业方面的国内外技术合作与交流。

在城市级排水监测站的等级划分方面，该规定提出：监测站等级划分为一级、二级、三级，各地可根据城市排水监测任务设置相应等级城市排水监测站（以下简称监测站）。各级监测站的技术人员比例及主要仪器、设备的配置，可参照该规定的附表并结合当地情况确定。在后来的排水监测体系建设发展过程中，我国排水监测机构形成了国家网和地方网两级网络，国家网成员单位多为直辖市、省会一级部分重点城市的市级监测机构，多数国家网成员同时作为地方网的中心站。地方网是以省为单位建立的监测机构网络。除了两级网络以外，污水处理企业或中水站均有内设的检测机构。

关于城市排水监测站的主要职能，该规定提出监测站的职能包括：制定城市排水监测年度计划，报主管部门批准后按计划组织实施；对排入城市排水设施的水量和水质进行监测。对排水企事业单位进行现场检查。被查单位应当如实反映情况，提供必要资料。监测站应当为被查单位保守技术和业务秘密。为城市排水设施有偿使用提供有关监测数据和资料；为制定、修订城市排水规划及有关法规、规范和标准提供资料；参与城市排水事故的调查，并向上级主管部门提出事故调查分析报告；执行城市建设行政主管部门和城市排水（经营）管理单位交办的其他工作；可承担用户委托的排水检测及咨询服务。一级站、二级站接受主管部门委托，还可具有以下职能：负责组织、协调监测技术与信息的交流；对下级站进行业务指导和技术人员的培训与考核；接受国家或省市下达的重大监测任务，以及排水监测分析新项目的开发与验证等工作。

2. 国家城市排水监测网组建成立

1994 年，为规范排水检测机构实验室的运行管理，提高排水监测能力，确保检测质量的科学准确和监测结果的客观公正，建设部经过与国家技术监督局商定，对全国城市排水监测站开展国家级计量认证工作，并下发《关于开展城市排水检测国家级计量认证工作的通知》。同年，建设部下发了《关于组建国家城市排水监测网的通知》，规定国家城市排水监测网由各地区城市排水监测站组成，受建设部委托，行使一定行政监督职能，以保障城市排水设施正常运行，加强城市排水污染治理、保护水环境为主要目标开展相关工作。

1995 年，北京、天津、太原、哈尔滨、上海、南京、青岛、石家庄、杭州 9 个城市的排水主管部门设立的检测机构通过了国家级计量认证，加入国家城市排水监测网。1996 年，建设部下发《关于公布国家城市排水监测网第一批成员单位的函》，上述 9 个检测机构正式成为国家城市排水监测网首批国家级监测站成员单位。

3. 城市排水监测能力建设加强

为解决我国"十一五"时期存在的污水和再生水设施在建设、运行和监管方面存在的短板，进一步做好城镇污水处理工作，加快推进处理设施建设，提高设施运营水平，2012 年 4 月，国务院办公厅印发了《"十二五"全国城镇污水处理及再生利用设施建设规划》。该规划以提升我国城镇生活污水处理及再生利用能力和水平为总体目标，明确了"十二五"时期的建设任务，提出了保障该规划实施的具体措施，是指导各地加快城镇污水处理设施建设和安排政府投资的重要依据。该规划明确提出了加强排水监测能力建设的要求，提出完善国家、省、市三级监测体系，为有关部门监管城镇污水处理设施运行提供支撑。"十二五"时期，建设国家级排水监测站1座、省级监测站14座、市级监测站200座，达到各省（区、市）均建有省级排水监测站的目标。国家和省级排水监测站具备全指标监测能力和主要指标的流动检测能力，市级监测站具备月检项目的分析能力。全部建成后，所有设市城市具备排水与污水监测能力。进一步完善已有统计制度，强化对城镇污水处理、配套管网、污泥处理处置、再生水设施建设和运行的信息统计。提升污水处理厂水质检测能力，满足日常检测和工艺运行管理的需要。该规划为我国排水监测的能力建设、组织体系的完善指明了目标、方向和任务。

4. "两级网、三级站"排水监测体系确立

自《城市排水监测工作管理规定》发布以来，我国城市排水监管体系建设取得了一定进展，但是相较于城市排水事业的迅猛发展，排水监测能力建设仍较为滞后。亟待通过加快城市排水监测体系建设，落实国家节能减排工作方案及"十二五"时期有关规划，强化城市排水监督管理工作。

2012年4月，住房城乡建设部发布了《关于进一步加强城市排水监测体系建设工作的通知》。在《"十二五"全国城镇污水处理及再生利用设施建设规划》的基础上，该通知进一步明确了城市排水监测体系建设内容、城市排水监测站主要职能、基本要求和管理要求。

该通知提出我国排水监测体系的建设内容包括：城市排水监测体系由国家和地方两级城市排水监测网组成（国家网、地方网）。国家网由国家中心站、重点城市排水监测站（本章中简称国家站）组成；地方网由省级中心站和市（城区、县）级排水监测站组成，省级中心站原则上应设置在国家站。这是我国首次明确提出建立"两级网、三级站"的城市排水监测体系架构，为排水监测组织体系的发展壮大夯实了组织基础。

在职能方面，该通知提出排水监测站接受排水主管部门委托，为制定、修订城市排水有关法规及规划、规范和标准提供基础数据等资料；对排入城镇排水设施的水量和水质以及城镇污水处理厂进出水水质、水量及主要运行参数进行监测；为污水处理运营费用的核定提供有关监测数据和资料；配合排水主管部门对排水户及城镇污水处理设施运营单位进行现场监督检查；参与城市排水事故的调查；承担用户委托的排水检测及咨询服务，以及主管部门委托的其他工作。国家网成员单位还应承担国家城镇排水与污水处理工作绩效考

核、人员培训、业务发展规划编制等工作。

在能力要求方面，该通知提出城市排水监测站原则上应为独立法人单位，不得附属于污水处理厂。在机构管理、检测能力、仪器设备与环境、技术人员配置、监测制度等方面应符合国家有关城市排水监测工作管理规定的要求，具备相应的技术条件，应具备《污水排入城镇下水道水质标准》CJ 343、《城镇污水处理厂污染物排放标准》GB 18918 等有关标准规范规定项目的检测能力，并依据国家有关认证认可的规定通过资质认定，客观、公正的开展检测工作，出具检测结果。

在日常管理方面，该通知提出国家网成员单位业务上接受国务院住房城乡建设主管部门指导，同时接受所在地省级住房城乡建设（城镇排水与污水处理）主管部门的领导。国家网成员单位的主管部门、法人单位等发生变更时，需由省级住房城乡建设（城镇排水与污水处理）主管部门报告住房城乡建设部。国家中心站挂靠在中规院，承担国务院住房城乡建设主管部门委托的有关工作，负责国家网成员单位的业务归口管理，并定期组织开展监测质量控制考核等能力验证工作。地方网接受所在地省级主管部门指导，并由省级中心站负责业务归口管理。

在"十三五"时期，为了指导我国污水处理与再生利用设施建设，2016 年，国家发展改革委和住房城乡建设部联合印发了《"十三五"全国城镇污水处理及再生利用设施建设规划》。该规划提出了"强化监管能力建设"的任务。具体建设任务为：应用现代化信息技术，强化城镇污水处理设施运营监管能力建设，形成国家、省、地市、县四级城镇排水与污水处理监管体系，增强利用信息化手段的监管、预警与应急能力。到"十三五"时期末，基本形成完善的城市排水与污水处理监测系统，包括国家级排水与污水处理监测站 1 座、省级监测站 38 座、地市级监测站 288 座，县级监测站 361 座。在技术要求方面，该规划提出了国家级和省级监测站应具备全指标监测能力和主要指标的流动检测能力；地市级监测站应具备污水管网排查与检测能力和对污水处理厂基本控制项目及部分选择控制项目分析能力；县级监测站应具备日常指标检测能力，满足政府监管需要。鼓励地方采取政府购买服务、委托第三方检测机构等方式满足日常监管需求。建成后，基本实现全国城镇排水与污水处理设施运行监管数据的动态、实时信息监督管理。

5. 排水检测机构作用通过立法确定

2013 年 9 月颁布的《城镇排水与污水处理条例》为加强城镇排水与污水处理规划建设和监督管理在立法层面上提供了保障，同时也规定了排水检测机构在排水监管中的作用，以及重点排污单位需配备在线监测设备的要求，为各级排水监测站在排水监管过程中行使监测职能提供了法治保障。

2022 年，修订后的《城镇污水排入排水管网许可管理办法》对重点排水户提出了安装主要水污染物排放自动监测设备的要求，并对排水监督检查过程中排水监测站的主要任务、参与方式和资质要求进行了规定。

4.2.2 成长发展

1. 国家城市排水监测网能力发展

国家城市排水监测网成立初期，仅有北京、天津、太原、哈尔滨、上海、南京、青岛、石家庄、杭州 9 个成员单位。经过 30 年的不懈努力，国家城市供水水质监测网队伍不断发展壮大，成员单位数量不断增长。到 2012 年，国家城市排水监测网成员单位已增加至 20 个，分别是北京、天津、石家庄、太原、哈尔滨、上海、南京、杭州、合肥、厦门、济南、青岛、武汉、广州、深圳、珠海、海口、昆明、郑州和成都城市排水监测站。到 2016 年，国家网成员单位增加至 25 个，"两级网、三级站"排水监测体系架构已经日趋健全，在国家网强大的技术支撑下，我国城市排水行业的监管水平实现了显著提升，有力促进了城市排水监管业务和技术进步，提高了城市排水系统运行水平，为城市发展和民生改善提供了有力支撑。国家城市供水水质监测网的发展（图 4-20）主要体现在以下几个方面：

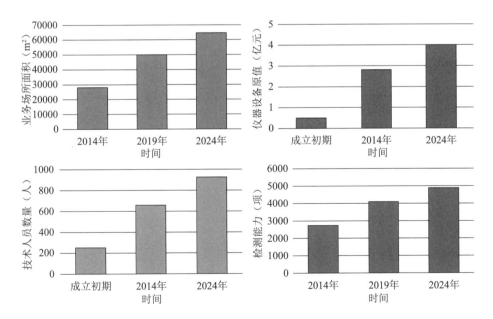

图 4-20 国家城市排水监测国家网发展变化

一是业务场所面积显著增长。2014 年～2023 年，国家城市排水监测网成员单位业务场所环境有了极大的改善，总面积从 2.8 万 m² 大幅提升至近 6.5 万 m²。据统计，2023 年机构平均面积为 2689.1m²，其中面积最大的为 6334.5m²。

二是仪器设备资产原值快速提升。截至 2023 年，国家城市排水监测网成员单位的检测仪器设备原值由成立初期的 0.5 亿元增加至 4.0 亿元。各成员单位采购引进先进的检测仪器设备，不仅提高了检测的准确性和效率，也为保障排水系统的稳定运行提供了有力的技术支撑。

三是人员队伍不断扩大。从成立之初到 2023 年，国家城市排水监测网成员单位的技术人员队伍不断发展壮大，从 250 余人增加至 927 人。据统计，2023 年国家城市排水监测网每个监测站平均有 41 名技术人员，技术人员数量最多的更是高达 112 人。

四是检测能力持续提高。2014 年～2023 年，国家城市排水监测网成员单位检测能力也得到了显著提升，取得的资质认定能力（参数）由 2754 项增加至 4885 项，增长了 77%。这一增长不仅体现了国家网成员单位在城市排水监测领域的专业实力，也展示了持续进步和对排水系统稳定运行的重视和坚定决心。

2. 机构改革和业务拓展

目前，我国已建立起由国家、省市和企业等排水检测机构组成的监测网络体系，监测机构多种类型并存。在排水监测发展初期，检测机构主要是政府设立的事业单位或事业单位内设机构，还有一些是国有企业经营的污水或中水站的内设检测机构。

随着社会经济发展、体制改革以及相关政策的推动，排水检测机构的体制也发生了相应的变化，特别是依据国家市场监督管理总局在 2015 年 8 月发布的国家质量监督检验检疫总局令（第 163 号）和 2019 年发布的《关于进一步推进检验检测机构资质认定改革工作的意见》，部分排水监测机构顺应市场化发展转变为独立法人企业。目前，国家城市排水监测网成员单位中，事业单位和企业性质的机构各占一半。

随着城市化进程的加快和监测手段的日益完善，国家城市排水监测网成员单位的排水监测业务已经从最初单一的排水户监测，逐步扩展到了包括海绵城市评估、黑臭水体治理、排水环境监测以及污水提质增效诊断等多个领域，监测业务更加精细化、智能化，提升了城市排水系统的管理水平。

第5章 知行合一：应急处置和重大事件保障

面临复杂多变的外部环境，城市供水排水监测作为保障水系统安全的基础性工作，一直经受着自然灾害、突发污染等风险的挑战，以及重大事件保障、回应公众关切等工作的考验。自国家城市供排水监测网组建以来，成员单位以非凡的坚守与无畏的奉献精神，毅然决然地冲在应急处置的最前线，坚持站好安全保障的每一班岗。在自然灾害、突发污染等导致的供水安全事件中，供水排水监测人员不畏艰险、迅速响应，用过硬的专业技术和严谨的工作作风，为应急决策提供科学依据，为系统恢复提供科学方案。在2008年北京奥运会等重大事件的供水排水保障工作中，供水排水监测人员坚守岗位、精益求精，科学开展安全监测，有力提升了供水排水服务的效率和质量。在信息公开、科普宣教等工作中，供水排水监测人员严谨细致、实事求是，积极回应公众关于水质的关切和疑问，增强公众对供水排水工作的信心和满意度。供水排水监测人员以他们不懈的努力与无私的奉献，履行着城市生命线保障的社会责任，回应着老百姓对安全用水的民生期待，在民生服务行业中树立了光辉的典范，他们的身影成为应急处置与安全保障工作中最亮丽的风景线。

5.1 自然灾害中供水排水应急

在自然灾害导致的城市供水突发事件中，国家城市供排水监测网成员单位积极响应各级城市供水主管部门的工作部署，以高度的责任感、专业的技术水平、良好的组织协调能力，积极参与了2008年"5·12"汶川地震、2013年"4·20"雅安地震、2023年海河"23·7"流域性特大洪水等自然灾害的灾后应急供水工作，通过有效的应对措施，最大限度地减少自然灾害对人民群众的生活影响，保障灾后人们的饮水安全。

5.1.1 2008年"5·12"汶川地震灾后应急

1.背景

2008年5月12日，四川省发生的特大地震使重灾区城市供水设施遭到严重破坏。据四川省城镇供水排水协会提供的有关资料，损毁管道8070km，破坏取水工程1281处，受损净水厂456个，造成大面积停水，1059万人不能正常饮用安全供水。其中，北川县城供水系统彻底毁坏。同时，供水水质检测设施设备也遭受不同程度的破坏，主要涉及化验室房屋受损、仪器设备毁坏、试剂耗材破损等情况，灾区的供水水质检测工作受到严重影响。

2.应急过程

（1）地震无情人有情，各地迅速集结千里驰援灾区

为落实党中央、国务院关于确保大灾之后无大疫的指示精神，彻底摸清灾区水质检测设施设备受损情况，提出有效解决方案并保障安全供水，根据住房城乡建设部的总体部署及四川省住房和城乡建设厅的具体请求，自2008年5月18日，住房城乡建设部城市供水水质监测中心集结国家城市供水水质监测网有关15个监测站50余名技术骨干组成水质保障应急监测组，分三批赴四川重灾区开展了供水水质保障应急救援监测工作（图5-1）。

图5-1 水质保障应急监测组部分成员合影

（2）精心调度巧部署，科学实施供水水质应急检测

1）初步了解总体状况

2008年5月18日～22日，住房城乡建设部城市供水水质监测中心派出5位水质检测人员，携带GC/MS检测仪等设备分别到达四川省住房和城乡建设厅、绵阳市、德阳市援

助当地水质检测工作。第一批队伍的主要任务是了解重灾区供水安全和道路交通总体情况，深入供水企业和居民点调查了解供水水质面临的主要问题，在第一手资料的基础上确定应急救援监测方案。

2）深入调查受损情况

2008年5月23日～30日，住房城乡建设部城市供水水质监测中心会同福州监测站、广州监测站、济南监测站、深圳监测站、合肥监测站、郑州监测站、哈尔滨监测站、大连监测站、沈阳监测站技术骨干及清华大学教授等，对5个片区有关26个重灾市县水质检测能力受损情况开展进一步的调查评估。

水质保障应急监测组在逐一实地调研核实成都市、绵阳市、江油市、都江堰市、什邡市等26个市（区、县城）供水水质检测能力受损情况后，提出有关评估报告，认为：北川羌族自治县、平武县、青川县、安县、绵竹市等县级城市和县城供水水质实验室及水质检测仪器设备已经全部毁损；都江堰市、江油市供水水质实验室已经成为危房，大部分水质检测仪器设备毁坏，只能开展一些简便的检测工作；其他市（区），水质检测仪器设备也遭受不同程度的破坏。报告初步估计水质日常检测指标必备设备损失价值总额约2200万元，严重削弱了水质检测能力，其中10个县城（市）完全丧失了水质检测能力。总体上，重灾区水质检测能力难以满足应对突发性水源污染、针对复杂污染物的需求。

同时，评估报告在客观分析受灾地区实验室的水质检测仪器设备损失情况的基础上，提出了针对不同层次和不同程度问题统筹考虑应急需要及后续规范建设的建议，并拟定了以促进各县加强出厂水消毒、防止发生群体性介水疾病为重点的应急监测工作实施方案。

3）有序实施应急监测

2008年6月7日～28日，天津监测站、济南监测站、长春监测站、杭州监测站、大连监测站、太原监测站、深圳监测站、佛山监测站、沈阳监测站9个监测站，共计31人组成第三批检测队伍分赴安昌镇、平武县、青川县、汉源县、芦山县、宝兴县、茂县、理县、汶川县，结合现场工作条件，针对应急过渡期的特殊需求，开展了以防范微生物污染为重点的水质应急检测，检测指标主要为浑浊度、消毒剂余量、pH、肉眼可见物、臭和味、菌落总数、总大肠菌群、耐热大肠菌群、耗氧量、氨氮等10个指标，其中水源水、管网水每日检测2次，出厂水每日检测4次。

4）重点监控特殊区域

针对重灾区震后生态环境的特殊情况，根据水源空间分布状况和检测条件，水质保障应急监测组同时加强了对"两江"特殊污染物的监测。

一是住房城乡建设部城市供水水质监测中心在绵阳市，为应对绵阳市供水面临的涪江水源水质复杂、风险加大而水质监测站设备受损严重、能力缺失的情况，开展涪江及供水厂水质应急监测（图5-2）。针对震后由于卫生防疫使用的杀虫剂、动物尸体带来的病原微生物、受损工矿企业泄漏的重金属及其他有机污染物、堰塞湖泄洪后大量有毒有害物质冲入河道等对涪江水源可能造成的污染风险，实施了以微生物、有机农药、消毒副产物、浑浊度、色度、臭和味、氨氮和COD_{Mn}等40项指标为重点的水质检测，每日检测1次。在唐家山堰塞湖泄洪期间，检测频率增加到每小时1次，密切监视涪江源水水质变化情况，根据检测结果的综合分析，提出调整工艺的合理建议，为绵阳市恢复涪江水源地取水并实现正常供水，保障绵阳城区70万市民饮水安全提供决策依据。

图5-2 部水中心在绵阳开展应急检测

二是依托成都监测站，在成都第六水厂上游30km处设置监测点，重点监测氨氮、COD_{Mn}、色度、臭和味、pH、菌落总数、铅等指标，每天检测2～4次，密切监视岷江源水水质变化情况。

（3）紧密团结成众志，前线后方携手保障饮水安全

国家站中已配备应急监测车的上海监测站和武汉监测站，也在第一时间由站长带队赶赴灾区开展应急监测，并以自身的经验和技术为其他监测站同行提供现场指导（图5-3）。其中，上海监测站由站长带领4名检测人员，携带配备有多种水质快速测试设备的应急水质检测车，对上海水务供水抢修队在绵竹市和什邡市建成的集中生活供水点开展水质检测，指导灾区供水厂制水、集中生活供水点消毒工艺，并培训当地的技术人员和管理人员，有效保证了大批灾区群众和救援人员的生活用水，预防了次生灾害引起的介水性疾病的发生。北京监测站由于肩负2008年北京奥运会保障重任，于是主动承担了后方支援工作并为灾区应急监测提供了大量的帮助，当前方的技术人员因水质情况复杂检测遇到困难时提供有力的技术支持，当试剂耗材急缺时及时给予援助，共同为保障灾区城市供水安全贡献力量。

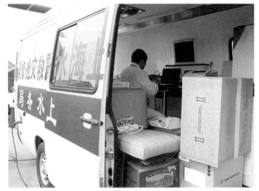

图5-3 上海监测站开展应急水质检测和现场培训

3. 工作成效

在应急监测过程中，监测网的工作人员展现出了极高的专业素养和协作精神，职业道德赋予责任，无疆大爱激发无畏，国家城市供水水质监测网的工作人员不惧不断袭来的余震危险，战胜了沿途突遇的泥石流、崩塌、塌方，克服重重困难。40多天中，水质保障应急监测组完成了对地震重灾区城市供水水质实验室受灾损失的评估，承担了对绵阳市和有关9个县城的供水水质应急检测任务，在9个县城建立了水质应急检测工作体系，以精湛的专业技术为灾区供水水质安全应急保障工作提供了强有力的支持。他们的无私付出，是对供水人新时代职责的最好诠释，更在灾难面前展现出了供水人的担当和勇气，用实际行动书写了供水人新时代的辉煌篇章。

5.1.2 2013年"4·20"雅安地震灾后应急

1.事件背景

2013年4月20日，四川省雅安市芦山县发生7.0级地震，受灾人口152万人，受灾面积12500km²，造成196人死亡，21人失踪，11470人受伤。

地震灾害共造成雅安、成都、眉山、甘孜藏族自治州4市州14个县1989处供水工程不同程度受损，30余万人的供水受到影响。处于震中的芦山县受灾尤为严重，水源地的取水设施、供水厂的清水池、市政供水管线均遭到不同程度的破坏，已不具备继续运行的能力，全县遭受断水的困境。

2.应急过程

2013年4月20日，在得知发生地震后的第一时间，中规院立即着手筹备应急物资，调试水质检测设备，联系四川省的国家城市供水水质监测网地方站搜集现场资讯，拟定《应急供水工作建议方案》和《震后应急监测工作建议方案》（图5-4）。

图5-4　中国城市规划设计研究院分队出发前合影

2013年4月21日，根据住房城乡建设部的统一部署，由中规院和沈阳水务集团组成应急供水抢险队，在当日集结出发，沿着石家庄—郑州—西安—成都的行进路线连夜赶赴灾区。中规院分队由5人组成，派出的水质监测车配备有车载GC-MS和13台便携水质检测设备，可对饮用水中的常规指标和有机物指标进行现场检测，为应急供水的水质保障和工艺调整提供数据支持。沈阳水务集团分队由 22 人组成，派出 2 辆应急供水车（供水能力分别为 5m³/h 和 2m³/h），1 辆水质检验车（兼指挥车）、1 辆管网测漏车和 1 辆后勤保障车。

一路上，应急供水抢险队克服了雨天路滑、舟车劳顿等困难，经过近 50h 日夜兼程的长途跋涉，于 2013 年 4 月 23 日傍晚抵达了成都新津服务区，与四川省的有关工作人员会合。沟通后得知，从雅安到芦山县的公路震后受损，通行能力下降，由于连日的降水，公路已多次出现塌方，而且余震引发的落石已造成多起救援车辆被砸，出现人员伤亡。此时的大雨使发生塌方和泥石流的概率大大增加，湿滑的路面充满了危险，但应急供水抢险队一致表示，为了灾区的群众应尽早赶到芦山县城（图 5-5）。

图 5-5　应急供水抢险队抵达芦山前的最后休整

2013 年 4 月 24 日凌晨，应急供水抢险队安全抵达芦山县城，但工作人员没有休息片刻，立即会同绵阳市水务（集团）有限公司等四川当地供水单位的抢险队投入到应急供水的工作中。经过十几个小时的踏勘，选择水源、铺设管线和调试设备，在反复检测确认水质达到生活饮用水水质标准要求后，2013 年 4 月 24 日下午，应急供水抢险队正式开始为灾区人民供应清洁的饮用水（图 5-6 ～图 5-8）。

图 5-6　应急供水抢险队与地方政府研究确定应急供水的水源位置

图 5-7 应急供水抢险队对水源和净水车出水水质进行检测

图 5-8 受灾群众在东街路供水点取用第一瓢清水

由于灾区需水区域大，单一水源点取水量和供应范围有限，在绵阳市供水企业的配合下，应急供水抢险队在芦山县体育场的集中安置点旁建设了新的供水点，两辆净水车开始分区供水（图 5-9，图 5-10）。

图 5-9 应急供水抢险队在县体育场旁设立第二个应急供水点

图 5-10 绵阳市水务集团抢险队在应急供水点协助安装水龙头

在相继完成县城内两个临时供水点的搭建后，应急供水抢险队一边保持着早中晚用水高峰对应急供水点水质的监测，一边开始投入到供水厂修复的工作中。

每天上午6时，消毒洒水车的一曲《茉莉花》就是开始工作的铃声，要赶在用水高峰前完成两个临时供水点的水质检测。上午的主要工作是协助供水厂进行修复，下午是受灾群众聚集点的水质监测，期间还会有受灾群众送来自家取的井水请应急供水抢险队检测，就这样每天的水质检测工作都要忙碌到晚上11时。因为缺乏交通工具，队员们去检测大多是步行，每天要拎着设备走上近30km。到了晚上，睡在监测车上的队员们为了不被余震摇晃到座椅下，整夜保持着半躺半坐的姿势。连续工作和生活条件让身体倍感疲惫，但每当看到灾区的小朋友喝着我们供应的饮用水，解放军战士用我们供应的水烹煮救灾食物，全身似乎又充满了力量（图5-11）。

图5-11　昼夜不间断的检测灾区各类水质样品

　　供水厂修复并逐步恢复供水后,测漏工作正式展开,2013 年 4 月 27 日当天就测漏 4km,测出了 8 个漏点。应急救援期间,测漏队员们沿管线向市区进行地毯式排查,一路翻越障碍,靠近危房,在余震不断的情况下,危险时刻存在,队员们仍不顾危险,仔细巡查;进度推进至市区后,路上人多车多,声音嘈杂分辨不清,在无法准确找出漏点的情况下,队员们就做出标记,待晚上夜深人静的时候,再重新测定,精确定位（图 5-12,图 5-13）。

图 5-12　应急供水抢险队协助受灾供水厂恢复生产

图 5-13　协调各地应急供水救援力量开展应急工作

在应急救灾期间，应急供水抢险队协助灾区完成了灾民安置点的应急供水水源选择、供水点搭建，并负责应急供水水质的保障；协助当地供水厂完成了供水厂抢修和水处理工艺改善，为灾区的应急供水和供水恢复作出了应有的贡献。2013 年 5 月 3 日，经过专家评估，芦山县当地自来水管网已具备了基本供水能力。2013 年 5 月 4 日，在顺利完成供水保障任务后，应急供水抢险队撤离灾区。

3. 工作成效

应急救灾期间，应急供水抢险队表现出顽强的作风和过硬的专业技能，共制水 1464m³；检测各类水样几百个，获取上千个水质数据；完成管网检漏 26km，检出漏点 38 处，圆满完成了灾后应急供水任务，受到了前方指挥部、当地政府、住房城乡建设部和灾区人民群众的高度赞扬和充分肯定。

芦山应急供水和监测不仅检验了应急供水抢险队的技术能力和人员素质，宝贵的现场工作经验也为以后的"国家供水应急救援能力建设"项目建设奠定了基础。

5.1.3　2020 年恩施泥石流灾后应急

1. 事件背景

2020 年 7 月 21 日，受连日强降雨影响，湖北恩施屯堡乡马者村沙子坝发生山体滑坡，大量泥沙注入清江，导致恩施市饮用水源地的原水浑浊度急剧升高，两座主要供水厂被迫停产，城区 85% 以上的地区停水，30 万群众生活用水受到影响。

2. 应急过程

（1）闻令而动　星夜驰援

灾情发生后，住房城乡建设部高度重视，立即安排国家供水应急救援中心华中基地（简称华中基地）和中规院开展应急救援工作。

华中基地接到通知后，立即停止了正在进行的年度应急供水演练，并对净水装置、水质检测装置及车辆进行检查和整备，制定行车路线和应急救援方案。当日，华中基地集结了由 42 人组成的应急救援队伍，携 7 台国家供水应急救援装置（包括 1 台通信指挥车，4 台净水车，2 台水质监测车）和 6 台保障车辆（包括 2 台应急送水车、2 台维修工程车和 2 台后勤保障车），连夜赶赴恩施进行救援（图 5-14）。

与此同时，中规院第一时间与湖北省及恩施市供水主管部门等单位对接，了解当地灾情和供水状况，连夜组织召开技术会议，研判事件情势，对接国家供水应急救援中心西北基地和西南基地，做好随时增援的准备。

图 5-14 国家供水应急救援中心华中基地集结后连夜赶赴恩施

（2）不舍昼夜 攻坚克难

2020 年 7 月 22 日华中基地救援队历经 12h、560km 的行程，全部车辆设备和人员安全抵达恩施市，并立即开展应急救援工作，与恩施相关部门前往大桥北路、龙洞河南路、北门河坝、官坡等地进行现场踏勘，选取供水应急装置最适合的取水点（图 5-15）。经过对水源水质、供电保障和通行条件的综合比选，最终决定停驻在龙洞河南路与金龙大道交汇处，以龙洞河为水源，开展供水应急救援工作。同日，中规院派出了应急供水现场工作组，于傍晚与华中基地会合，共同组成了本次供水应急救援队伍（图 5-16）。

当晚，供水应急救援队克服了恶劣天气和工作条件受限等诸多困难，利用临时借调的充气泳池作为调蓄池，成功实现了从龙洞河取水、制水。1 号净水装置的出水经过恩施市疾病预防控制中心和供水应急救援队现场水质检测，符合国家饮用水卫生标准，开始向市民

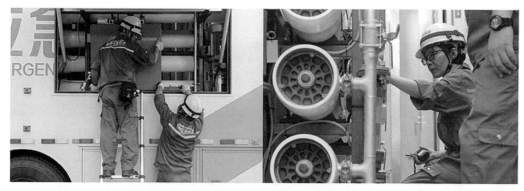

图 5-15　国家供水应急救援中心华中基地在现场安装调试净水装置、检测原水水质

图 5-16　中国城市规划设计研究院工作组和华中基地在现场讨论供水应急救援方案

供水。至此，许多救援队员已连续工作超过 30h，但是为了尽快将另外 3 台净水装置调试完毕，为灾区供应更多的生活饮用水，最大限度地缓解受灾群众的用水困难，没有一个人离开工作岗位休息（图 5-17，图 5-18）。

2020 年 7 月 23 日凌晨，供水应急救援队完成了全部（4 台）净水装置的调试，具备了

480m³/d 的净水能力，能够满足灾区 12 万人的基本生活饮用水需求。

图 5-17　为保障净水装置稳定运行吊装配电柜、搭建调蓄池

图 5-18　卫生部门对出水水质进行现场检测、水罐车开始灌装达标的生活饮用水

（3）多线工作　力促复供

供水应急救援队一方面在净水装置驻地开展水质检测并根据现场情况优化工艺，保障出水水质持续稳定达标；另一方面，前往恩施的水源地、供水厂、泵站和居民小区开展实地踏勘，向当地供水主管部门、自来水有限责任公司和群众详细了解供水情况，跟踪供水抢修进展，研判供水恢复情势。供水应急救援队还先后赶赴恩施市自来水有限责任公司三水厂、二水厂，协助两个供水厂优化净水工艺流程，有效缩短恢复供水的时间（图 5-19 ～图 5-21）。

图 5-19　供水应急救援队同恩施州领导一行到水源地调研并参加专家座谈会

图 5-20　供水应急救援队在现场指导高浊度原水的处理

图 5-21　供水应急救援队在净水装置驻地对水质进行现场检测

（4）坚守一线　力挽狂澜

在应急救援过程中，恩施州气象台发布了暴雨红色预警信号，沙子坝滑坡形成的堰塞湖亟需泄洪，这将严重影响供水厂恢复供水的进程。紧要关头，供水应急救援队勇挑重担，连夜指导供水厂调整净水工艺，成功处置净化了下泄洪水，避免了供水厂再次停产，也为应对高浊度原水提出了切实有效的应急解决方案。

此外，由于暴雨再次来袭，导致净水装置驻地龙洞河的河水浑浊度快速升高，严重影响了净水装置的稳定运行。驻地的救援队员紧急调整工作方案，加密水质检测频率，时刻关注原水和出水的水质，并根据水质检测结果随时调整净水装置的工艺参数。在驻地救援队员的努力下，净水装置的出水实现了持续稳定达标（图5-22）。

图5-22 暴雨下的龙洞河河道和净水装置驻地

（5）不辱使命 完成任务

在恩施州城区的两座供水厂产能基本恢复，城区生活饮用水能够得到满足后，经应急救援指挥部研究决定，灾后工作由应急救援进入复工复产阶段。圆满完成供水应急救援任务的国家供水应急救援中心华中基地和中规院应急供水现场工作组获批撤离。至此，国家供水应急救援中心首次供水应急救援任务圆满完成（图5-23）。

图5-23 完成供水应急救援任务后现场工作人员照片

图 5-23　完成供水应急救援任务后现场工作人员照片（续）

3．工作成效

湖北恩施泥石流灾后应急救援期间，应急救援队为恩施居民供应饮用水近千立方米，累计检测水质样品 200 余个，有效保障了恩施市人民群众的饮用水需求。同时，应急救援队充分发挥专业特长，从应急水源选择、净水技术工艺、水质监测、应急供水调度等多方面为恩施市提供了大量有效建议和帮助，受到了当地群众和政府的一致肯定。

5.1.4　2023 年海河"23·7"流域性特大洪水灾后应急

1．事件背景

2023 年 7 月末，受"杜苏芮"残余环流与地形抬升等共同影响，京津冀地区出现历史罕见极端暴雨，河北省临城县累计降雨量最高达 1003mm，相当于当地两年降雨量。北京市昌平区王家园水库累计降雨量达 744.8mm，为北京地区 140 年来最大降雨量。京津冀地区出现严重暴雨洪涝灾害，海河发生流域性特大洪水，子牙河、大清河、永定河先后发生编号洪水。河北省涿州市、北京市房山区洪涝地质灾害严重，城市供水系统遭到破坏，严重影响群众用水安全。

2．应急过程

2023 年 8 月 2 日，根据住房城乡建设部的统一部署，中规院迅速组建应急救援队伍赶赴灾区现场，分别在房山区、涿州市成立现场工作小组，作为住房城乡建设部专门工作组的重要组成部分，开展供水应急工作，并先后紧急协调国家供水应急救援中心西北基地、东北基地、华北基地和山东住房城乡建设系统防汛供水救援队的应急制水、运水、检测等专门车辆 30 余辆，近百名救援人员星夜驰援，分别赶赴河北省涿州市和北京市房山区开展供水应急救援（图 5-24）。

其中，国家供水应急救援中心西北基地共派出 7 辆应急救援车（4 台净水车，2 台水质监测车，1 台保障车），救援队员 22 人（后增员至 33 人），2023 年 8 月 3 日早晨到达涿州市；国家供水应急救援中心华北基地共派出 6 辆应急救援车（4 台净水车，1 台水质监测车，1 台保障车），救援队员 29 人，2023 年 8 月 3 日到达房山区；国家供水应急救援中心东北基地共派出 9 辆应急救援车（4 台净水车，2 台水质监测车，3 台保障车），救援队员 29 人，2023 年 8 月 4 日到达涿州市；山东住房城乡建设系统防汛供水救援队共派出 10 辆送水车（济南水务集团有限公司 3 辆、青岛水务集团有限公司 1 辆、淄博市水务集团有限责任公司 1 辆、潍坊市城市管理局 5 辆），救援队员 20 余人，2023 年 8 月 6 日到达涿州市。

图 5-24 供水应急救援车辆

应急供水工作组抵达灾区后，即刻开展灾情研判、应急水源踏勘、制水点位比选、配水流程确认等工作，持续工作时间长达 50 余小时，致力于第一时间保障灾区群众用水需求

（图5-25，图5-26）。

图 5-25　应急供水工作组现场踏勘、研讨方案

图 5-26　应急供水工作组在涿州市设立的两个制水供水点

涿州市应急供水工作组自 2023 年 8 月 3 日中午起，通过制水车龙头供水、应急供水车配送至小区、水袋供水等方式为受灾居民供水（图5-27）。救援期间，西北基地和东北基地累计制水 3670m³、送水 427 车次，压袋制水 2220 袋；累计检测水质指标 2674 项次，供水水质全部符合《生活饮用水卫生标准》GB 5749—2022 要求。

房山区应急供水工作组自 2023 年 8 月 4 日起，开始向周边社区供水，救援期间累计制水 500 余立方米，压袋制水 1500 余袋，向外送水近 50 车；累计检测水质指标 400 余项次，供水水质全部符合《生活饮用水卫生标准》GB 5749—2022 要求（图5-28）。

在应急制水供水稳定运行后，应急供水工作组持续组织开展应急地下水源井、管网水、龙头水和水车出水等的全流程水质检测分析，为供水安全保障提供一手的水质数据支撑和技术建议，确保为灾区群众提供安全的"放心水"（图5-29）。

图 5-27　通过水罐车配送、发放水袋等方式为涿州市群众供水

图 5-28　房山区群众排队取水时感动落泪

在做好以上应急供水工作的同时，应急供水工作组同步加强科普宣传工作，联合中国建设报社做好现场报道与科普讲解等工作，及时播报受灾地区供水应急工作开展情况、城市供水恢复情况等，共同制作"灾后用水安全知识""全流程了解城镇应急供水流程"等

图 5-29 应急供水工作组开展水质检测工作

微视频，针对洪涝期间公众关注的热点问题，及时向灾区群众解疑释惑、传递权威声音。相关报道在中国建设报视频号、中规院水务院公众号等平台发布，并被多家媒体、平台转载。

3. 工作成效

应急供水工作组驻扎在灾区现场，高强度工作十余天，坚守在应急供水工作第一线，承担了灾区应急供水保障、供水水质监测和安全用水宣传、灾后供水恢复跟踪研判等重要技术任务，累计制水供水 4000 余立方米，检测水质指标 3000 余项次，服务居民 10 余万户，为灾区群众饮水安全作出了重大贡献。

5.2 突发污染及公共安全事件中供水排水应急处置

在环境污染造成的水源污染突发事件中，国家城市供排水监测网成员单位积极配合相关部门，以积极的态度、优秀的应对能力在 2005 年松花江水污染事件、2007 年太湖蓝藻事件、2015 年广元锑污染事件等多个事件的应急处置中，及时作出有效的应急处置措施，保障了人们的饮水安全，维护社会的稳定和发展。

5.2.1　2005 年松花江水污染事件应急处置

1. 事件背景

2005 年 11 月 13 日，中国石油天然气股份有限公司吉林石化分公司双苯厂（101 厂）新苯胺装置发生爆炸。在扑灭双苯厂爆炸引起的大火过程中，大量苯类物质尚未燃烧或燃烧不充分，随着消防用水，绕过了专用的污水处理通道，通过排污口直接进入了松花江。苯和硝基苯大量流入水体，引发松花江水环境污染事件，给流域沿岸的居民生活、工业和农业生产带来了严重的威胁。2005 年 11 月 17 日，松花江中下游沿岸城市陆续开始停水。

2. 应急过程

（1）冷静应对，迅速判断

国家城市供水水质监测网哈尔滨监测站等接到当地政府的紧急指示后，迅速行动，组织了一支专业队伍前往吉林松原断面进行水样采集，随时掌握上游水污染的第一手动态情况，到达现场后，专业队伍按照严格的采样程序，从不同地点和深度采集了多个水样，以全面了解污染的分布和浓度。这些水样被迅速带回监测站，并连夜进行实验室分析，全部水质检测人员上岗值班，实行全天 24h 监测。实验室的分析结果显示，上游的硝基苯含量在某些时刻已经超过国家标准的 103 倍，这是一个极其严重的污染水平，对公众健康构成了极大威胁。

当地政府高度重视，并立即组建专家技术组，对污染物的特征、危害、变化规律和防控措施等进行深入地充分论证分析，考虑了污染物的迁移速度、扩散范围、生物放大效应以及潜在的健康风险。在综合评估所有因素后，采取紧急的应对措施。首先，在松花江上游水体硝基苯含量过高的情况下，决定暂时停止市政供水，以防止污染物进一步污染水源。其次，密切关注污染团高峰期的情况，等待时机成熟后再采取活性炭去除污染物工艺，对污染物进行进一步的清理和净化。

（2）多方支援，分工合作

建设部快速组建专业知识和技术经验丰富的专家组。对之前制定的水质恢复方案进行了细致的审查和进一步的优化，确保了方案的科学性和可行性。经过了多次的测试和验证之后，专家组得到了一个令人满意的结果。2005 年 11 月 27 日，通过省卫生部门和国家城市供水水质监测网哈尔滨监测站共同检测，生产水完全符合国家生活饮用水卫生标准，标志生产性验证运行的成功，为全面恢复制水生产，向市区供水提供了技术保障，各供水厂也陆续开始恢复向市区供水。这是供水人共同努力的结果，也是对他们专业能力和无私奉献的认可。他们为哈尔滨市的居民提供了安全、清洁的饮用水。

同时建设部城市供水水质监测中心派出专家分别作为建设部赴佳木斯城市供水应急安全保障技术负责人和水文地质专家，深入一线、细致调查、科学论证、勇于负责，会同黑龙江省建设厅向佳木斯市人民政府提出了保证城镇安全供水的建议，并及时上报有关情况，为迅速准确指挥抢险工作创造了条件，为佳木斯市应对突发性有机污染，确保城市连续安全供水作出了重要贡献。

3. 工作成效

在本次事件处理中，沿江城市供水大多采取了以活性炭吸附技术为主的多重安全屏障应急措施，即在松花江边的取水口处投加粉末活性炭，粉末活性炭与源水一同从取水口流到供水厂的输水管道中，用粉末活性炭去除水中绝大部分硝基苯，在供水厂内原有砂滤池添加粒状活性炭层，构成炭砂滤池，形成多重屏障，确保安全。这种多重安全屏障应急措施能够有效去除水中的有害物质，保障供水的安全。同时，它也具有较高的灵活性和可操作性，可以根据不同的情况进行调整和优化。此外，这种措施还可以在短时间内投入使用，快速恢复城市的供水安全，具有重要的现实意义和价值。

事件发生后，沿江重点城市供水企业加强了对集中取水口水源水水质的监测，以地下水作为水源的佳木斯市还增设了地下水监测井，松源、哈尔滨、佳木斯等城市都初步选择和部署了应急水源，部分已经投入使用。上述措施为这些城市的安全供水起到了一定的保障作用。

事件中的主要污染物硝基苯、苯、苯胺具有较强的稳定性，根据其环境化学特征分析，部分污染物会滞留在冰层和河床底质沉积层中。不论在污染带过流期还是在污水带过后，特别是春天开冻之后，可能形成新的高峰，滞留在水体中的硝基苯等污染物是否会转化为次生污染物，如硝基酚等。由于应对突发事件时间紧迫，所设置的设备多为临时性措施，有关技术细节有待深入，尚有多个遗留问题亟待解决，采取的城市供水紧急应对技术与设备也尚需完善。为了确保沿江的供水安全，需进行课题研究（图5-30），提供应对苯系污染物突发事件的水源水监测与应急水源调度的方案和去除特征污染物的水处理技术，以应对松花江水污染事件的后续影响，保障以松花江为水源的沿岸城市供水安全，并为相关城市应对突发污染事件提供示范。

图 5-30 部水中心部分同志现场调研合影

5.2.2 2007 年太湖蓝藻事件应急处置

1. 事件背景

2007 年 5 月以来由于连续高温、光照强、太湖富营养化严重，犊山水利枢纽因施工长期关闭造成湖水滞留等因素，蓝藻暴发提前，2007 年 5 月 22 日，小湾里水源地水质恶化，被迫停产，仅南泉和锡东水源地供给原水。

2007 年 5 月 28 日开始南泉水源地水质突然恶化，造成中桥水厂、雪浪水厂出厂水带有严重臭味，影响了无锡市城区大部分居民的正常用水。

本次无锡自来水嗅味问题的产生原因极为特殊，根据源水水质和臭味的味道，以及应急除藻措施除臭效果欠佳的情况，专家组初步判断出，产生此次无锡自来水臭味的物质，不是暴发蓝藻水华时常见的藻的代谢产物（如 2-甲基异莰醇、土臭素等），而是另一类致臭的含硫化合物，产生的原因较为复杂。由此确定应急处理的对象，不是通常的"除藻"，而主要是"除臭"。

根据水质检测结果和污染物成因分析，此次无锡自来水水源地污染物的可能来源是：太湖蓝藻暴发产生的藻渣与富含污染物的底泥，在外源污染形成的厌氧条件下快速发酵分解，所产生的恶臭物质造成水源地水质恶化。

2．处置过程

（1）水质检测及特征污染物确定

2007 年 5 月 28 日～31 日，水质持续恶化（表 5-1），水源水的溶解氧浓度基本为零。从 5 月 29 日起，检测中心加强检测频次，重点检测水中的有毒有害物质如藻毒素、重金属和挥发性卤代烃类等。

对 5 月 31 日中午的水源水、6 月 2 日的污水团、污染期间存留的自来水等水样进行GC/MS 分析，检出原水中含有大量硫醇硫醚类、醛酮类、杂环与芳香类化合物。值得注意的是，典型的藻类代谢产物致嗅物质（2- 甲基异茨醇和土臭素）在水源水中的浓度均在10ng/L 左右，未见异常。

2007 年 5 月 28 日～31 日南泉水源地原水水质　　　　　表 5-1

指标	性状或浓度
颜色	水体发灰，严重时黑灰，水面部分时间有少量的浮藻，大部分时间没有浮藻
嗅味	V 级或劣 V 级：恶臭，臭胶鞋味，烂圆白菜味，味道极大
藻浓度	2007 年 5 月 28 日～31 日 5000 万～9000 万个 /L；2007 年 6 月 1 日后大部分水样为 1000 万～3000 万个 /L
COD_{Mn}	8～20mg/L
氨氮	1.98～10mg/L
DO	严重时为零

（2）进行小样试验，调整工艺

从 2007 年 5 月 28 日水质异常开始，无锡市自来水有限公司水质检测中心已组织进行了多次小样试验，小样试验结果显示，活性炭除嗅效果较好，高锰酸钾的强氧化性对南泉原水也有较好的处置效果。在工艺设备满足的条件下，5 月 28 日已开始活性炭投加，随着水质变化不断调整投加量，同时增大氯、混凝剂投加量。5 月 30 日 17 时南泉水源厂高锰酸钾投放设备安装完成，投加高锰酸钾 2mg/L。中桥水厂、雪浪水厂增设活性炭投加。

5 月 31 日 13 时建设部城市建设司委派专家赶至无锡，并从检测水中致嗅物质的成分含量、完善净水工艺两个方面开展试验工作。根据小样试验结果，修正高锰酸钾和活性炭投加点和投加量，在水源厂投加高锰酸钾（浓度达 5mg/L），在供水厂沉淀池入口投加活性炭（浓度达 50mg/L）。

6月1日凌晨，小样试验显示，高锰酸钾－粉末活性炭联用对5月31日晚原水有较好处理效果。因此，南泉水源厂集水井继续投加高锰酸钾，在输水过程中氧化可氧化的致嗅物质和污染物，中桥水厂、雪浪水厂混凝池入口处继续投加活性炭（浓度达50mg/L），吸附水中其他可吸附的嗅味物质和污染物，并分解可能残余的高锰酸钾，避免锰离子超标。同时，供水厂加强砂滤池反冲洗。

6月3日，南泉原水水质好转且逐渐稳定，专家组根据小样试验结果，建议高锰酸钾投加量降至3mg/L，活性炭投加量降至30mg/L。6月6日后停止高锰酸钾投加。

（3）合理进行水源和水量调度

5月28日起，为减轻其他供水厂负荷，锡东水厂出水量增至28万 m^3/d。

5月30日凌晨，采用白天减产降负的供水调度方案，南泉水源厂、中桥水厂、雪浪水厂相继减产，梅园水厂停产，锡东水厂增产。当日供水量从107万 m^3 降至97万 m^3，部分地区降压供水。

5月31日凌晨，水质检测数据显示小湾里原水水质好转，经应急指挥部现场查勘后，8时26分重新启用小湾里水源厂，暂时开启1台水泵（流量约为3500 m^3/h）。当日傍晚，根据原水水质，经应急指挥部讨论后，小湾里水源厂增开1台水泵，南泉水源厂停开2台水泵。此后，根据水源地水质检测情况，合理调度，及时调整各供水厂水量，尽量增大优质水源的供水量，确保供水安全稳定。

（4）启动管网放水方案

6月1日凌晨，中桥水厂、雪浪水厂出厂水明显好转，除嗅味轻微超标外，其余指标均达标，经应急指挥部讨论，决定立即启动管网放水方案，组织100多名工作人员通过供水主管网的泄水阀门、增压站水库、高位水池、小区消火栓等方式排放管网中的异味水，房管部门要求各物业单位开启小区水箱释放陈水，确保居民能在最短时间内用上较好的自来水。

3. 工作成效及启示

通过引江济太调水、梅梁湖泵站引流、人工增雨、关闭入湖河道水闸、人工打捞蓝藻等综合性措施，从5月31日起，小湾里水源地和南泉水源地的原水水质已有明显好转（图5-31）。

6月1日晚，卫生部门检测结果显示，中桥水厂、雪浪水厂出厂水水质达标，市政府宣布无锡市已恢复正常供水。

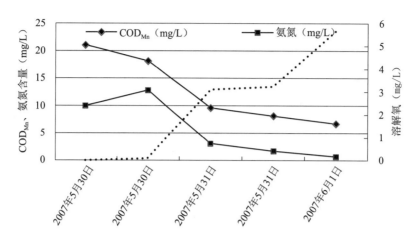

图 5-31　2007 年 5 月 30 日~ 2007 年 6 月 1 日南泉原水水质变化

6 月 3 日后，南泉原水水质好转并稳定，应急药剂的投加量不断减少，至 6 月 6 日，根据小样试验结果和水质数据，专家组建议可停止投加高锰酸钾。至此应急处置工作结束。

但应急处置工作中也暴露出了一些问题，获得了一些启示。

水源地存在的风险。水危机事件敲响了水源地保护、太湖治理、生态修复、清淤工程的警钟，同时也显示出备用水源的重要性。

水质监测预警。为实现将水质安全的控制前移，必须建立"从源头到龙头"的全过程水质监控。同时应加强与多方联动，为应对措施提供决策依据。

净水工艺。当前的常规工艺对极度恶化原水不能有效处理，急需提升供水厂工艺，为水质稳定达标提供多重屏障。

应急处置技术。突发事件的应对经验表明，应急处置技术的应用是必要的。同时需安装必要的应急处理设施以及储备应急药剂。

完善应急管理。及时更新完善应急预案，编制各类有针对性的专项预案。

社会应对。突发水污染事件处置过程中，企业要依据第一时间、坦诚、口径一致、留有余地等原则，把企业的努力、态度传达给民众，掌握舆论的先机，避免谣言，达到稳定民心的效果。

5.2.3　2015 年广元锑污染应急处置

1. 事件背景

2015 年 11 月 23 日，甘肃省陇南市西和县境内的甘肃陇星锑业有限责任公司（以下简称陇星锑业）尾矿库发生了一起严重的泄漏事故。事故导致大量尾矿砂浆溢出，并流入太石河及西汉水。这一事件引发了严重的环境问题，西汉水甘陕交界处、嘉陵江陕川交界处等地部分水域的锑浓度急剧超标，从而对周边地区的生态环境和居民生活产生了极大的影响。最为严重的是，在事发后318km外的四川省广元市，其西湾水厂取水口上游2km的千佛崖断面锑浓度出现了超标现象，这直接威胁到了广元市的供水安全，此次突发事件的处置难度大、风险高、情况极为复杂。

2. 处置过程

（1）迅速反应　紧急应对

针对这一突发事件，当地政府采取了一系列措施，包括加强监测、设置隔离带、收集和处理污染物等，以确保公众健康和环境安全。同时，相关部门积极协调各方力量，加强污染源调查和治理，力争尽快消除污染影响。环境保护部、水利部、住房城乡建设部等部门的工作组和专家组赶赴现场，提供了专业的指导和资源支持，确保了应急响应措施的及时和有效性。

在此过程中，住房城乡建设部城市供水水质监测中心根据住房城乡建设部的工作部署，迅速赶赴现场，参与指导广元市供水安全保障工作。国家城市供水水质监测网成都监测站、地方城市供水水质监测网绵阳监测站等积极响应城市供水主管部门的工作部署，多方协作，负责协调供水水质检测、数据汇总分析等工作，以确保相关部门能够及时了解水质状况，采取有效措施保障供水安全（图5-32，图5-33）。

图5-32　现场开展检测工作　　　　　　图5-33　现场开展数据核对工作

（2）专家论证，采取有效措施

在应对锑污染的紧急情况下，甘肃、陕西两省采取了一系列富有成效的临时应急处置措施。专家们经过深入研究和实验分析，沿着受影响的水系部署了8套专门的应急处理设施。这些设施采用了弱酸性铁盐混凝沉降法，这是一种有效的化学处理方法，旨在减少水体中溶解态锑的浓度，以保障水质安全。

在西汉水河段，应急团队设立了两个投加点，投药时间从 2015 年 11 月 30 日晚上开始，至 2016 年 2 月 4 日结束。由于药剂供应的限制，大部分时间也只进行了单级投加。投药的效果显示，一级处理大约能去除 30% 的锑，二级处理则大约能去除 70% 的锑。经过处理，西汉水河段的锑浓度从超过标准的 30 ~ 40 倍降低到不到 20 倍，取得了显著的成效。在太石河河段，设立了两个投加点，在 2015 年 12 月 1 日至 2016 年 2 月中旬期间进行了投药。通过这样的处理，锑的浓度从超过标准的 20 倍降低到大约 5 倍，显著降低了污染程度。

在广元市面临水资源危机时，供水单位同时也采取了一系列紧急措施来应对。首先，紧急启用了沿河的地下水源井，包括关闭的水源井和新建的应急供水井，每天的供水量可达 3 万 m^3。同时建设紧急连通管，将附近元坝水厂的水引入城区，每天的供水量可达 8000m^3。此外，还紧急修建了南河引水管，将南河的水引入西湾水厂取水井，以稀释进厂水的锑浓度。在西湾水厂，实施了应急除锑净水工艺，即使在进厂水锑超标的条件下，也能保证出厂水达标。通过这些措施，在应急期间每天的总供水量达到了 7 万 ~ 8 万 m^3，基本满足了广元市的正常用水需求（图 5-34）。

图 5-34　专家开展现场论证工作

3. 工作成效

经过连日的检测，到 2015 年 12 月 3 日，嘉陵江陕西出境处水质达标。同时以嘉陵江为饮用水水源的广元市城区集中式供水出厂水也均符合国家标准。至此污染水体基本止于广元境内，未对下游造成影响，本次应急供水保障工作取得成功。

在应对锑污染事件中所采取的措施，可以说是一场与时间赛跑、与污染抗争的壮丽"战役"。在这场"战役"中，有效的应急措施起到了至关重要的作用。通过紧急启用地下水源井、建设连通管道、引入南河水稀释进厂水以及实施应急除锑净水工艺等一系列手段，广元市成功应对了这场危机。这些成果，不仅需要科学的规划和组织，更需要广大工作人员的辛勤工作和不懈努力。他们在严峻的条件下，坚守岗位，确保了应急措施的顺利进行，最终实现了将锑浓度降至可接受范围的目标。同时事件的处理第一次实现了大型车载仪器现场长时间连续监测，检验了我国应急供水救援能力的科研成果。还为未来可能出现的类似事件提供了宝贵的经验和参考。这种经验和参考，对于未来类似污染事件的应对和解决具有非常重要的意义。

5.3 重大事件中供水排水保障

在重大会议、国际性综合赛事的保障中，国家城市供排水监测网成员单位大力提升供水排水服务的效率和质量，配合举办城市确保供水排水生命线安全，参与了 2008 年的第 29 届夏季奥林匹克运动会、2008 年的第 13 届残疾人奥林匹克运动会、中国 2010 年上海世界博览会、2016 年的二十国集团领导人第十一次峰会、2019 年的第七届世界军人运动会、2022年的第 24 届冬季奥林匹克运动会、2023 年的成都第 31 届世界大学生夏季运动会等重大会议和赛事的供水排水安全保障，保障会议及赛事的用水安全。

5.3.1 2008 年北京奥运会和残奥会供水保障

1. 背景和目标

2008 年 8 月 8 日～ 24 日第 29 届夏季奥林匹克运动会（本节中简称奥运会）和 9 月 6日～ 17 日第 13 届残疾人奥林匹克运动会（本节中简称残奥会）先后在北京成功举办。此届奥运会共有来自 204 个国家及地区的 60000 余名运动员、教练员和官员参加；残奥会共有来自 148 个国家和地区的 6500 余名运动员、教练员和官员参加。为保证饮用水健康安全，北京市生活饮用水水质总体目标要求达到或超过世界卫生组织（WHO）《饮用水水质准则》、欧盟《饮用水水质指令》98/83/EC 标准以及美国国家环境保护局（EPA）《国家饮用水水质标准》。供水水质以《生活饮用水卫生标准》GB 5749—2006 为基本目标,检测频率和合格率控制要求以《城市供水水质标准》CJ/T 206—2005 为基本依据。

2. 保障工作概况

(1) 提高供水水质的研究与保障措施

加强地表水源的水质监测。建设污染预警体系,对水源水质变化趋势进行预测分析,在密云区取水口建立多参数水质监控及生物毒性预警系统。强化水处理工艺。通过技术改造,强化预处理单元,提升污染物去除效率。针对不同的地下水源水质,设计和开展了膜分离技术和电吸附技术等水处理新技术。强化管网水质的研究。通过研究管网水中关键生化指标的相互转化关系,找出关键因子作为控制因素,在净水工艺中加以重点处理,提高管网水生物稳定性。对供水管网的铺设年代、管网类型、给水管网压力波动等要素进行梳理、分析,对较高的风险管网重点监控,确保管网水质安全。

为缓解北京水资源短缺问题,保障供水需求。本次奥运会召开前,北京市将河北的黄壁庄、岗南、王快、西大洋 4 个水库作为应急备用水源。派出骨干力量开展了河北水库水质检测和制水工艺适应性研究。对原水水质进行全面监测,确定需要控制的关键敏感水质参数指标,包括浑浊度、高锰酸盐指数、农药类、氨氮、藻类、叶绿素、微囊藻毒素、嗅味物质、剑水蚤等,为预处理措施和供水厂的控制参数调节提供数据支持。将密云区原水和河北原水按照不同比例勾兑,对进厂水的水质进行分析预测,摸索河北 4 个水库的水处理控制参数,以确定合适的预氧化药剂种类及投加量、活性炭吸附剂投加量,以及联合预处理等措施。

(2) 奥运会期间的水质检测工作

从 2006 年年底开始,按照《生活饮用水卫生标准》GB 5749—2006 开展水质检测工作,并严格执行行业标准《城市供水水质标准》CJ/T 206—2005 中有关饮用水水质检测的规定,对水源水、生产工艺、出厂水和管网水进行连续监测和质量控制,本次奥运会召开前,对所属供水厂的所有出厂水开展 106 项全分析,对 31 处奥运场馆及驻地开展水质监测工作。本次奥运会期间,对场馆及驻地周边的重点管网监测点进行每周一次的加密检测,重点关注浑浊度、色度、臭和味、余氯、菌落总数、总大肠菌群、高锰酸盐指数等指标。由于水质的季节性特点等原因,加强了部分地表原水和出厂水中 2- 甲基异莰醇、土臭素、菌落总数、总大肠菌群、余氯、浑浊度、消毒副产物的检测频次。通过多项加密监测措施,保障了奥运会期间的安全优质供水 (图 5-35)。

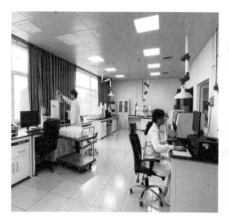

图 5-35　检测场景

（3）突发供水事件的应急处置

为应对供水突发事件，奥运会召开之前，已具备近 30 项现场快速监测能力。项目包括浑浊度、余氯、色度、pH、氨氮、总硬度、硫酸盐、氯化物、总碱度、硝酸盐、硫化物、氟化物、铁、锰、铜、六价铬、铝、镍、锌、砷、汞、镉、氰化物、阴离子合成洗涤剂、挥发酚、石油类和生物毒性等，接到应急通知快速到达指定地点后，将在 30min 内完成 30 个项目的检测，为后续制定处理方案及领导决策提供数据支持。奥运会供水保障期，实验室仪器 24h 开机待命，能够确保 72h 内出具 106 项检测结果报告，为供水保障应急工作争取宝贵的时间（图 5-36）。

图 5-36　现场保障

3. 保障成效

在北京奥运会和残奥会召开期间，通过对北京地区 31 个场馆供水水质的全面持续监测，为 60000 余名参加奥运会及 6500 余名参加残奥会的运动员、教练员与官员的饮用水安全提供了有力保障。在北京奥运会和残奥会召开之前，国家城市供水水质监测网北京监测站也成为全国同行业中首家具备《生活饮用水卫生标准》GB 5749—2006 中 106 项检测能力，并获得资质认定和实验室认可的实验室，在成为行业翘楚的同时，也为保障奥运会供水安全奠定了坚实的基础。

5.3.2 中国 2010 年上海世界博览会供水保障

1. 背景和目标

中国 2010 年上海世界博览会（以下简称上海世博会），是第 41 届世界博览会，于 2010 年 5 月 1 日～10 月 31 日在中国上海市举行，为期 184d 的上海世博会也是由中国举办的首届世界博览会。上海世博会是一次探讨新世纪人类城市生活的盛会，是一曲以"创新"和"融合"为主旋律的交响乐，是人类文明的一次对话，也是世界各国人民的一次聚会。中国人民举全国之力，集世界智慧，在为期 6 个月的时间里，邀请 246 个国家和国际组织，有7308 万人次参观展览，参展规模和参观人次均超往届，创造了世界博览会历史的新纪录。

为保障上海世博会期间中心城区供水服务安全，提高对供水突发事件的应急处置能力，最大限度减少突发事件造成的损失，上海市供水行业紧紧围绕精彩世博、平安世博的目标，联合编制了《迎世博营运保障方案》。并在上海世博会召开期间，通过原水统筹、供水厂净水工艺提升、管网改造和科学调度，保障水量供应，提高供水水质，加强水质管理和监测等措施，确保了安全优质供水。

2. 保障工作概况

国家城市供水水质监测网上海监测站（以下简称上海监测站）以确保安全为先、提质为重、服务为本的原则，组织供水行业相关企业编制了《上海市供水行业世博保障方案——水质篇》，同时结合日常工作，全面开展上海世博会保障工作，确保了上海世博会期间全市供水水质安全达标。

（1）加强组织领导，统一部署协调

上海市供水行业在上海市水务局的统一领导和部署下开展上海世博会期间的水质保障工作，明确了上海世博会期间上海市水质安全保障组织机构。各供水企业明确指定了水质主管领导，进一步强化值班制度，在处理水质突发事件时保证水质信息的畅通，及时上报各类水质问题。

上海监测站作为上海城市供水水质监测网中心站，在保障方案中明确各地方站实行由水质中心领导、水质管理人员和水质分析人员组成的 24h 待命制度，如有紧急情况，应在 1h 内投入工作状态。同时要求各供水厂水质管理人员和水质化验人员明确各自职责，在各供水企业的统一领导和部署下开展水质保障工作。当原水和自来水发生突发水质污染时，应按照相关流程进行及时处置。

（2）**强化三级检测，确保水质安全**

上海世博会保障期间，上海市城市供水水质监测网中心站、地方站和各供水厂化验室严格执行水质实验室监测、水质现场应急监测和供水厂、管网、泵站在线监测三级检测制度，按照《上海市供水水质管理细则》的要求对原水、出厂水、管网水进行检测，全力保障供水水质安全。

上海监测站作为政府监管的主体，针对上海世博会园区等重点区域，强化政府监管的频次，在日常监督的基础上，要求供水企业落实园区内的人工采样点增设工作，上海世博会期间，世博园区共增加 7 个管网采样点。同时上海监测站按照每周进行管网水 7 项指标的检测，每月进行 42 项指标检测的频率，定车、定时（开馆前）、定人（每车 2 人）加大水质监测力度。除管网水监测外，上海监测站还强化了世博园区供水厂的水质监测，分别在上海世博会前和上海世博会期间，对世博园区的临江水厂、南市水厂等供水厂开展了执行《生活饮用水卫生标准》GB 5749—2006 的全分析检测。

上海世博会期间，上海监测站对世博园区、世博园区供水厂进行水质检测 3462 项次，检测结果表明各项水质指标均严格执行《生活饮用水卫生标准》GB 5749—2006 限值要求，达到相应的水质合格率要求，特定项目也符合具体要求，有力保障了供水水质安全。

（3）**建立多屏障保障，加强全流程管控**

为保障上海世博会供水安全，上海监测站指导供水企业建立多屏障保障，分别从"原水－制水－供水"三方面强化全流程管控。

原水公司加强水源水质监测和水源地巡视，对水源地取水口上游下游 1000m 范围内的水面浮油、漂浮垃圾和水生植物等情况开展定时和不定时的检查，与相关部门建立水源水质信息交流机制，及时掌握水源水质状况和水源变化情况。充分利用水质在线设备对原水水质状况进行预警，保证设备仪器正常运行及信号的正常传输，为各供水企业提供准确及时的原水水质信息。同时充分利用应急处置设备，当原水受到有机突发污染时，确保粉末活性炭投加设备的正常运行，并对突发应急处置物资（活性炭、吸油毡、围油栏等）做到备用充足。

各供水厂通过完善水处理工艺运行水质保障措施，进一步完善水质应急处置预案，加强供水厂水质安全保障。上海世博会期间，各供水厂充分利用在线水质监测仪表，加强了制水过程管理，按照要求对仪表进行校准，保证在线监测数据的准确可靠，有效保障了出厂水水质安全。

各供水企业强化了管网水质检测，杜绝人为因素造成的管网水质问题，同时及时解决用户反映的各类水质问题。针对用户反映强烈的水质问题，在最短的时间内给予答复，做到早控制、早解决，防止事态扩大。

3. 保障成效

在供水行业的通力配合下，上海监测站圆满完成了上海世博会供水安全保障任务，为期184d的展会期间，世博园区、世博园区供水厂相关水质指标均达到《生活饮用水卫生标准》GB 5749—2006标准要求，为上海世博会的成功举办，提供了有力保障。

5.3.3　2010年广州亚运会和亚残运会供水保障

1. 背景和目标

2010年，第16届亚洲运动会（本节中简称亚运会）、第10届亚残运会（本节中简称亚残运会）在广州顺利举行。参加此次盛会的有来自亚洲45个国家的官员、运动员、工作人员等数万人，更有59万的志愿者及亚运会和亚残运会组委会工作人员在各亚运场馆、宾馆、酒店等地活动及生活，饮用水安全保障责任重大。国家城市供水水质监测网广州监测站（以下简称广州监测站）围绕"供应优质，保障有力、服务优良"的亚运会保障总体目标，聚焦"方案编制、水质监控、应急响应、水源置换"等方面，全力保障广州亚运会和亚残运会供水平稳有序，进一步提升城市用水品质，努力交出满分答卷。

2. 保障工作概况

（1）保障方案，有精度

深入实地、量身定制《广州市自来水公司亚运供水水质监测方案》，全面覆盖"水源—出厂—管网"供水全流程的监测范围、项目及频率。同时，各单位分工合作，对涉及亚运会和亚残运会比赛、训练场馆、酒店以及食品供应企业供水范围开展水质巡查，任务精准到点、责任落实到人，水质实时反馈，确保亚运会和亚残运会期间用水稳定及用水安全。

（2）水质监控，有力度

为保障广州亚运会和亚残运会供水水质，进一步强化全流程供水水质监测网络：一是加强对"原水—出厂水—市政管网水"的监测，包括各供水厂的水源水和出厂水监测，以及供水范围内涉及亚运会和亚残运会的比赛、训练场馆、酒店、食品供应企业的管网水的水质监测，实现对重点区域水质状况的严密监控；二是完善管网水质在线监测系统设置，在原有数十个固定管网水质在线监测系统基础上，新增移动式水质在线监测系统，实现对重点区域的水质状况实时监测；三是拓展水质公示方式，通过在广州市内重要场馆和主要道路的在线显示屏，以及水质地图公示模式，扩大管网水质公示范围，方便市民获悉水质信息（图5-37）。

图5-37　供水管网水质公示在线显示屏

（3）应急响应，有速度

为保障广州亚运会和亚残运会供水水质，广州监测站从设备配置、制度建设、应急演练等方面加强应对。一是紧急采购水质应急监测车、便携式气相色谱仪等多种快速检测仪器，实现在水质应急处理时迅速运送检验人员到达现场，并开展快速、便捷、高效的水质检测，检测指标涵盖重金属、农药残留、生物毒性、挥发性有机物等各类应急检测30项指标。二是编制《亚运会供水安全保障应急预案》《供水水质安全预警及突发事件应急预案》等多项应急预案、组建专项应急检测小组，24h待命值守，随时应对水质突发事件。三是组织水质事故应急综合演练，包括水源／管网水质异常应急检测、水质应急监测车使用、快速水质检测等各类演练，多方面提升水质人员应急水平。

3．保障成效

为全力做好广州亚运会和亚残运会期间的水质保障工作，广州监测站水质技术员全员动员、全程参与、持续跟踪。在 2 个月内，累计开展水质检测 11685 人次，水源、出厂水、管网水检测达 45300 项次，出动应急保障车辆 1900 余车次。全体人员通力合作，圆满完成水质保障任务，获得亚运会和亚残运会组委会和广州市水务局表彰。广州也以本次亚运会和亚残运会为契机，成功完成西北部供水厂的水源置换，广州市中心城区从此形成东江、北江、西江三江并举的优质水源新格局，对全面提升广州中心城区的供水质量，保障城市供水安全，实现广州经济社会可持续发展，建设宜居广州，推动广佛同城化，建设国家中心城市都具有重要的战略意义。

5.3.4　2010 年广州亚运会和亚残运会排水保障

1.背景和目标

亚洲运动会是亚洲地区最大规模的综合性运动盛会。第 16 届亚洲运动会（本节中简称亚运会）于 2010 年 11 月在中国广州举行，设 42 项比赛项目，是亚洲运动会历史上比赛项目最多的一届。广州是第二个取得亚洲运动会主办权的中国城市，通过举办亚洲运动会充分展示了广州的国际形象，体现了广州的现代化和开放性。在广州亚运会期间，国家城市排水监测网广州监测站主要承担着广州市内河涌的截污巡查、珠江前后航道的巡查监测、场馆周边下水道可燃有毒气体的监测、供水水质监测等工作，保障亚运会期间水生态环境安全。

2.保障工作概况

（1）开展水质专项监测，竭力夯实水质安全

为做好广州亚运会和亚残运会水生态环境保障工作，组织专业队伍，分阶段分批次有序开展亚运会和亚残运会水资源保障专项监测工作。

深入周边水域监测水质，为科学调水补水提供数据支撑。2010 年 8 月，对佛山市区域内的西南涌、芦苑涌以及周边相连通水城开展连续监测，形成《西南涌、芦苑涌调水补水水质现状调查报告》，为广州亚运会和亚残运会期间的调水补水提供决策依据。及时开展比赛水域监测，全力保障赛事期间水体安全。2010 年 8 月上旬和 10 月下旬，分别对广东国际划船中心及龙舟赛场比赛水域周边水体水质进行监测，及时将两个赛场的水质现状上报水务管理部门，为上级管理部门的补水控水决策提供数据支持。

重点开展河涌水质监测，着力提升广州水域水体质量。一是对西江引水工程通水前后给珠江广州航道水质带来的变化进行监测调查。二是开展重点河涌水质监测，采集样品 726 个，获得监测数据 18000 余个，重点形成《广州市 121 条重点河涌综合整治前后水质比对

报告》。三是为摸清河涌水质家底，开展广州市231条河涌水质监测，采集样品924个，获得监测数据23000余个，最终形成《广州市231条河涌本底值调查报告》，为广州市231条河涌全监测积累了第一手的数据资料。四是开展珠江广州航道、二沙涌、海心沙水道等水域水质监测工作，采集水样约80个，获取监测数据约2000个，完成数据报表、巡查报告和水质分析报告等近10份。

（2）重点监测可燃有毒气体，助力亚运会场馆周边安全

广州亚运会和亚残运会期间，针对亚运会和亚残运会场馆周边下水道，开展了可燃有毒气体监测，在全市重点区域设立54个常规监测点，完成4次下水道气体的监测，累计监测数据1296个。此外，通过人工巡检与气体在线监测互补的方式完成了对亚运会和亚残运会场馆周边下水道可燃有毒气体的监测工作。

（3）开展亚运会和亚残运会供水水质监测，持续提供供水安全保障

广州亚运会和亚残运会期间，制定了《第16届亚运会和第10届亚残运会供水水质监测方案》《第16届亚运会和第10届亚残运会供水水质监测赛时工作方案》《亚运供水水质应急预案》以及《亚运开幕式水质监测保障方案》，并按计划有序开展整个亚运会供水水质监测，累计采集供水厂、场馆、饭店水样共计6942个，检测项目达89475个，完成管网水生物毒性检测水样3631个。

第一阶段、第二阶段分别完成了对全市129个涉及亚运会和亚残运会的宾馆、赛场的管网点、11(12)家涉及亚运会和亚残运会供水厂出厂水的监测，以及对23个水源水监测点、149个管网水监测点、25家出厂水监测点数据的汇总分析。

第二阶段完成了全市61家涉及亚运会和亚残运会供水厂的106项全分析，对129个涉及亚运会和亚残运会管网监测点进行每月1次的二次供水水质分析。该工作共计采集3200个水样，完成43249个项目监测。

第三阶段即广州亚运会和亚残运会举行期间，开幕式及预演当天增加开幕式时段（7：00～9：00）3次生物毒性监测。除对管网点、出厂水的监测频率增加到1d1次以外，还增加了每天对118个管网监测点的生物毒性监测。

3. 保障成效

为实现"碧水蓝天"，更好地迎接广州亚运会和亚残运会，当好东道主，全体工作人员做出了最大的努力，勠力同心做好亚运会和亚残运会期间水生态环境安全保障工作。通过不懈的努力，广州亚运会和亚残运会期间广州市水域水体质量良好，供水安全得到有效保障（图5-38）。

图 5-38　水质监测

5.3.5　2016 年 G20 杭州峰会供水保障

1. 背景和目标

二十国集团领导人第十一次峰会（简称 G20 杭州峰会），于 2016 年 9 月 4 日~
5 日在中国浙江省杭州市举办，这是首次在中国举办 G20 峰会，是国际政治经济舞台的一
次盛会。按照"最高标准、最快速度、最实作风、最佳效果"的标准，杭州市水务控股集
团有限公司提出了确保水质安全、管网安全、运行安全、安保维稳、应急保障万无一失的
保障要求，向世界呈现 G20 杭州峰会"别样的精彩"。国家城市供水水质监测网杭州监测站
从全流程供水安全角度出发，强化对水源，水厂原水、出厂水，管网水的水质检测，提高
检测频率及检测项目，重点是做好保障场馆的管网水及内部龙头水水质检测，确保供水厂
出水水质优良，管网水水质达标。

2. 保障工作概况

（1）加强领导，提前谋划

2015 年 12 月前，按照上级单位《G20 峰会保障实施方案》的要求，国家城市供水水质
监测网杭州监测站成立水质保障领导小组，制定了《供水排水水质保障专项方案》等，并列
出了水质安全保障工作任务清单，明确对内部水质管控、重要场所水质调查、检测及应急
设备准备、物资储备、应急处置方案演练及信息报送等方面要求。正式启动峰会保障前，

248

供水厂经理带队检查各个供水厂，到重点保障场所实地踩点，合理规范原水、出厂水、管网水及场馆水质采样检测的各项工作。将水源、供水厂、保障场馆按区域进行了分片分组管理，明确了每个小组的片区及其主要工作重点，要求掌握具体取样位置及存在的水质风险点。

（2）强化演练，动态实施

为了提高保障响应能力，国家城市供水水质监测网杭州监测站承办了杭州市水质化验员技术比武活动，提高水质检测人员的技术能力。组织了一次 G20 杭州峰会保障应急演练，从发布"供水水质异常应急处理"信息到最终检测数据的汇总分析，全流程采用"互联网"模式，全程监控沟通，实时掌握应急处置情况，完善应急保障预案。抓紧调试 ICP/MS、HPLC/MS 等高通量检测设备以及多参数测定仪、综合毒性仪等便携式设备，增强应急检测能力。定期总结前一阶段的保障任务实施情况，结合水质变化及保障需求，及时修订细化下一阶段的水质检测清单，调整工作要求和具体内容，做到每一位员工都清楚每日的保障工作任务（图 5-39）。

图 5-39　日常保障工作

（3）全情投入，全力保障

2016 年 3 月开始全面投入峰会保障工作。7 月同步进入保障攻坚与杭州酷暑期，保障工作持续两个多月，大家顶着烈日采水样，回实验室加班检测，这样轮回测试成了日常工作的一种常态。峰会前期，最担忧的水源藻类暴发还是发生了，杭州两大水源地均不同程度出现了藻类暴发现象，在这期间，没有人计较谁干的多谁干的少，也没有人有半句怨言，工作人员在水源地、供水厂、管网多地奔波，加班加点检测试验。G20 杭州峰会期间，作为应急保障小组之一，每日定期对保障圈的水质开展检测（图 5-40）。

图 5-40 采样照片

3.保障成效

从 2015 年年底制定完善水质保障专项方案，启动 G20 杭州峰会的水质保障工作，至 G20 杭州峰会结束，持续 9 个月的时间，结合原水、出厂水、管网水的检测情况，对 30 多个重要场所分类分次进行了多轮的供水水质采样分析，并以一点一方案要求出具并优化水质调研分析报告。在此期间，还完成了 2016 年春季的防雪抗冻应急保障，6 月底祥符水厂深度处理工艺正式运行调试，8 月水源藻类暴发应急处理等任务，累计完成近 200 人次的采样任务和近 3000 个样品的检测任务。G20 杭州峰会期间，杭州供水安全稳定，未发生水质安全事件，真正做到万无一失。

5.3.6 2019 年武汉世界军人运动会供水保障

1.背景和目标

2019 年 10 月 19 日～28 日第七届世界军人运动会在武汉召开，根据武汉市委、市政府及武汉市城市建设投资开发集团有限公司关于第七届世界军人运动会（简称军运会）保障工作的统一部署和要求，以及《武汉水务集团第七届世界军人运动会保障实施方案》的精神，为进一步加强军运会期间水质安全保障工作，国家城市供水水质监测网武汉监测站（以下简称武汉监测站）制定水质保障方案，建立工作机制，狠抓工作落实，圆满完成水质保障工作任务。

2. 保障工作概况

为进一步加强军运会期间各项水质安全保障工作的组织领导，武汉监测站成立了军运会水质保障工作专班，拟定了军运会水质保障方案，建立工作机制。

（1）加强组织领导

1）成立了以监测站领导为小组组长的工作专班，根据武汉三镇分成 3 个区域水质保障工作小组对 26 个军运会场馆和 77 家酒店进行水质巡查，各小组负责本区域内管网、场馆巡查以及水质突发情况时的水质技术支持和应急监测。

2）成立了军运会重点保障点水质保障工作专班。以班子成员为组长，分两个小组重点保障军运村的水质安全。

（2）水质保障工作

1）加强与长江、汉江上游供水企业监测站之间的联动，及时掌握上游原水水质变化趋势（图 5-41）。

图 5-41 原水水质监测

2）加强日常水质监测，每月 2 次对武汉市水务集团有限公司所属每个供水厂出厂水进行常规 42 项检测，在比赛临近期间进行一次 106 项检测；每月对供水厂管网点进行 1 次 106 项检测；与酒店、场馆相关的管网点，每月进行 2 次常规 7 项检测（图 5-42）。

图 5-42 供水厂出厂水、管网水质监测

3）每月对 26 个军运会场馆和 77 家酒店供水水质进行巡检，为供水保供单位提供水质技术支持（图 5-43）。

图 5-43 会场、酒店水质监测

4）与政府单位积极配合，参与各项军运会突发事件实战演练。武汉监测站组织相关人员安排应急监测车对场馆和军运村进行了实战演练，对场馆和军运村内外供水设施和在线仪表数据进行校核，并针对巡查和监测的结果进行分析，组织整改和完善水质保障工作，为顺利开展军运期间的应急监测工作打下了良好的基础（图5-44）。

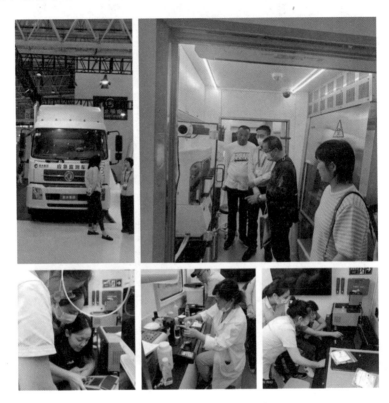

图5-44　供水水质应急演练

5）军运村内水质保障工作

为保障各国运动员在军运村生活饮用水卫生安全，武汉监测站安排人员驻扎军运村，了解内部管网结构、二次供水设备、在线水质仪表等情况，制定了《武汉市水务集团有限公司军运村供水水质监测预案》，编制了《军运村供水水质余氯保障措施》。在赛事期间，24h轮流安排人员值守，对军运村内的管网、公共用水设施和二次供水设施进水水质进行监测，全面保障军运村内供水水质安全（图5-45）。

3. 保障成效

军运会水质保障工作的几个月，武汉监测站按照武汉市水务集团有限公司的相关要求，坚持突出重点，全面推进的原则，认真履行水质监测职能，全体干部职工铆足干劲，在时

图 5-45 军运村水质保障

间紧、任务重的情况下，求真务实，团结一致，打赢了军运会水质保障这场保卫战。通过完成此次水质保障任务提升了水质监测能力，为切实提升应急监测队伍的实战能力奠定了坚实基础。

5.3.7 2022 年北京冬奥会和冬残奥会供水保障

1. 背景和目标

2022 年 2 月 4 日~20 日、2022 年 3 月 4 日~13 日，第 24 届冬季奥林匹克运动会和第 13 届冬季残疾人奥林匹克运动会在北京胜利举办（简称北京冬奥会和冬残奥会）。北京冬奥会和冬残奥会的举办推动了我国冰雪运动跨越式发展，"三亿人参与冰雪运动"成为现实，人民群众获得感显著增强。

国家城市供水水质监测网北京监测站作为北京市自来水集团有限责任公司的成员，参与北京市运行保障指挥部"力十三组"中"城市运行及环境保障组"及"安全保卫工作协调小组"工作，以最高规格、最严部署、最强措施、最佳状态确保相关场所及全市供水安全，圆满完成相关场所及周边地区供水保障任务。制定《北京市自来水集团冬奥会及冬残奥会期间生产运行及水质安全保障工作方案》等多份保障方案，有力保证供水保障工作的顺利开展。

2．保障工作概况

（1）多级屏障，加密检测，多措并举保安全

保障期间，严格执行供水厂运转班组、供水厂化验室、水质监测中心三级检测制度，水质中心同各供水厂，共检测浑浊度、耗氧量、消毒副产物等指标1.3万余项次。

同时，对39处重点保障地区进行取水化验检测，共检测浑浊度、余氯、微生物等水质指标400余项次；对赛场驻地附近5处重点地区管网水进行加密检测，共检测120余项次，水质均合格达标（图5-46）。

图5-46 水质监测中心技术人员进行水质检测

（2）科学赋能，全流程覆盖，监测智能化

坚持"水质是生命"的质量观，科学赋能保障水质安全。已在水源地、供水厂净水工艺单元、供水管网终端等重要点位安装水质在线监测仪数量700余台，其中管网水质在线仪

121台，基本实现了对市区重点管网末梢监测点位及部分重要场所的监测覆盖。24h实时监测余氯、浑浊度等指标，一旦发现数据异常，即可起到预警作用，北京市自来水集团有限责任公司将及时采取有效措施加以应对。

近年来，持续完善水质在线监测能力建设，着力加强水质综合预警能力和水平。密切关注水源的水质变化趋势，落实检测和预警机制，及时应对水源水质突发变化；实施制水生产精细化管理，加强工艺过程水质预警，快速准确地掌握水质在各工艺段中的变化规律和趋势，及时了解各工艺段的运行及处理效果；实时掌握供水管网的水质情况，及时解决由于管网引起的供水水质问题，已形成"从源头到龙头"的全流程水质监管体系。

（3）吃苦耐劳、素质过硬，专业保障队伍在岗在位

按照北京市统一部署要求，北京冬奥会和冬残奥会保障期间，组建专业保障队伍，进行封闭式管理，在保障驻点内进行封闭式管理备勤，负责相关场所周边供水管线巡视、设备井检修、突发事件应急处置等工作，同时对接国家体育场、首钢滑雪大跳台、延庆相关酒店、雁栖湖会议中心等北京市自来水集团有限责任公司所属的相关场所，提供供水服务保障。水质应急监测人员参与封闭式管理，携带快速水质检测设备，担负日常水质巡检和应急处置检测工作，驻点时间近2个月，克服种种困难，通过辛勤工作，圆满完成北京冬奥会和冬残奥会应急保障任务（图5-47）。

图5-47 保障队伍出征仪式

（4）精细管理，严格控制，供水水质高标准

为确保冬奥期间供水安全，实行了更加严格的水质预警控制管理，确保制水工艺设施出水和出厂水硬度、浑浊度、余氯、硝酸盐等指标控制在规定的范围内，以更加严格的标准保证优质供水。

北京市作为具有多水源供水的城市，其水源多样化、水质复杂化，部分以地下水为水源的供水区域硬度指标略高，煮沸后会出现水碱现象。为实现北京冬奥会和冬残奥会期间的高品质供水需求，北京市自来水集团有限责任公司重点制定供水厂出厂水硬度控制限值，从而明显改善水的感官性状。

3. 保障成效

随着北京冬奥会和冬残奥会胜利落幕，作为城市运行和赛事保障的一支重要力量，全力守护城市供水"生命线"。700 余台设备 24h 在线监测，1.37 万余项次水质检测，出厂水和管网水合格率 100%，兑现了确保首都供水安全万无一失的庄严承诺，在这场超长战线、超大范围、超高水准的大战大考中，交出了一份出色的答卷。

5.3.8 2023 年成都世界大学生夏季运动会供水保障

1. 背景和目标

世界大学生夏季运动会有"小奥运"之称，是全球规模最大、参与人数最多的大学生体育盛事之一。第 31 届世界大学生夏季运动会于 2023 年 7 月 28 日～8 月 8 日在成都顺利举办（简称成都大运会）。本届成都大运会共有 113 个国家和地区报名，6500 名运动员参赛。国家城市供水水质监测网成都监测站严格按照上级部署和指示，严格抓落实，为展现中国形象，讲好中国故事贡献了供水人的责任和担当。

2. 保障工作概况

（1）密扎笼，高筑堤，做好源头管控

建立水源巡查机制，从源头上杜绝风险，提高水源巡查频次为每天 1 次，重要水源水质监测点实行 24h 人工值守；每天对水源水质在线监测仪表进行 1 次巡查和维护，确保仪表运行正常，从源头上感知并杜绝风险，为制水供应奠定基础（图 5-48）。

（2）以极限思维应对极端情况，防患于未然、处置于未有

以极限思维细化排查各种可能出现的极端天气、极端水源条件、极限制水量等极端情况，查漏补缺，将查险、排险、除险贯穿始终，对重点部位、重要设施、重点区域开展拉

网式排查，做到防患于未然、处置于未有。完成了 8000 余千米供水管线排查，修复漏水管网 2000 余处，排查场馆周边供水设施 1000 余处，储备应急抢险物资 300 余项，组建应急队伍 19 支（图 5-49）。

图 5-48　会场外待命　　　　　　　　　图 5-49　应急抢修队伍演练

（3）**精准监测、科学预警，抓好过程监管**

配合管网打造供水管道进水双水源供水格局，有效应对管道漏水、停水维修等突发问题。同时，优化监测方案和预警预报方案，建立临时水质监测点。在比赛场馆和运动员驻地酒店周边增设水质在线监测仪，对管网水质进行 24h 全天候监控，保障用水点水质安全（图 5-50）。

图 5-50　全天候监控

（4）**提前摸排全覆盖，加密监测保平安**

在成都大运会筹办期间，对本次所有的大场馆、运动员酒店进行全覆盖、全指标水质摸排检测，共摸排 50 批次，出具数据万余个。大运会期间重要指标每日加密人工监测，完成近万项次人工检测。

（5）以演筑防，以练备战

通过岗位练兵、应急演练等多种形式增强各级人员应急处置能力，为高效科学应对处置突发事件、保障成都大运会期间安全供水提供了根本保障。

3. 保障成效

2023 年 8 月 8 日，为期 12d 的第 31 届世界大学生夏季运动会顺利落幕。从 2018 年 12 月 13 日成都获得第 31 届世界大学生夏季运动会举办权的那一天开始，四川省、成都市、国家城市供水水质监测网成都监测站均开始做准备工作。本届成都大运会虽两次延期，但大运会的筹备工作一直没有停歇。在经过近 5 年的准备，数十次的演练，24h 不间断的监测，国家城市供水水质监测网成都监测站圆满完成了"供水保障零差错"的目标，顺利通过了大考。成都给各国大学生留下了美好印象，播下了和平与友谊的种子，向全国人民交上了一份出色的答卷。

5.3.9 2023 年杭州亚运会和亚残运会供水保障

1. 背景和目标

原定于 2022 年 9 月 10 日～25 日举行的杭州第 19 届亚运会（简称杭州亚运会）于 2023 年 9 月 23 日～10 月 8 日举行。国家主席习近平出席亚运会开幕式并宣布本届亚运会开幕。2023 年 10 月 22 日～10 月 28 日，举行杭州第 4 届亚残运会（简称杭州亚残运会）。杭州亚运会是杭州市迄今为止举办的最大规模体育盛会，更是 G20 杭州峰会后举办的又一世界性盛事。来自亚洲 45 个国家与地区的 12417 名运动员参加了本次亚运会，参赛人数及随行人员总计达到 17492 人，创历届亚运会之最。杭州主城区共涉及 22 个场馆、2 家亚运会组委会办公点、59 个保障宾馆及 26 家医院的供水保障任务，具有持续时间长、区域范围广、保障点位多的特点。

2. 保障工作概况

（1）全面战

首先按照动态更新的任务清单，完成所有亚运保障场馆多轮水质检测，进行延伸服务，涉及保障场馆内各不利点位龙头水水质 12 项指标分析检测，配合供水服务公司对出现不合格点位进行针对性调查分析，提出改进建议。强化日常原水、出厂水、管网水的检测，及时反馈数据。增加各水源水质的检测频率及检测指标，以提高水质预警能力。增加场馆周边管网人工采样点，及时掌握管网水质状况。全面排查，增强监测站的物资储备、值班值守能力，开展全员实景应急演练，提升应急保障能力（图5-51）。

图5-51　部分保障工作人员合影

（2）持久战

2021年制定保障方案，明确了分段、分类别的保障检测任务清单，重点场所需开展3轮采样检测及应急保障检测。2022年启动了第1轮保障任务，即将开展第2轮期间，杭州亚运会召开时间因故推迟举行。2023年年初，重启水质保障工作，按最新的计划，重新梳理完善了任务清单，在保障场馆点位不断增加情况下，9月初完成了保障场馆全部3轮的采样检测任务。参照G20杭州峰会保障的经验，对千岛湖原水、闲林水库、钱塘江、东苕溪等水源开展了流域性水质监测，严防藻类、咸潮等情况对供水的影响。9月8日进入备战后，每天不间断持续开展管网水及场馆周边管网点的采样检测，定期查检水源地水质情况，一直持续至10月29日杭州亚残运会闭幕（图5-52）。

图5-52　采样照片

（3）攻坚战

"亚运保障"是杭州市水务集团有限公司2023年重点任务"两战"之一，监测公司按杭州市水务集团有限公司《第19届亚运会暨第4届亚残运会保障工作总体方案》《杭州市水务集团"决战亚运"赛时保障专项行动方案》等要求，结合实际工作，制定工作清单，全力做好原水、出厂水、管网水以及110多个场馆的水质保障任务（图5-53，图5-54）。

图 5-53　采样照片

图 5-54　现场检测照片

3. 保障成效

2022年～2023年，在持续近2年的水质保障工作中，共完成了重点区域3轮的水质监测工作，从出厂水、管网水到二次供水水箱水、内部龙头水进行全流程的水质监测。共完成800个样品的采样检测，包括130余个全分析检测样品。同时在亚运会召开前期，为了规避藻类、咸潮等因素对水质的影响，对水源地原水进行水质调研，出厂水进行了97项全检分析。杭州亚运会和亚残运会期间，持续对管网水及场馆周边水质开展监测。国家城市供水水质监测网杭州监测站的工作人员默默坚守岗位，克服各种困难，完成各项检测任务，及时反馈数据结果，并随时根据监测情况调整保障方案，为打赢本次"亚运会保障战"提供了最坚实的数据支撑。

5.3.10　2023年上海进博会供水保障

1. 背景和目标

中国国际进口博览会（简称进博会），由中华人民共和国商务部和上海市人民政府主办，中国国际进口博览局、国家会展中心（上海）承办，为世界上第一个以进口为主题的国家级展会，旨在坚定支持贸易自由化和经济全球化、主动向世界开放市场。举办中国国际进口博览会由国家主席习近平亲自谋划、亲自提出、亲自部署、亲自推动，是中国着眼推进新一轮高水平对外开放作出的一项重大决策，是中国主动向世界开放市场的重大举措。

2018年第一届中国国际进口博览会在国家会展中心（上海）举行，中国国家主席习近平出席开幕式并举行相关活动。习近平主席在首届进博会开幕式主旨演讲中指出：中国国际进口博览会不仅要年年办下去，而且要办出水平、办出成效、越办越好。截至2023年进博会已举办了六届，2023年第六届进博会参展商超过3400家，注册报名的专业观众达39.4万名。

以确保上海市和国家会展中心（上海）的供水安全为第一要务，上海市供水行业以保障城市供水安全为核心，按照"明确目标、落实责任、细化措施、确保安全"的总体思路，健全工作机制，完善工作预案，全面落实城市供水各项保障措施，确保国家会展中心（上海）以及周边地区供水安全运行和水质、水量、水压稳定，确保上海市自来水服务供应平稳有序，为进博会顺利举办提供供水安全保障。

2. 保障工作概况

上海市供水行业根据上海市水务局的统一部署，紧紧围绕"努力办成国际一流博览会"的总体目标，成立"进博会"供水保障工作组，设立进博会供水保障前线指挥中心，全面负责"进博会"期间的供水运行监管与突发事件处置。以严格落实责任制为有力抓手，针对核心区、辐射区的保障范围，制定周密的保障计划，完善"两路水源、三家水厂、四座泵站、八路进水"供水格局，针对国家会展中心（上海）建立全方位供水安全保障体系，健全供水安全保障措施，为进博会顺利举办提供坚实的支撑。

（1）**强化党建引领，激励一线职工岗位才能**

上海市供水行业充分发挥党建引领作用，在进博会召开前通过开展供水保障党建联建活动，加强各单位的沟通互联、互学互鉴，确保进博会供水保障任务落实落地。同时以此为契机，开展了《供水行业第六届进博会供水保障专项立功竞赛》，通过水质保障、运营保障、服务保障及个人技能竞赛等形式，鼓励行业内各单位积极参与，涌现出一大批供水行业一线岗位人才，充分展现供水行业职工风采（图5-55）。

图5-55　第六届进博会党群服务供水保障党建联建活动

（2）**加强人员保障，做好供水设施巡检**

上海市供水行业在进博会前按预案要求备齐应急抢修物资，组建应急抢修队伍，涵盖大型机具车辆驾驶员、电工、阀门工、电焊工等特种作业工种，保障人员24h轮流值守。围绕国家会展中心（上海）开展供水压力测试，组织供水厂失电、供水管线爆管应急处置等多场专项演练，确保供水安全。同时对进博会供水相关供水厂、泵站等地的供水保障、物资储备以及突发应对等工作进行实地巡检，对核心区、辐射区的进水阀，道路大口径阀门进行专项巡检，确保大口径阀门和重要用户进水阀工作正常，人员和设备时刻处于备勤状态（图5-56）。

图 5-56　进博会供水保障车辆及设备接受检阅

（3）强化三级联动，保障供水水质安全

国家城市供水水质监测网上海监测站始终把进博会水质保障工作放在首要位置，每年进博会召开前，上海监测站在全市管网水日常检测的基础上，对"进博会"国家会展中心（上海）核心区域及辐射区域，增设人工采样点，开展抽样检测；展会期间，上海监测站进一步加强国家会展中心（上海）及其周边区域5个在线水质监测点的运行维护，实时掌握供水水质在线监测信息，同时对人工采样点开展加密监测；此外，上海监测站充分利用首届进博会供水保障前线指挥中心的大型水质移动监测车开展66项水质指标（包括毒理指标氰化物1项、挥发性有机物49项，致嗅味物质2-甲基异莰醇和土臭素2项，以及常规理化指标14项）的监测，搭建起人工监测—在线监测—移动监测三级联动模式，全方位保障进博会场馆及其周边区域供水水质安全。进博会期间监测站工作人员24h驻守在移动监测车上，对每日采集的水样开展检测，为进博会的成功举办贡献力量（图5-57～图5-59）。

图 5-57　进博会国家会展中心（上海）在线水质监测点和人工采样点

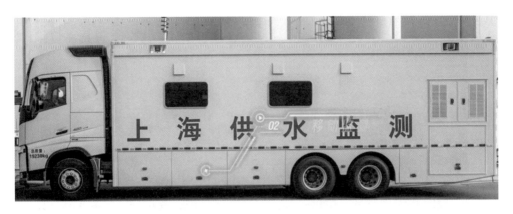

图 5-58 大型水质移动监测车

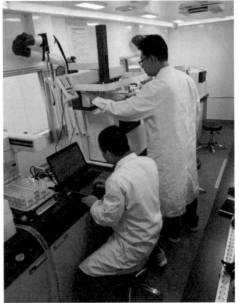

图 5-59 水质移动监测车内人工检测

（4）升级数字平台，完善进博会保障"一面屏"

上海市供水行业为保障进博会场馆核心及周边区域供水，不断升级进博会水务保障系统，在上海市供水安全保障监管系统中不断完善进博会供水保障"一面屏"，通过优化在线水力模型，引入饮用水水质指数，通过可视化监控平台，实现全市主要输水干管的 AI 智能监控，同时通过数字化成果应用，实时掌握国家会展中心（上海）"两路水源、三家水厂、四座泵站、八路进水"的运行情况（图 5-60）。

图 5-60　上海市供水调度监测中心调度大厅

通过进博会供水保障"一面屏"，工作人员可以实时开展移动应急监测车"云巡检"，通过在线视频通信实时传输应急监测车内外监测画面，通过动态模拟对进博会核心区域供水管线进行仿真巡检，以更加直观的方式实时掌握管网运行情况，为突发事件应急处置与决策提供强有力的支撑。

3. 保障成效

上海市供水行业全面贯彻落实"人民城市"理念，以"稳供应、保安全"为己任，全力提供一流的供水保障服务，不断强化各项供水安全保障措施，切实保障上海市供水安全。历届进博会期间国家会展中心（上海）核心区、辐射区、机场、宾馆、酒店等重要场所的供水安全均得到了充分的保障，上海市自来水服务供应总体平稳有序，上海市供水行业为进博会越办越好作出积极贡献。国家城市供水水质监测网上海监测站作为上海市供水行业的一员，以功成必定有我的历史担当，接续奋斗，砥砺前行，为确保全市供水水质安全尽职尽力。

2023 年 11 月 10 日，第六届中国国际进口博览会在上海圆满落幕。第六届进博会期间，全市日均供水量 807.8 万 m^3，管网平均服务压力 230kPa，供水水质全面达到国家标准《生活饮用水卫生标准》GB 5749—2022 和上海市地方水质标准《生活饮用水水质标准》DB31/T 1091—2018 的要求。

5.4　回应公众关切开展宣传科普

城市供水排水监测从业者在开展本职工作的同时，积极回应公众关切，将供水排水领域的科学技术知识通过浅显易懂的方式分享给专业领域之外的居民用户，增强公众对供水排水工作的认识和用水节水意识。国家城市供排水监测网成员单位通过实验室开放、教学实践、科普活动进社区、发放科普宣传手册等方式进行供水排水科普宣传教育及科普实践活动，致力于增进公众对供水排水监测领域的了解。住房城乡建设部城市供水水质监测中心、国家城市排水监测网珠海监测站、国家城市供水水质监测网长沙监测站等通过邀请学校师生参观实验室、参与科普实验活动等，激发学生对科学技术的兴趣和热情。国家城市供水水质监测网南宁监测站通过与科技馆联动开展课外延伸系列活动向青少年展示水质科普实验。国家城市供水水质监测网上海监测站邀请社区中的老年群体走进供水厂，让老人得以近距离感受水质提升变化。国家城市供水水质监测网贵阳监测站等通过走进社区发放宣传单、开展科普讲座向社区居民普及供水排水监测相关知识，解答居民对水质问题的疑惑，提高居民对自来水的了解及对水质监测的关注度。

5.4.1 住房城乡建设部城市供水水质监测中心"饮水知源"科普活动及帮扶活动

住房城乡建设部城市供水水质监测中心组织实验室开放和科普活动，结合住房城乡建设科技月活动，在"六一"国际儿童节前夕，组织中小学生开展"饮水知源：科学伴我，欢度'六一'"主题科普活动，在技术人员的带领下，参观应急供水监测车和水质分析实验室，对各类仪器设备进行详细的了解。并开设"饮用水科普"科普课堂，讲解"从源头到龙头"的城市供水过程，介绍水中物质情况以及水质检测在生活中的重要意义。科普活动展示了供水工作者科学严谨、勇于担当、默默坚守、无私奉献的优良传统和作风，是大力弘扬科学家精神，广泛普及住房城乡建设领域科学知识、展示科技成就、倡导科学方法、传播科学思想的有益实践（图5-61～图5-63）。

图 5-61 活动合影

图 5-62　技术人员讲解应急供水监测车

图 5-63　技术人员演示科学实验

2022 年 7 月，住房城乡建设部城市供水水质监测中心根据工作安排，联合贵州省六盘水市开展"深调研、强党建、办实事"活动，协助当地住房城乡建设局开展水质检测，筛查现有水源地可能存在的水质风险，科学分析水源地中可能存在的潜在风险，全面深入推进"我为群众办实事"，保障当地居民饮用水的水质安全（图 5-64 ～图 5-66）。

图 5-64　现场采样

图 5-65　现场检测

图 5-66　现场调研了解情况

5.4.2　国家城市排水监测网珠海监测站公众开放科普活动

国家城市排水监测网珠海监测站邀请珠海本地和中山市的中小学校师生到中心参观践学，主动向公众开放中心实验室，开展水质监测和水处理、水污染治理方面的科普实践活动，为学生们现场讲解有关水知识，并让他们亲身体验水质监测实验，提升青少年对水质监测工作的关注和了解，掌握参与水资源节约和水生态保护的能力，进一步增强珍惜水、保护水的责任意识（图 5-67）。

图 5-67　学生体验水质监测

图 5-67　学生体验水质监测（续）

5.4.3　国家城市供水水质监测网长沙监测站"世界水日"科普活动

国家城市供水水质监测网长沙监测站每年结合"世界水日""中国水周"等，对市民开放参观供水厂及实验室，组织节水主题互动游戏，使市民了解水质检测和制水全过程，自觉保护水源，珍惜用水。2019 年"世界水日"和"中国水周"到来之际，邀请近百名市民及学生代表走进长沙水质监测站，参观微生物分析实验区、大型精密仪器分析实验区、一般理化分析实验区及质控质监室等，让市民及学生代表更加深入地了解饮用水的制水工艺、水质监测等工作，同时也激发了市民保护水资源的责任感和主动性。通过亲身体验和实践，真切感受自来水水质监测工作的重要性和严谨性，明白了每一滴安全、干净的自来水都来之不易（图 5-68）。

图 5-68　开展参观活动

5.4.4 国家城市供水水质监测网南宁监测站"天宫课堂"系列科普活动

国家城市供水水质监测网南宁监测站通过与广西科技馆联动面向全区中小学生开展"天宫课堂"课外延伸系列活动。 开展的"缤纷科学秀——走进水世界"科普活动，向青少年展示"模拟邕江水变成自来水的净化过程"水质科普实验，揭秘自来水由浑浊到清澈的过程，使青少年了解自来水的来之不易，要从小养成节约用水的习惯（图5-69）。

图 5-69　天宫课堂系列活动之"缤纷科学秀——走进水世界"科普活动现场

开展"探索水的奥秘，点亮科学梦想"主题科普宣传活动，与小朋友共同进行"干冰遇水""电解水""污水变清"等一个个趣味小实验，小朋友通过亲身实验认识水、了解水，从而更好地爱护水、节约水，珍惜水，为打造"天蓝地净、水清岸绿"的美好生活环境贡献力量（图5-70，图5-71）。

图 5-70　小朋友与技术人员一起做电解水实验

图 5-71 小朋友用显微镜做观察水质实验

5.4.5 国家城市供水水质监测网上海监测站"百名老人进百年水厂"科普活动

结合重阳节并弘扬尊老敬老的传统美德，国家城市供水水质监测网上海监测站联合杨树浦水厂、平凉路街道、沪东老年护理院等单位，连续七年开展"百名老人进百年水厂"系列活动，让老人感受上海自来水历史的变迁，担当起敬老公益服务先行者，不仅温暖了老人的心房，也传承了供水厂悠久的"上善若水"文化。活动邀请社区中的老年群体走进拥有深厚历史底蕴的上海城投水务（集团）有限公司制水分公司旗下的百年老厂——杨树浦水厂，亲身体验和见证上海供水事业的发展与变迁。活动亮点纷呈，不仅局限于简单的参观游览，国家城市供水水质监测网上海监测站充分整合行业资源，不断丰富形式与内容，通过结合"百年水厂焕新生，民生工程惠万家"政府开放月活动，通过参与水质小实验和饮用水盲测打分等互动环节，让老人得以近距离感受水质提升的科技成果，这种面对面的交流方式，搭配沉浸式的体验活动，不仅加深了公众对城市供水服务保障工作的理解与支持，还传递了尊重老年人、重视水资源保护的社会正能量，实现了历史传承与时代创新的和谐共生（图 5-72）。

图 5-72 开展"百名老人进百年水厂"科普活动

5.4.6 国家城市供水水质监测网贵阳监测站"进社区、进单位、进校园"科普活动

国家城市供水水质监测网贵阳监测站利用国际消费者权益日宣传活动、节水周宣传活动及党支部活动等，组织专业技术人员进社区、进企事业单位，免费为民众检测水质，发放水质科普宣传海报、折页等，与民众面对面交流，注重传播丰富全面的水质知识，向民众科普水质知识、解答水质疑问，提高民众的水质安全意识。与供水企业协同举办供

水厂开放日活动，邀请市民、学生等参观供水厂及监测站，现场了解水处理工艺、水处理流程及水质监测过程等，普及供水及水质知识，增强市民对供水企业的信任（图5-73，图5-74）。

图5-73　开展进社区进单位活动

图5-74　开展校企联动活动

各地的自来水博物馆

随着科技的发展和公众科学素养的提升，科普教育基地在普及科学知识、提升公众科学意识方面发挥着越来越重要的作用。一些较早开展自来水供应的城市，如北京、上海、广州、南京等，已经设立了专门的自来水博物馆或类似的展示场所，用于向公众展示自来水的历史、文化和技术。这些博物馆保存了自来水的历史资料和设备，通过实物展示、图片展示、多媒体演示和讲解等形式，让公众更加深入地了解自来水的历史以及现在的生产、输配和供应过程，同时更直观地了解供水系统的运作和原理，增强公众对水资源的保护和节约的意识。

北京自来水博物馆

北京自来水博物馆建于 2000 年，是由北京市自来水集团有限责任公司出资建立的企业博物馆。其主要宗旨在于向社会各界展示北京自来水业的发展历程，普及北京水资源的现状和自来水的生产过程，加深公众对"自来水不自来、自来水来之不易"的理解，倡导大众珍惜保护水资源和节约用水的意识。

国家城市供水水质监测网北京监测站依托北京自来水博物馆组织了丰富多彩的与水质相关的科普工作。邀请市民参观博物馆，通过专业细致的讲解和丰富的展品展示，以及北京市自来水集团有限公司相关历史沿革的介绍，能够使大众深入了解水质知识，对水资源的重要性有更加直观的认识，激发大家保护水资源的责任感。市民也能够通过体验互动活动和参与科普讲座，培养出对科学的兴趣，亲手操作简单的实验装置设备，观察水质的变化过程。

通过对水的来源、水的处理流程以及供水依据的相关饮用水水质标准等自来水全生命周期的梳理，透彻的理解水质相关知识，市民可以直观地体会到北京市自来水集团有限责任公司把"水质是生命"作为质量观的重大意义。在增长知识的同时，激发市民对于水环境保护和可持续发展的深思，提升公众的科学素养和环境保护意识，培养大众养成珍惜水资源、爱护水环境的良好习惯（图 5-75～图 5-77）。

图 5-75　北京自来水博物馆

图 5-76　展示墙

图 5-77　原始用水模式展示

上海自来水科技馆

上海自来水科技馆坐落于百年老厂——杨树浦水厂内，2006年在原上海自来水展示馆的基础上打造提升并改名而成，同年正式向社会开放。

作为上海唯一一座水务科普场馆，上海自来水科技馆为上海市民，尤其是青少年增加了一处独具特色的"走近上海自来水历史、了解自来水科技"的场所。在每周固定的自来水科技馆市民开放日中，讲解员们坚持义务站岗讲解，始终保障接待任务，提升制水企业形象。以自来水科技馆为中心，服务市民常态化。为了提升科技馆的影响力，与共建小学共同组建了一支"小水滴"宣讲队，完成从"我们教"到"他们讲"的转变，在"科技馆市民开放日""百名老人进百年水厂"等活动中都有他们的身影（图5-78）。

图5-78　上海自来水科技馆标牌

南京水务历史展览馆

　　南京水务历史展览馆建成于2009年，后续于2019年进行内容补充，主要用来展示南京水务近百年来的风雨历程。国家城市供水水质监测网南京监测站，依托该展览馆，定期举办关于生活饮用水的科普讲座，邀请水务方面专家、学者进行参观讲解，加深公众对饮用水安全的认识。教授群众如何检测水质、如何正确储存饮用水等实用技能，让公众将知识转化为实际行动（图5-79，图5-80）。

图 5-79　南京水务历史展览馆

图 5-80　科普活动现场

第6章 驰而不息：供水排水监测事业展望

国家城市供排水监测网自成立以来，通过改进和提升供水排水监测方法、技术和监管能力，聚焦城镇水务行业发展中遇到的难点、痛点和热点，为供水排水安全保障工作作出了突出贡献，促进了我国城市供水排水监测体系的建立完善，是我国城市供水排水事业蓬勃发展的见证者、推动者和守护者。

当前，我国城市水系统面临老问题和新挑战交织的复杂局面，供水排水安全形势依然严峻。为了进一步服务新时期城市水系统安全保障工作，供水排水监测还需匹配质量新目标、发展检测新方法、探索工作新领域、建立管理新模式、融入低碳新理念、创新智慧新业态、适应服务新要求，实现供水排水监测工作提质升级，以破解城镇水务行业发展难题，推动城市供水排水行业高质量发展。

6.1 质量新目标

城市供水排水直接关系到经济社会发展和广大人民群众的身体健康。《中共中央关于制定国民经济和社会发展第十四个五年规划和二〇三五年远景目标的建议》明确要求提高关系人民健康产品和服务的安全保障水平。随着生活水平的提高和健康意识的增强，人民群众对城市供水排水安全的要求和品质服务的需求不断提高，供水排水安全和质量的内涵也随之不断丰富。

2023年正式实施的《生活饮用水卫生标准》GB 5749—2022以及上海、深圳、广州等城市发布的饮用水领域地方标准已经与国际先进标准接轨，对城市供水提出了新的质量目标，而新污染物的出现、人民群众对饮用水质量提升的需求也对供水品质提出了新的挑战。未知病原微生物控制、有毒无机物的极限去除、有毒有机物的高效去除等是未来供水排水工作的主要难题。为了迎接新的挑战，实现高质量发展目标、满足人民群众对美好生活的需要，推动高品质供水已经成为我国城市供水行业未来发展的必然目标与重要方向。未来如何结合我国现实需求，引领高品质供水工作，提出高品质饮用水质量目标、监测和评价方法，将成为我国城市供水监测事业发展的重要方向之一。新的质量目标也提高了对供水监测能力迭代升级的要求，迫切需要发展基于供水水质、服务和过程品质提升的高效监测技术，实现供水系统风险快速诊断与全流程风险控制，优化供水服务品质。

在传统污水达标排放和水环境治理的基础上，也出现更多针对排水系统效能的新质量目标。例如，围绕排水和污水处理系统自身效能，污水提质增效、溢流污染控制、污水处理厂绩效提升等工作都提出了新要求；围绕基础设施绿色发展助力"碳达峰、碳中和"和资源循环利用，污水处理厂减污降碳、污水资源化等工作也对排水监测提出了新挑战。随着城镇污水处理由"提质增效"转向"减污降碳协同增效"，城市排水与污水系统新质量目标的实现也必须依托于高效的排水监测体系。新的建设要求和质量目标指明了排水监测的工作重点和能力提升方向，推动监测技术的革新与发展。

6.2　检测新方法

当前，我国水环境污染呈现复合性、复杂性和多变性等特征，检测作为识别污染物的重要手段，还有大量难题亟待解决。例如，饮用水安全的主要问题是生物污染，未知病毒可能会因为缺乏有效检测方法而未被检出。未来应着重在高准确度水质检测方法、未知和已知污染物的预警技术等方面下功夫，开展监测预警新技术前瞻性研究、监测方法标准化建设和示范推广应用，为饮用水安全保障、污水减污降碳协同增效和水环境生态改善提供强有力监测支撑。

6.2.1　新技术

在检测识别技术方面，开发高精度、普适性的技术和设备，涉及质谱鉴定、光谱识别、电化学特异性检测和生物学检测等。质谱技术可高精度检测多种污染物，光谱技术可实现水质定量定性分析，电化学技术可实现特异性快速检测，而生物学技术在生物性和化学性污染检测中发挥重要作用。

在监测预警方面，注重提升监测效率和预警精准度。各类传感器技术的发展，显著提升了在线监测设备的测量准确性、稳定性、多功能性、智能化水平，同时大幅降低了设备的体积和生产成本，为在线监测设备的大规模应用奠定了坚实基础。三维荧光指纹识别技术可以高分辨率监测水质变化，生物监测预警技术可及时监测水质风险，大数据水质模型预警技术可实现早期预警，高光谱数据反演预警技术可用于高精度水质参数预测。

在应急监测方面，开发高灵敏度、高分辨率和快速分析的技术与装备，如便携式傅里叶变换红外光谱技术、气相色谱－质谱联用技术和ICP-MS技术，以支持突发性水质事件的应急监测。

在智能监测方面，融合自动化和信息化技术，形成智能化集成技术，包括智能化实验室检测集成技术、色谱／质谱法在线监测技术及物联网水质监测技术等，以提高水质监测预警的及时性、准确性和科学性，实现高效能、低成本的监测预警。

6.2.2　新手段

针对新污染筛查，构建确证、筛查、定量未知化学污染物及痕量有机污染物的关键技术，包括高分辨质谱筛查技术，如气／液相色谱－四级杆飞行时间质谱、超高效液相色谱－四极杆／静电场轨道阱质谱和线性离子阱－傅里叶变换离子回旋共振质谱。

开发和应用高通量分析方法，串联质谱法可精准检测超低浓度有机物，电感耦合等离子体质谱法广泛应用于金属及半金属元素的定量和形态分析，离子色谱法与质谱联用技术显著提高无机阴离子检测灵敏度。

开展基于生物毒性识别的分析，结合生物学和化学技术，明确污染物生物效应和主要效应物，如内分泌干扰、遗传毒性等，应用于水环境中多种毒害污染物的鉴定。

建立污染物快速监测方法，如微流控技术，实现对微量有机物、重金属等的在线和便携式监测，实际应用中已表现出可观的潜力。

此外，高光谱遥感监测方法通过光谱信息演算水质指标浓度，已在水源富营养化和黑臭水体识别中展现应用价值。

6.3　工作新领域

新时期，供水排水监测应用的领域也在不断拓展，尤其在水源系统生态检测评价、水处理材料设备评估验证、水系统韧性监测体系构建等新兴领域需求旺盛，亟需研究构建与之相适应的监测评估体系和标准规范。

一是水源系统生态检测评价领域。水源生态系统的稳定性和可持续性关系到饮用水质量和生态环境健康。综合筛选水源地上下游周边乃至流域的水质、水量、水生生物群落结构等关键指标，结合熵权综合指数法、层次分析法等方法构建水源系统生态检测指标体系，以系统评价水源生态系统健康状况，全面评估水源地水质达标状况，掌握水资源分布情况，及时发现地下水超采、湖库萎缩等生态问题，维护水源生态平衡，为水源地科学保护与水环境修复维持提供全方位的监测数据支撑。

二是水处理材料设备评估验证领域。材料设备是保障水处理效果的基础，但目前净水药剂、净化设备、防护材料等大多数材料设备标准滞后，尤其缺乏反映产品性能和使用效果的检测体系，如评价指标、检测方法、评估方式、检测评估规程等。同时，行业对关键材料设备的检测验证意识相对淡薄，水务企业仅凭厂家提供的产品合格证或检测报告予以验收或评价。因此，对材料设备等相关水产品的监测仍处于起步期，亟需完善检测技术标准，规范检测评估和验证流程，强化检测监管规章制度，让水处理材料设备更好地服务于水系统水质保障。

三是水系统韧性监测体系构建领域。近年来，随着绿色低碳、数字科技的快速发展，我国供水排水监测也朝着更低成本、简便智能的技术方向发展，尤其在应对自然灾害、突发污染和水质波动情况时，强有力的水质韧性监测体系对提升市政供水排水系统运行的可控制性与可恢复性具有重要意义。未来，应从城镇水系统常态下的抗性以及突发事件下的韧性两方面持续发力，分析已有城市水系统安全保障建设案例，持续优化完善韧性监测指标体系、范围裕度和实施机制，加强多部门、多维度、多领域监测协同，形成基于水循环的供水排水水质韧性监测系统，为水系统韧性评估及韧性提升技术提供支撑，不断提升城镇供水排水设施的韧性和安全性及供水排水系统的管理水平，也为城镇可持续发展提供有力保障。

6.4　管理新模式

随着我国城市供水排水设施建设和运行维护水平的提高，监测工作也由原来"点"上的工作，逐步向"线"和"面"拓展，更加系统全面的监测城市水系统全过程的状况，为设施安全运行、高效决策提供更精准的数据支撑。

在工程设施流程上，从水厂监测逐步向厂网河湖一体化监测转型。城市供水水质监测要覆盖水源监测预警、供水厂各工艺段水质控制、管网输配过程和末端加压调蓄设施监测，突破二次供水优化及监管技术难题，确保二次供水水质稳定达标，"从源头到龙头"掌握供水水质状况。城市排水监测要覆盖排水户、管网、污水厂的污水监测和海绵设施、管网、溢流口的雨水监测，并纳入大气、噪声、污泥等关联要素的监测，全面覆盖污水和雨水系统，保障水环境安全，提升污水处理效率，促进城市可持续发展。

在运行维护过程中，从产品监测向"产品＋过程＋服务"监测转型，构建供水排水系统全过程检测预警支撑体系和运行控制机制。城市供水不应仅关注供水水质达标，还应当对供水过程的水质、水压、水龄开展监测，并对供水核心绩效指标（例如产销差、供水可靠性、自用水率等）以及供水服务便利度、透明度开展监测。城市排水不应仅关注达标排放，还应当对污水提质增效、海绵城市建设、管网设施、污水处理厂低碳运行、溢流污染控制状况以及相关的绩效指标（例如污水集中收集率、径流总量控制率、污水厂吨水电耗药耗等）开展监测。

在全生命周期风险管理上，向风险精准识别、科学评估和高效控制拓展。通过实验室检测、在线监测、移动检测等方法，对供水和排水系统的关键节点进行检测，以及时识别水质风险，如各类污染物，以及口感、色度等感官指标变化等，构建城市供水水质监测预警系统。开展科学的风险评估，强调预防性，实现对潜在危害的早识别、早监控、早控制。结合供水系统现实管理需求，识别从源头到用户各环节的关键水质控制指标、关键控制点，确定指标限值，通过对取水、输水、净水和配水等供水系统全过程水质监测管理和工艺设施调控，确保龙头水水质稳定达标。

6.5　低碳新理念

当前，我国生态文明建设进入了以降碳为重点方向、推动减污降碳协同增效、促进经济社会发展全面绿色转型、实现生态环境质量改善由量变到质变的关键时期。城镇水务行业在为居民提供安全、可靠、可负担供水排水服务的同时，也是能耗较密集行业，在"源头－供水－排水－污水处理－污水资源化利用"等环节中对电力、化学药剂等的消耗直接或间接导致了温室气体排放。在"双碳"目标指引下，城镇水务行业亟需通过高效管理、技术集成创新等方式，探索提出协同推进降碳、减污、扩绿、增长的解决方案，这对推动我国城镇水务行业努力实现"碳达峰、碳中和"具有重要意义。供水排水监测作为城镇水管理的重要组成部分，未来发展应主动融入绿色低碳理念，推进节能减排与提质增效，实现绿色生产和绿色生活，缓解水系统运行带来的温室气体排放压力。

一是提升系统性和时效性。通过供水排水监测，关注供水排水系统全生命周期的碳足迹评估，明确关键环节的碳排放，提高供水排水规划、建设、运行和管理的系统性，推动全过程各环节减排技术的开发应用。同时，传统的供水排水监测往往侧重于周期性的采样和分析，难以适应快速变化的环境条件。绿色低碳理念要求监测系统具备更高的精准度和实效性，能够及时发现和响应水质变化，由原来人力投入为主的模式转变为通过系统功能实现敏捷、高效、规范化和精细化管理。

二是强化数据集成和智能分析反馈。利用物联网、大数据分析、人工智能等前沿技术，构建水相关信息全面汇集、存储、交换的智慧化管理平台，依托数字孪生等技术，实现基础数据、监测数据、管理数据等有机融合。同时，加强分析反馈，通过准确测量和分析供水排水过程中的能耗和污染物排放量等，制定相应的节能减排措施，指导供水排水工艺、药耗、能耗等调整；开展风险控制和监测预警研究，及时实施改造，优化供水排水系统，保证供水排水系统正常运行，降低供水排水成本，实现水管理的绿色低碳；通过数据驱动的态势监测，支撑水资源用户优先级调整，优化水资源配置，实现降碳。

三是提升节约集约和资源化利用水平。供水排水监测网管理应以节能和能源灵活性为目标，尽量降低能源和材料消耗，与信息化技术共同开发，构建节能低碳、成本合理的供水排水监测体系。同时，加快研发高效检漏设备、传感器等产品设备，发展管网漏损检漏和修复技术，降低管网漏损，促进管网节能降耗，实现节水即治污、节水即减排、节水即增效。通过对污水处理过程中资源回收环节的系统监测，确保资源回收利用过程的高效和环保，如加强对再生水质、水量、输配过程监测管理，提高再生水利用效率，实现减污降碳；加强绿色能源技术在供水排水系统中的应用，研究在供水泵站和污水处理厂中应用太阳能、风能等可再生能源，减少对传统化石能源的依赖。

6.6　智慧新业态

随着信息技术应用前景和潜力的不断凸显，供水排水行业正积极把握新一轮科技革命与产业变革的机遇，主动引入物联网、5G、大数据、云计算、区块链、人工智能等新一代技术。这些技术正重塑行业生态，深化技术融合，优化供水排水监测各个环节，显著提升系统运行效能、管理和服务效率。此举旨在加速城镇水务的数字化、网络化、信息化、智能化，顺应智慧城市建设的新理念和新趋势，推进国家治理现代化和精准化，贯彻数字中国战略,以实现城市供水排水的高质量发展。

从管理层面,应重视供水排水监测数字化转型的标准化。通过强化评价监测引导,完善数字化系统建设标准或指导意见,建立统一的监测和数据采集标准,打破数据壁垒,提高系统间和设备间的兼容性与协同性。

从数据层面,加强数据质量控制,确保数据的准确性和可靠性。推动多源数据信息的融合与共享,消除"信息孤岛",实现统一管理和部门协同联动。同时,重点加强大数据分析和深度挖掘工作,充分利用历史监测数据创造新价值,开发基于大数据的水质预警技术,提高监测预警能力,辅助决策并支撑管理,提升供水排水监测系统的韧性。

从技术与业务融合角度,推动技术智慧化应用。深入研究云计算、数字孪生、人工智能等新一代信息技术的应用潜力,结合供水排水监测业务需求,将技术与业务决策紧密结合,推动业务流程优化与模式创新。实现预测性维护、精准化服务、智慧化管理,并推动数字化监测在节能降耗、资源利用、优化调度等方面的应用,提升供水排水系统的运行效率;促进供水排水基础设施与新基建如5G、大数据中心、工业互联网等的有机融合,对接智慧水务、智慧城市建设,不断拓宽应用模式和场景,培育发展新动能,提高供水排水监测智慧化水平,为城市的绿色可持续发展和人民生活质量的提升奠定坚实基础。

6.7 服务新要求

新时期,供水排水服务的内涵已超越基本生存保障,开始追求满足用户多样化、个性化的高品质生活需求。监测服务领域紧密围绕人民福祉,持续提升服务质量,从精准监测入手,强化用户反馈与需求预测机制,运用数据分析洞察需求变化,前置优化和创新服务策略。2022年,世界银行营商环境成熟度评估报告大幅增加了供水服务的评估内容,我国也出台了一系列提高供水排水服务的政策制度,为供水排水监测服务的提高提供了历史性机遇。在这一背景下,行业积极响应号召,主动排查并补齐服务短板,力求在服务效率和用户满意度上实现双提升。

一是服务高效化。供水排水监测服务的数字化转型已成为新发展趋势。通过引入先进信息技术与物联网,结合云计算和虚拟化技术,实现远程监测与访问,使用户能够通过互联网随时随地掌握数据动态。通过普及智能水表和远程抄表技术,精简了人工流程,更确保了计量的精准性,用户也可随时通过手机应用查看用水情况。此外,通过深度挖掘供水排水数据，精准识别潜在的问题和需求，以提高服务的针对性和效率。

二是服务便利化。供水排水监测服务的新方式注重用户体验和服务质量。开发移动应用平台，为用户提供更加便捷的监测服务。设立24h服务热线，及时解答用户疑问、处理用户投诉，提高用户对供水服务的信任度和满意度。根据用户需求，提供定制化的监测服务。为特殊行业或领域提供定制化的监测设备和解决方案，以及节水咨询、水环境治理等增值服务，全方位满足用户个性化需求。

三是服务信息公开。供水排水监测服务信息的全面公开，是保障公众知情权、提升获得感的关键举措，也是促进水质管理透明化、强化社会监督的有效手段。借助互联网加强供水排水监测信息公开的力度，鼓励公益性数据平台建设，增强数据交互与反馈，实现公众数据收集、监管单位发布、政府部门反馈调整的良性循环，有力支撑国家水安全保障。

回首往昔，国家城市供排水监测网已走过三十年的光辉历程。这三十年，是奋斗的三十年，是创新的三十年，更是奉献的三十年。国家城市供排水监测网不仅见证了供水排水事业的蓬勃发展，更成为了守护国家水安全的坚强后盾。无数供水排水战线的先辈们，用他们的智慧和汗水，筑起了这座守护水安全的坚固长城。在这场壮阔的征程中，广大供水排水检测专业技术人员怀揣着"功成不必在我"的豁达胸襟，肩扛着"功成必定有我"的坚定担当。他们的付出，如同涓涓细流，汇聚成江河湖海，滋养着这片广袤的土地，安全饮水、江河安澜，这是城市供水排水监测工作科学性与专业性的最好见证，是每一位城市供水排水监测战线工作者辛勤付出的结晶，他们以满腔的热情和不懈的努力，共同书写着供水排水事业的辉煌篇章。让我们向所有为这项事业付出辛勤努力和卓越贡献的先辈们致以最崇高的敬意和最真挚的感谢！

心向光明，逐梦远方。新时期的供水排水监测工作，犹如一艘扬帆起航的巨轮，以生态文明为舵，绿色发展为导向，破浪前行。在这场壮丽的征程中，城市供水排水监测工作紧随党和国家水安全保障的航标，响应人民对美好生活的向往，追求行业高质量发展的星辰大海。以新技术、新理念、新模式、新设备为帆桨，犹如为城市供水排水安全保障的巨轮装备了精准的导航系统与强劲的动力引擎。展望未来，国家城市供排水监测网将一如既往地秉承优良传统，瞄准国际先进水平进一步提升科技实力，以勇于创新、开拓进取的精神为引领，服务城市供水排水技术进步和事业发展，在供水安全保障、水环境改善和水安全综合监管等领域探索实践，致力于提升监测水平、质量和效能，为构建更加安全、高效的城市供水排水体系贡献力量。

大事记

2024 年

1 月 9 日　住房城乡建设部办公厅下发《关于开展 2024 年度城市供水水质抽样检测工作的通知》。

3 月 14 日　住房城乡建设部批准设立饮用水安全保障工程技术创新中心，由中国城市规划设计研究院牵头，联合中国科学院生态环境研究中心、清华苏州环境创新研究院、同济大学、浙江大学、深圳市水务（集团）有限公司、山东省城市供排水水质监测中心等单位共同建设。

3 月 20 日　国务院公布《节约用水条例》，自 2024 年 5 月 1 日起实施。

9 月 12 日　应海南省水务厅请求，住房城乡建设部选派中国城市规划设计研究院及有关单位供水相关技术专家到海南开展台风"摩羯"灾后供水恢复保障技术指导服务工作。

2023 年

1 月 31 日　住房城乡建设部办公厅下发《关于开展 2023 年度城市供水水质抽样检测工作的通知》。

3 月 17 日　《生活饮用水标准检验方法》GB/T 5750—2023 系列标准发布。

7 月 30 日、8 月 1 日　落实国家防总办公室、应急管理部有关工作要求，在防汛关键时期，中国城市规划设计研究院多次紧急调派院内城镇水务专业相关技术专家赶赴北京市门头沟区、房山区，天津市驻场指导。8 月 2 日，紧急协调国家供水应急救援中心西北基地（郑州）、东北基地（抚顺）、华北基地（济南）、西南基地（绵阳）的应急供水制水、检测、保障等专门车辆 32 辆，救援人员 100 余人赶赴灾区，分别在北京市房山区、河北省涿州市、四川省古蔺县开展应急供水工作。

12 月 20 日　甘肃积石山 6.2 级地震发生后，按照住房城乡建设部指示，中国城市规划设计研究院作为住房城乡建设部抗震救灾专家组，赶赴甘肃灾区，指导支持灾区开展市政设施受损情况摸排、市政设施抢险抢修等工作。

12 月 26 日　住房城乡建设部发布行业标准《城镇污泥标准检验方法》CJ/T 221—2023，自 2024 年 5 月 1 日起实施。

12 月 26 日　住房城乡建设部组织中国城市规划设计研究院等单位修订的行业标准《城市供水水质标准》向社会公开征求意见。

2022 年

3 月 10 日　住房城乡建设部发布国家标准《城市给水工程项目规范》GB 55026—2022，自 2022 年 10 月 1 日起实施。

3 月 10 日　住房城乡建设部发布国家标准《城乡排水工程项目规范》GB 55027—2022，自 2022 年 10 月 1 日起实施。

3 月 15 日　《生活饮用水卫生标准》GB 5749—2022 发布，自 2023 年 4 月 1 日起实施。

8 月 30 日　住房城乡建设部办公厅、国家发展改革委办公厅、国家疾病预防控制局综合司联合发布《关于加强城市供水安全保障工作的通知》。

8 月 31 日　住房城乡建设部办公厅下发《关于开展 2022 年度城市供水水质抽样检测工作的通知》。

9 月 5 日　甘孜藏族自治州泸定县发生地震灾害，造成供水系统受损。9 月 6 日，按照住房城乡建设部、四川省住房和城乡建设厅、州住房和城乡建设部门安排，国家供水应急救援中心西南基地的 7 台救援车、19 名技术人员快速应急响应，于 7 日凌晨到达泸定县，由当地住房和城乡建设部门统一调度，开展应急供水救援服务。

10 月 10 日　住房城乡建设部城市供水水质监测中心组织开展"第 16 次全国城市供水水质监测机构质量控制考核"工作。

12 月 1 日　住房城乡建设部《城市供水条例（修订征求意见稿）》向社会公开征求意见。

2021 年

3 月 1 日　国务院公布《排污许可管理条例》，自 2021 年 3 月 1 日起施行。

6 月 6 日　国家发展改革委、住房城乡建设部联合印发《"十四五"城镇污水处理及资源化利用发展规划》。

7月20日　河南等地遭遇暴雨和特大暴雨，郑州等城市出现严重内涝，住房城乡建设部第一时间协调系统力量指导帮助河南省开展抢险救灾和灾后恢复保供等工作。

2020 年

7月17日　住房城乡建设部城市供水水质监测中心组织开展"第15次全国城市供水水质监测机构质量控制考核"工作。

7月21日　湖北恩施发生、泥石流，导致城区供水中断。国家供水应急救援中心华中基地按照湖北省住房和城乡建设厅工作安排，集结应急车队驰援恩施，中国城市规划设计研究院作为"国家供水应急救援能力建设"项目的建设单位，迅速组织技术专家奔赴现场开展应急供水技术支持工作，于7月27日圆满完成支援恩施使命。

12月　国家城市供水水质监测网海口监测站通过国家级资质认定评审，加入国家城市供水水质监测网。

2019 年

4月29日　住房城乡建设部、生态环境部和国家发展改革委印发《城镇污水处理提质增效三年行动方案（2019—2021 年)》。

5月17日　住房城乡建设部办公厅下发《关于开展 2019—2021 年度城市供水水质抽样检测工作的通知》，组织开展城市供水水质督察工作。

11月14日　住房城乡建设部举行国家供水应急救援装备移交工作会议暨授牌仪式，黄艳副部长主持会议并讲话，向8个国家供水应急救援中心区域基地授牌。

2018 年

5月　国家城市排水监测网乌鲁木齐监测站通过国家级资质认定评审，加入国家城市排水监测网。

6月12日　住房城乡建设部发布行业标准《城镇供水水质标准检验方法》CJ/T 141—2018，自 2018 年 12 月 1 日起实施。

6月12日　住房城乡建设部发布行业标准《城镇污水水质标准检验方法》CJ/T 51—2018，自 2018 年 12 月 1 日起实施。

2017 年

3 月 国家城市排水监测网鞍山监测站通过国家级资质认定评审，加入国家城市排水监测网。

9 月 1 日 住房城乡建设部城市供水水质监测中心组织开展"第 14 次全国城市供水水质监测机构质量控制考核"工作。

10 月 国家城市排水监测网呼和浩特监测站通过国家级资质认定评审，加入国家城市排水监测网。

11 月 28 日 住房城乡建设部发布行业标准《城镇供水水质在线监测技术标准》CJJ/T 271—2017，自 2018 年 6 月 1 日起实施。

2016 年

7 月 13 日 住房城乡建设部办公厅下发《关于开展 2016—2018 年度供水水质督察工作的通知》，组织开展城市供水水质督察工作。

9 月 26 日 住房城乡建设部城市供水水质监测中心组织开展"第 13 次全国城市供水水质监测机构质量控制考核"工作。

2015 年

1 月 22 日 住房城乡建设部发布《城镇污水排入排水管网许可管理办法》，自 2015 年 3 月 1 日起施行。

2 月 1 日 住房城乡建设部启动实施"国家供水应急救援能力建设"项目，由中国城市规划设计研究院承担该项目的建设任务，在东北（抚顺）、华北（济南）、华东（南京）、华中（武汉）、华南（广州）、西北（郑州）、西南（绵阳）和新疆地区（乌鲁木齐）设置 8 个国家供水应急救援中心区域基地，各配备应急净水装置 4 台、水质检测装置 2 台、应急保障装置 1 台，灾情发生后，区域内救援装备出发后 12h 内可到达受灾地区。

2 月 17 日 住建城乡建设部、国家发展改革委、公安部、国家卫生计生委联合发布《关于加强和改进城镇居民二次供水设施建设与管理确保水质安全的通知》。

4 月 16 日 国务院印发《水污染防治行动计划》。

8 月 28 日 住房城乡建设部会同环境保护部、水利部、农业部联合印发《城市黑臭水体整治工作指南》。

2014 年

4 月 18 日　住房城乡建设部城市供水水质监测中心承担的《国家供水应急救援能力建设项目可行性研究报告（代项目建议书）》通过国家发展改革委国家投资项目评审中心组织的专家评审会。

5 月　住房城乡建设部组织开展浙江、湖南、黑龙江、陕西、广东、贵州 6 省城镇供水规范化管理考核的督促检查工作。邵益生、宋兰合、周长青、梁涛、吴学峰、林明利、李琳，以及深圳监测站的卢益新、石家庄监测站的胡长荣、济南监测站的贾瑞宝、西安监测站的刘昆善、郑州监测站的林瑛、北京监测站的樊康平等人，作为检查组成员参加了现场检查工作。

7 月 31 日　住房城乡建设部发布行业标准《城镇供水与污水处理化验室技术规范》CJJ/T 182—2014，自 2015 年 4 月 1 日起实施。

9 月 19 日　中共中央组织部、中共中央宣传部、人力资源社会保障部、科技部联合授予中国城市规划设计研究院水务院（建设部城市水资源中心、住房城乡建设部城市供水水质监测中心）"第五届全国专业技术人才先进集体"荣誉称号。

2013 年

4 月 20 日　四川省雅安市芦山县发生 7.0 级地震。根据住房城乡建设部的部署，住房城乡建设部城市供水水质监测中心和沈阳水务集团有限公司组成住房城乡建设部城镇供水应急抢险队，参与救灾。邵益生、龚道孝、李宗来、宋陆阳、桂萍等人参与应急供水水质保障的现场工作。

5 月 7 日　住房城乡建设部下发《关于开展 2013 年度供水水质督察工作的通知》，组织开展城市供水水质督察工作。

10 月 2 日　国务院发布《城镇排水与污水处理条例》，自 2014 年 1 月 1 日起实施。

10 月 10 日　住房城乡建设部城市供水水质监测中心组织开展"第 12 次全国城市供水水质监测机构质量控制考核"工作。

10 月 24 日　住房城乡建设部下发《关于公布第一批国家城市排水监测网成员单位名单的通知》。

11 月 27 日　住房城乡建设部批复住房城乡建设部城市供水水质监测中心组织编写的《国家级城镇供水水质监管能力建设项目建议书代可行性研究报告》。

2012 年

4 月 20 日　住房城乡建设部下发《关于进一步加强城市排水监测体系建设工作的通知》，明确了城市排水监测体系由国家和地方两级城市排水监测网组成，并提出了在各省设立 1～2 个国家排水监测站的布局方案。

7 月 18 日　住房城乡建设部下发《关于开展 2012 年城市供水水质督察工作的通知》，组织开展全国城市供水水质督察工作。

11 月 1 日　住房城乡建设部发布《城镇供水设施建设与改造技术指南》，由国家网内多名专家参与完成的水专项水质检测方面的最新研究成果被纳入其中。

8 月 31 日　中国城市规划设计研究院组建城镇水务与工程专业研究院，与建设部城市水资源中心、住房城乡建设部城市供水水质监测中心合署办公。

2011 年

5 月 31 日　住房城乡建设部、卫生部联合下发《关于开展 2011 年全国城市供水水质普查工作的通知》，组织开展全国城市供水水质普查工作。

住房城乡建设部城市供水水质监测中心组织开展"第 11 次全国城市供水水质监测机构质量控制考核"工作。

2010 年

4 月 14 日　青海省玉树藏族自治州发生 7.1 级地震，住房城乡建设部城市供水水质监测中心吴学峰作为专家，赶赴玉树地震灾区现场参加应急供水工作。

5 月 21 日　住房城乡建设部下发《关于开展 2010 年城市供水水质监督检查工作的通知》，组织开展城市供水水质监督检查工作。

7 月 29 日　《污水排入城镇下水道水质标准》CJ 343—2010 颁布实施。

8 月 7 日　甘肃舟曲县发生特大山洪泥石流灾害，住房城乡建设部城市供水水质监测中心吴学峰作为专家，赶赴灾区现场，参加应急供水工作。

郑州排水监测站通过国家计量认证，加入国家城市排水监测网。

2009 年

6 月 4 日　住房城乡建设部下发《关于开展城市供水水质专项调查的通知》，组织开展全国城市供水水质监督检查暨水质专项调查。调查覆盖全国 2199 个设市城市和县城，共计 4457 个公共供水厂。

住房城乡建设部城市供水水质监测中心等单位牵头承担国家"十一五"水专项《饮用水水质监测预警及应急技术研究与示范》项目及《城市饮用水水质督察技术体系构建与应用示范》《水质监测关键技术及标准化研究与示范》《饮用水源与饮用水水质标准支撑技术研究》及《三级水质监控网络构建关键技术研究与示范》等十几个课题，国家城市供水水质监测网 30 个监测站参与了相关课题的研究。

住房城乡建设部城市供水水质监测中心组织开展"第十次全国城市供水水质监测机构质量控制考核"工作。

2008 年

5 月 12 日　四川省汶川县发生特大地震。5 月 14 日，住房城乡建设部城市供水水质监测中心主任邵益生随姜伟新部长抵达灾区了解灾情和灾区需求；5 月 22 日下午，住房城乡建设部城市供水水质监测中心在中国城市供水水质督察网站发出紧急倡议，吁请国家城市供水水质监测网监测站援助灾区。根据住房城乡建设部的部署，住房城乡建设部城市供水水质监测中心牵头组成"地震灾区城镇供水水质监测技术支援组"，邵益生、宋兰合、李琳、梁涛、高勤英、吴学峰，国家城市供水水质监测网福州监测站黄振华，广州监测站李振林，济南监测站贾瑞宝、温成林、张承晓，深圳监测站刘波、张凌云、王羲，合肥监测站汤峰，郑州监测站林瑛，哈尔滨监测站纪峰，大连监测站欧维平、李永军、王传豪，武汉监测站周丕全、吴立群、刘铮、郑中年，太原监测站崔晓波、梁明明、刘婷、任灏，天津监测站孙丽晶、胡阶斌，佛山监测站黄剑明、陈小辉、罗旺兴，沈阳监测站石克满、柴军、尚亮，长春监测站王铁军、王传录、张承武、李福顺、杨文涛、王慧稳，杭州监测站许阳、董民强、谢朱双、嵇志远、姜鸣、匡永龙等人，16 个监测站 48 位工作人员现场参与抗震救灾水质保障工作。

10 月 10 日　住房城乡建设部下发《关于开展 2008 年城市供水水质监督检查工作的通知》，组织开展 2008 年城市供水水质监督检查工作。

济南供水排水监测站通过国家计量认证，加入国家城市供水水质监测网、国家城市排水监测网。

2007 年

3 月 1 日　建设部发布第二次修订的《城市供水水质管理规定》。

5 月　太湖水污染及蓝藻暴发事件，建设部组织技术组紧急援助无锡市自来水有限公司，建设部城市供水水质监测中心宋兰合、济南市城市供排水监测中心贾瑞宝作为技术组专家前往现场。

6 月 25 日　建设部发布《城市供水水质数据报告管理办法》，《城市供水水质监测数据上报管理暂行办法》废止。

7 月　洋河水库蓝藻水华暴发事件，建设部城市供水水质监测中心邵益生等人作为专家参与现场考察和应急供水处理工作。

中国城镇供水排水协会组织开展"第九次全国城市供水水质分析质量控制考核"工作。

财政部设立"城市供水水质督察监测经费专项"，至此，水质督察进入持续发展阶段。

11 月 29 日　建设部下发《关于开展 2007 年城市供水水质监督检查工作的通知》，组织开展城市供水水质监督检查工作。

2006 年

9 月 11 日　中国城镇供水排水协会成立。协会前身是成立于 1985 年的中国城镇供水协会，由中国土木工程学会水工业分会和中国市政工程协会城市排水专业委员会并入中国城镇供水协会后正式成立中国城镇供水排水协会。

12 月 25 日　建设部发布《城市排水许可管理办法》，自 2007 年 3 月 1 日起施行。

12 月 29 日　《生活饮用水卫生标准》GB 5749—2006 颁布实施。

2005 年

2 月 1 日　建设部下发《关于加强城市供水水质督察的通知》。

2 月 5 日　建设部颁布《城市供水水质标准》CJ/T 206—2005，自 2025 年 6 月 1 日起实施。

8 月 17 日　国务院下发《关于加强饮用水安全保障工作的通知》。

10 月 9 日　建设部下发《城市供水行业 2010 年技术进步发展规划及 2020 年远景目标》。

11 月松花江发生水污染事件，建设部城市供水水质监测中心邵益生等人作为专家参加城市供水应急处理，并主持了国家环保总局"松花江重大污染事件生态环境影响评估与对策技术方案"项目的两个专题研究（重点城市应急水源调度方案研究、重点城市水源水水质监测方案研究）。

温州监测站、深圳市水务局监测站通过国家计量认证，加入国家城市供水水质监测网。

中国城镇供水协会组织开展"第八次全国城市供水水质分析质量控制考核"工作。

2004 年

9月6日　建设部发布关于修改《城市供水水质管理规定》的决定。

9月30日　建设部下发《关于开展重点城市水质监督检查工作的通知》，组织开展重点城市供水水质监督检查工作，委托建设部城市供水水质监测中心组织实施，36 个重点城市的国家站参与现场检查与水质检测工作。

无锡、佛山 2 个供水监测站通过国家计量认证，加入国家城市供水水质监测网。

2003 年

中国城镇供水协会组织开展"第七次全国城市供水水质分析质量控制考核"工作。

2002 年

4月26日　国家环保总局颁布《地表水环境质量标准》GB 3838—2002，自 2002 年6月1日起实施。

珠海供水监测站通过国家计量认证，加入国家城市供水水质监测网。

2001 年

西宁供水监测站通过国家计量认证，加入国家城市供水水质监测网。昆明排水监测站通过国家计量认证，加入国家城市排水监测网。

在建设部的领导下，建设部城市供水水质监测中心启动开展 UNDP 技援项目"中国城市供水水质督察体系研究"（CPR/01/335）。北京、深圳、乌鲁木齐 3 个城市参与试点。

中国城镇供水协会组织开展"第六次全国城市供水水质分析质量控制考核"工作。

建设部城市供水水质监测中心、建设部城市水资源中心整体并入中国城市规划设计研究院。

2000 年

滨海供水监测站通过国家计量认证，加入国家城市供水水质监测网。

合肥、武汉、海口 3 个排水监测站通过国家计量认证，加入国家城市排水监测网。

1999 年

2 月 3 日　建设部发布《城市供水水质管理规定》，明确规定我国城市供水水质管理实行企业自检、行业监测和行政监督相结合的制度，确定城市供水水质监测体系由"两级网、三级站"组成。

5 月 17 日　建设部发布《城市供水水质监测数据上报管理暂行办法》，委托国家水质中心归口全国城市供水水质监测数据报表的汇总和管理工作。

12 月 6 日　建设部批复同意在建设部城市水资源中心基础上组建建设部城市供水水质监测中心。

青岛供水监测站通过国家计量认证，加入国家城市供水水质监测网。

石家庄排水监测站通过国家计量认证，加入国家城市排水监测网。

中国城镇供水协会组织开展"第五次全国城市供水水质分析质量控制考核"工作。

1998 年

建设部城市水资源中心牵头组织完成 UNDP"21 世纪中国城市水管理研究"（CPR/96/302）项目，提出了供水安全"以保证城市供水水质为中心""充分发挥国家网中心站、国家站、地方站在供水水质管理中的行业监测和行政监督作用"。

贵阳供水监测站通过国家计量认证，加入国家城市供水水质监测网。

珠海排水监测站通过国家计量认证，加入国家城市排水监测网。

1997 年

呼和浩特、宁波、长沙 3 个供水监测站通过国家计量认证，加入国家城市供水水质监测网。

厦门排水监测站通过国家计量认证，加入国家城市排水监测网。

中国城镇供水协会组织开展"第四次全国城市供水水质分析质量控制考核"工作。

1996 年

7 月 9 日　建设部、卫生部发布《生活饮用水卫生监督管理办法》，自 1997 年 1 月 1 日起施行。

8 月 13 日　建设部下发《关于公布国家城市排水监测网第一批成员名单的函》，批准上海、哈尔滨、青岛、天津、北京、南京、太原、杭州、石家庄 9 个排水监测站成为第一批国家网监测站。

厦门、重庆 2 个供水监测站通过国家计量认证评审，加入国家城市供水水质监测网。

广州排水监测站通过国家计量认证，加入国家城市排水监测网。

1995 年

石家庄、乌鲁木齐 2 个供水监测站通过国家计量认证，加入国家城市供水水质监测网。

北京、天津、太原、哈尔滨、上海、南京、青岛、石家庄、杭州 9 个排水监测站通过国家计量认证，加入国家城市排水监测网。

中国城镇供水协会组织开展"第三次全国城市供水水质分析质量控制考核"工作。

1994 年

10 月 27 日　建设部批复同意建设部城市地下水资源研究中心更名为建设部城市水资源中心。

10 月 1 日　《城市供水条例》颁布实施，要求城市自来水供水企业和自建设施对外供水的企业，应当建立、健全水质检测制度，确保城市供水的水质符合国家规定的饮用水标准。

11 月 29 日　建设部下发《关于组建国家城市排水监测网的通知》，附文《国家城市排水监测网章程》。

银川、昆明、西安、南宁、福州、郑州、株洲、杭州、大连、太原、南昌 11 个供水监测站通过国家计量认证，加入国家城市供水水质监测网。

1993 年

5 月 11 日　建设部下发《关于组建国家城市供水水质监测网的通知》，附文《国家城市供水水质监测网章程》。

5月17日　建设部下发《关于批准设立国家城市供水水质监测网第一批监测站的通知》，批准北京、哈尔滨、天津、上海、广州、成都、兰州7个监测站成为第一批国家网监测站。

8月2日　建设部发布《生活饮用水水源水质标准》CJ 3020—93，自1994年1月1日起实施。

8月27日　建设部发布《全民所有制城市供水、供气、供热企业转换经营机制实施办法》。

12月30日　国家技术监督局发布《地下水质量标准》GB/T 14848—93，自1994年10月1日起实施。

武汉、长春、沈阳、南京、深圳5个供水监测站通过国家计量认证，加入国家城市供水水质监测网。

中国城镇供水协会组织开展"第二次全国城市供水水质分析质量控制考核"（第一次为1991年）工作。

机构能力

序号	授权名称	法人单位名称	加入国家网时间	检验检测相关的固定资产原值(设备)(万元)	机构总面积(m²)	机构获得资质认定的检测能力(个)	从业人员人数(人)
1	建设部城市供水水质监测中心	中国城市规划设计研究院	1993 年	1200	953	137	18
2	国家城市供水水质监测网北京监测站	北京市自来水集团有限责任公司	1993 年	4100	5000	231	55
3	国家城市供水水质监测网天津监测站	天津水务集团有限公司	1993 年	2578.1	2829	277	43
4	国家城市供水水质监测网滨海监测站	天津泰达水检测评价有限公司	2000 年	2010	900	208	28
5	国家城市供水水质监测网石家庄监测站	石家庄供水有限责任公司	1995 年	2259.1	5600	203	43
6	国家城市供水水质监测网太原监测站	太原水质监测站有限公司	1994 年	2903	4000	263	35
7	国家城市供水水质监测网沈阳监测站	沈阳水务集团有限公司	1993 年	2660.9	3500	190	43
8	国家城市供水(排水)监测网济南监测站	济南市供排水监测中心(国家城市供水水质监测网济南监测站)(国家城市排水监测网济南监测站)(山东省城市供排水水质监测中心)	2008 年	5122.3	7600	568	64
9	国家城市供水水质监测网长春监测站	长春环安水质监测有限公司	1993 年	1965	3600	198	29
10	国家城市供水水质监测网大连监测站	大连市水务集团水质监测有限公司	1994 年	2915.1	4770	258	29
11	国家城市供水水质监测网哈尔滨监测站	哈尔滨水务发展建设集团有限公司	1993 年	6000	5000	170	17
12	国家城市供水水质监测网上海监测站	上海市供水调度监测中心	1993 年	3829.5	2400	207	19

序号	授权名称	法人单位名称	加入国家网时间	检验检测相关的固定资产原值(设备)(万元)	机构总面积(m²)	机构获得资质认定的检测能力(个)	从业人员人数(人)
13	国家城市供水水质监测网南京监测站	南京水务集团有限公司	1993年	2813.2	2500	242	35
14	国家城市供水水质监测网福州监测站	福州水质监测有限公司	1994年	3067.1	4000	407	34
15	国家城市供水水质监测网深圳监测站	深圳市水务(集团)有限公司	1993年	8763.6	4000	330	67
16	国家城市供水水质监测网杭州监测站	杭州市水务集团有限公司	1994年	2087.7	2500	238	27
17	国家城市供水水质监测网株洲监测站	株洲市水务投资集团有限公司	1994年	1657.5	1100	308	22
18	国家城市供水水质监测网佛山监测站	佛山市水业集团有限公司	2004年	3147.1	3385	249	30
19	国家城市供水水质监测网温州监测站	温州市公用事业发展集团有限公司	2005年	2159.4	3490	202	32
20	国家城市供水水质监测网重庆监测站	重庆水务集团水质检测有限公司	1996年	3780	7000	322	58
21	国家城市供水水质监测网兰州监测站	兰州城市供水(集团)有限公司	1993年	2659.2	2100	190	30
22	国家城市供水水质监测网武汉监测站	武汉既济检测技术有限公司	1993年	2909.2	2800	425	52
23	国家城市供水水质监测网无锡监测站	无锡市政公用检测有限公司	2004年	3647.8	2400	368	41
24	国家城市供水水质监测网广州监测站	广州市自来水有限公司	1993年	3200	5000	254	63
25	国家城市供水水质监测网海口监测站	海口皓源检测技术有限公司	2020年	1917	2841	275	42
26	国家城市供水水质监测网郑州监测站	郑州自来水投资控股有限公司	1994年	1416	2000	250	31
27	国家城市供水水质监测网成都监测站	成都蓉环供水水质检测有限公司	1993年	2040.2	3800	230	30
28	国家城市供水水质监测网宁波监测站	宁波城市供水水质监测站有限公司	1997年	2815.3	2200	246	36
29	国家城市供水水质监测网珠海监测站	珠海水控检测科技有限公司	2002年	4347.6	1850	278	33
30	国家城市供水水质监测网昆明监测站	昆明通用水务自来水有限公司	1994年	2120.8	2500	197	42

序号	授权名称	法人单位名称	加入国家网时间	检验检测相关的固定资产原值（设备）（万元）	机构总面积（m²）	机构获得资质认定的检测能力（个）	从业人员人数（人）
31	国家城市供水水质监测网银川监测站	银川市供水水质监测研究所有限公司	1994 年	2795.5	3300	228	16
32	国家城市供水水质监测网长沙监测站	湖南水科检验检测有限公司	1997 年	2700	4000	229	37
33	国家城市供水水质监测网南昌监测站	江西鼎智检测有限公司	1994 年	1500	7959	149	30
34	国家城市供水水质监测网青岛监测站	青岛海诚水质监测技术有限公司	1999 年	3681.7	6500	239	28
35	国家城市供水水质监测网厦门监测站	厦门市政水务检测有限公司	1996 年	3110.3	5182.7	414	30
36	国家城市供水水质监测网西安监测站	西安市自来水有限公司	1994 年	1700.1	1045	182	23
37	国家城市供水水质监测网贵阳监测站	贵州筑水环境监测有限公司	1998 年	2455	2700	230	31
38	国家城市供水水质监测网合肥监测站	合肥供水集团有限公司	1994 年	3000	3500	233	32
39	国家城市供水水质监测网西宁监测站	西宁供水（集团）有限责任公司	2001 年	1500	2000	189	19
40	国家城市供水水质监测网南宁监测站	广西绿城检测服务有限公司	1994 年	4287	2500	226	22
41	国家城市供水水质监测网深圳市水务局监测站	深圳市水文水质中心	2005 年	5539.7	3600	179	25
42	国家城市供水水质监测网乌鲁木齐监测站	乌鲁木齐博峰源环境监测有限责任公司	1995 年	1630.5	1238	363	30
43	国家城市排水监测网北京监测站	北京市城市排水监测总站有限公司	1995 年	2335.4	4600	547	112
44	国家城市排水监测网天津监测站	天津市排水管理事务中心	1995 年	1631.1	3500	148	39
45	国家城市排水监测网石家庄监测站	石家庄市城市排水监测站	1995 年	1163.3	835	117	41
46	国家城市排水监测网太原监测站	太原市城市排水管理中心	1995 年	404.2	688	80	51
47	国家城市排水监测网大连监测站	大连市市政公用事业服务中心	2015 年	760.5	1030	60	29
48	国家城市排水监测网呼和浩特监测站	内蒙古自治区城乡人居环境发展促进中心	2017 年	2909.1	6334.5	169	27

序号	授权名称	法人单位名称	加入国家网时间	检验检测相关的固定资产原值（设备）(万元)	机构总面积（m²）	机构获得资质认定的检测能力（个）	从业人员人数（人）
49	国家城市排水监测网哈尔滨监测站	哈尔滨排水集团有限责任公司	1995 年	1078.5	4249	211	30
50	国家城市排水监测网鞍山监测站	鞍山市水质检测中心有限公司	2017 年	2033	3773	239	37
51	国家城市排水监测网上海监测站	上海市城市排水监测站有限公司	1995 年	4716	5140	427	111
52	国家城市排水监测网珠海监测站	珠海市供水与排水治污中心（珠海市水质监测中心）	1998 年	2147.2	2500	333	29
53	国家城市排水监测网昆明监测站	昆明市城市排水监测站（云南省城市排水监测站）	2001 年	1339.4	2592	131	23
54	国家城市排水监测网广州监测站	广州市城市排水监测站（广州市水质监测中心、广州市水土保持监测站）	1996 年	5716.8	3200	188	74
55	国家城市排水监测网厦门监测站	厦门市政排水监测有限公司	1997 年	930.1	1400	183	30
56	国家城市排水监测网青岛监测站	青岛水务集团有限公司	1995 年	1982.4	2600	126	38
57	国家城市排水监测网郑州监测站	郑州市城市排水监测站有限公司	2010 年	1905.5	2460	278	37
58	国家城市排水监测网杭州监测站	杭州杭水环科监测科技有限公司	1995 年	580	1500	138	19
59	国家城市排水监测网南京监测站	南京水务集团有限公司	1995 年	1247	1800	157	37
60	国家城市排水监测网成都监测站	成都蓉环排水检测有限公司	1998 年	354.1	5989	212	11
61	国家城市排水监测网合肥监测站	合肥市排水管理办公室	2000 年	730	1200	96	18
62	国家城市排水监测网绍兴监测站	绍兴市水环境科学研究院有限公司	2015 年	1599.2	4320	254	41
63	国家城市排水监测网无锡监测站	无锡市城市供水排水监测站	2013 年	763.4	800	96	22
64	国家城市排水监测网武汉监测站	武汉市水务执法总队	2000 年	480	500	92	11
65	国家城市排水监测网海口监测站	海口市供水排水水质监测站（海口市城市排水监测站）	2000 年	966.4	1200	101	28
66	国家城市排水监测网乌鲁木齐监测站	新疆昌源水务科学研究院有限公司	2018 年	2117.1	2328	502	32

参考文献

［1］ 李振东 . 中国城市供排水事业六十年 [J]. 建设科技 ,2009, (23):18-21.

［2］ 任南琪，王旭 . 城市水系统发展历程分析与趋势展望 [J]. 中国水利 ,2023, (7):1-5.

［3］ 发展中的我国给水排水事业 [J]. 建筑技术通讯（给水排水),1984, (5):2-3+42.

［4］ 水 4.0[M]. 上海 : 上海科学技术出版社 ,2015.

［5］ 中华人民共和国卫生部，中国国家标准化委员会 . 生活饮用水卫生标准:GB 5749—2006[S]. 北京 : 中国标准出版社 ,2007.

［6］ 高圣华，赵灿，叶必雄，等 . 国际饮用水水质标准现状及启示 [J]. 环境与健康杂志 ,2018,35(12): 1094-1099.

［7］ 中华人民共和国国家质量监督检验检疫总局，中国国家标准化管理委员会 . 饮用净水水质标准:CJ 94-1999[S]. 北京 : 中国标准出版社 ,1999.

［8］ 赵锂，沈晨，匡杰，等 .《饮用净水水质标准》的水质指标修订 [J]. 给水排水 ,2016,52(9):140- 144.

［9］ 赵锂，沈晨，匡杰，等 .CJ94《饮用净水水质标准》TOC 限值修订研究 [J]. 给水排水 ,2016,52(10): 142-144.

［10］ 中华人民共和国建设部 . 饮用净水水质标准 : CJ 94—2005[S]. [出版社、出版者不详] 1994.

［11］ 中华人民共和国城镇建设行业标准 . 城市供水水质标准:CJ／T 206—2005[S]. [出版社、出版者不详] 2005.

［12］ 中国城市供水协会 . 城市供水行业 2010 年技术进步发展规划及 2020 年远景目标[M]. 北京 : 中国建筑工业出版社 ,2005.

［13］ 世界卫生组织 .《饮用水水质准则》[M].4 版 . 上海 : 上海交通大学出版社 ,2014.

［14］ 李萌萌，梁涛，王真臻，等 . 日本饮用水水质检测标准化概述及启示 [J] . 中国给水排水 ,2022,38 (3）:131-138.

［15］ 国家市场监督管理总局，国家标准化管理委员会 . 生活饮用水卫生标准:GB 5749—2022[S]. 北京 : 中国标准出版社 ,2022.

［16］ 张岚 . 谈对 2022 年版《生活饮用水卫生标准》的理解与认识 [J]. 中国给水排水 ,2023,39(22):1-5.

［17］ 张岚 . 我国饮用水卫生标准的定位、发展与思考 [J]. 给水排水 ,2023,59(1):16-21.

［18］ 陈林，许龙，樊华青 . 新版《生活饮用水卫生标准》与《城市供水水质标准》的比较 [J]. 江西化工 ,2008,(3):175-179.

[19] 陆柱.饮用水的国际标准及近期发展[J].净水技术,1995,(1):24-26.

[20] 洪觉民,陆坤明,何寿平.中国城镇供水技术发展手册[M].北京:中国建筑工业出版社,2006.

[21] 中国城镇供水排水协会.城镇水务2035年行业发展规划纲要[M].北京:中国建筑工业出版社,2021.

[22] 常憬,李艺.中国古代排水管道的起源与发展[M].北京:中国建筑工业出版社,2011.

[23] 王劲韬.上善若水:中国古代城市水系建设理论与当代实践[M].北京:中国建材工业出版社,2021.

[24] 徐燕,谷守武,沈企槐,等.首都城乡建设五十年大事记[Z].北京:科学出版社,2000.

[25] 北京市环境保护局.环境保护法规选编[M].北京:中国标准出版社,2002.

[26] 杨朝霞.中国环境立法50年:从环境法1.0到3.0的代际进化[J].北京理工大学学报(社会科学版),2022,24,(3):88-107.

[27] 解振华.中国改革开放40年生态环境保护的历史变革——从"三废"治理走向生态文明建设[J].中国环境管理,2019,11,(4):5-10+16.

[28] 生态环境部生态环境监测司中国环境监测总站.辉煌40载:中国环境监测成就与展望[M].北京:中国环境出版集团,2018.

[29] 张坤民.中国环境保护行政二十年[M].北京:中国环境科学出版社,1994.

[30] 中国土木工程学会水工业分会,中国环境科学学会水处理与回用专业委员会,胡洪营,等.中国城镇污水处理与再生利用发展报告(1978-2020)[M].北京:中国建筑工业出版社,2021.

[31] 国务院法制办公室农林城建资源环保法制司,住房城乡建设部法规司、城市建设司.城镇排水与污水处理条例释义[M].北京:中国法制出版社,2014.

[32] 曹鹏.两周时期曲阜鲁城布局演变研究[D].大连:辽宁师范大学,2023.

[33] 王强,李明扬,石闻,等,北京城排水发展历史与经验借鉴[J].北京规划建设,2021(6):173-178.

[34] 熊爱.防洪视角下长江中上游先秦城邑选址研究[D].成都:西南交通大学,2022.

[35] 明家瑞.关中地区汉唐帝陵空间布局特征对比研究[D].包头:内蒙古科技大学,2022.

[36] 曾新,梁国昭.广州古城的湿地及其功能[J].热带地理,2006,(1):91-96.

[37] 郑忆宁.上海城市排水基础设施现状和发展研究[D].上海:同济大学,2018.

[38] 乔飞.上海租界排水系统的发展及其相关问题研究(1845-1949年)[D].上海:复旦大学,2007.

[39] 李梦飞.基于Grails+Spring+Hibernate框架的水体溶解氧检测分析设计[D].合肥:安徽农业大学,2010.

[40] 林冬梅.污水处理水质检测研究[J].建材与装饰,2018,(3):185.

[41] 缪俊锋.面向紫外-可见光谱法的水质多参数探头设计[D].重庆:重庆理工大学,2023.

[42] 安宇娟,崔小平.浅谈城市污水监测及采样方法[J].城镇建设,2020,(10):359.

[43] 胡涛.浅议城市生活污水处理中水质检验的发展及其重要性[J].科学之友,2012,(14):160-161+163.

[44] 国家环境保护总局.水和废水监测分析方法[M].4版.北京:中国环境科学出版社,2002.

[45] 路庆斌,张卫华.我国城镇污水厂污泥处理处置及政策发展过程分析[J].中国建设信息(水工业市场),2010,(7):34-37.

[46] 郝吉明,尹伟伦,岑可发.中国大气PM2.5污染防治策略与技术途径[M].北京:科学出版社,2016.

[47] 柴发合.我国大气污染治理历程回顾与展望[J].环境与可持续发展,2020,45(3):5-15.

[48] 王文兴,柴发合,任阵海,等.新中国成立70年来我国大气污染防治历程、成就与经验[J].环境科学研究,2019,32(10):1621-1635.

[49] 国家质量监督检验检疫总局.通用计量术语及定义:JJF 1001—2011[S].[出版社、出版者不详]2011.

[50] 陈树沛,俞锦豪,高均贤.我国城镇污水处理厂污泥标准政策体系的沿革与现状探讨[J].北方环境,2011,23(4):4-5+18.

[51] 杨庆,李洋,崔斌,等.城市污水处理过程中恶臭气体释放的研究进展[J].环境科学学报,2019,39(7):2079-2087.

[52] 王全峰,丁彦培.恶臭废气及有机废气的处理[J].氮肥与合成气,2018,46(2):4-5+26.

[53] 刘锴,何群彪,屈计宁.城市污水处理厂臭气问题分析与控制[J].上海环境科学,2003,(S2):4-9.

[54] 董磊,张欣,苏晗辰,等.大型污水处理厂恶臭气体成分及来源的现场实测研究[J].给水排水,2022,58(6):35-42.

[55] 曹军,汪琦,徐政,等.我国环境空气中温室气体监测技术研究进展[J].环境监控与预警,2022,14(1):1-6.

[56] 翟明洋,周长波,李晟昊,等.污水处理行业温室气体核算模型开发及减排潜力分析[J].中国环境管理,2022,14(6):57-64.

[57] 张海亚,李思琦,黎明月,等.城镇污水处理厂碳排放现状及减污降碳协同增效路径探讨[J].环境工程技术学报,2023,13(6):2053-2062.

[58] Du W J, Lu J Y, Hu Y R, et al. Spatiotemporal pattern of greenhouse gas emissions in China's wastewater sector and pathways towards carbon neutrality[J]. Nature Water, 2023, 1(2): 166-175.

[59] Hua H, Jiang S, Yuan Z, et al. Advancing greenhouse gas emission factors for municipal wastewater treatment plants in China[J]. Environmental Pollution, 2022, 295: 118648.

[60] 姚婷婷,马志同,冷亚玲,等.污水处理行业温室气体排放分布特征与监测技术[J].黑龙江环境通报,2023,36(4):165-168.

[61] 曹红林.城镇污水处理厂污泥泥质标准及相关运营管理[J].市政技术,2007,(3):183-192.

[62] 程彩霞.城镇排水与污水处理行业监管指标体系构建与优化[M].北京:中国建筑工业出版社,2021.

[63] 郑兴灿.城镇污水处理厂一级A稳定达标技术[M].北京:中国建筑工业出版社,2015.

[64] 刘克安.南京公用事业志[M].深圳:海天出版社,1994.

[65] 郝天,莫罹,龚道孝.中国古代治水理念及对城市水系统建设的经验启示[J].给水排水,2021,57(1):72-76.

[66] 张岚,陈亚妍.生活饮用水标准检验方法[J].环境与健康杂志,2007(8):638-640.

[67] 张岚,王丽,张振伟.饮用水卫生标准及检验方法简介[J].食品研究与开发,2009,30(10):182-184.

[68] 邬晶晶，桂萍，郝天，等 .2023 版《生活饮用水标准检验方法》系列标准实施背景下供水行业的机遇、挑战与应对 [J]. 净水技术 ,2023,42(11):1-7.

[69] 邬晶晶，宋陆阳，朱良琪 . 饮用水水质检测中检出限和测定下限的评价方法与合理性判定 [J]. 净水技术 ,2022,41(6):175-180+194.

[70] 张瀚闻，苏锡辉，那宏坤 . 移动实验室及其发展 [J]. 品牌与标准化 ,2016,(7):45-47.

[71] 张瀚闻，苏锡辉，那宏坤 . 移动实验室及其发展应用篇（上）[J]. 品牌与标准化 ,2016,(5):33-38.

[72] 张瀚闻，苏锡辉，那宏坤 . 移动实验室及其发展应用篇（下）[J]. 品牌与标准化 ,2016,(6):46-51.

[73] 何琴，桂萍，李宗来，等 . 水质监测关键技术及标准化研究与示范 [J]. 给水排水 ,2013,49(6):9-12.

[74] 马中雨，陈家全，陈兴厅，等 . 斑马鱼对水源特定污染物的水质监测预警 [J]. 中国环境监测 ,2015,31(1):146-151.

[75] 李常虹 . 沈阳市供水管网水质在线监测点优化布置与应用效能研究 [D]. 哈尔滨 : 哈尔滨工业大学 ,2014.

[76] 骆杉杉 . 城市供水管网在线水质监测点优化管理研究 [D]. 杭州 : 浙江大学 ,2021.

[77] 钱静汝，姚思含，陈国光 . 安装在线仪表实施供水全过程动态水质管理的实践 [J]. 给水排水 ,2017,53(12):44-47.

[78] 周大农 . 水质全流程在线监测预警系统的开发建设 [J]. 给水排水 ,2016,52(4):128-131.

[79] 贾瑞宝，孙韶华 . 水质监测预警技术创新与能力建设 [J]. 给水排水 ,2019,55(10):1-5.

[80] 边际，牛晗，耿艳妍，等 . 三级水质监控网络构建关键技术研究与示范 [J]. 给水排水 ,2013,49(6):13-17.

[81] 郭效琛，李萌，赵冬泉，等 . 城市排水管网监测点优化布置的研究与进展 [J]. 中国给水排水 ,2018,34(4):26-31.

[82] 郭效琛，李萌，杜鹏飞，等 . 排水管网在线监测布点数量的确定 [J]. 中国给水排水 ,2022,38(2):122-131.

[83] 段淑璇，蔡俊楠，许佶 . 基于排水分区识别划分的城镇污水系统在线流量监测点优化布局方法研究 [J]. 科学技术创新 ,2022,(15):119-122.

[84] 郭效琛，赵冬泉，崔松，等 . 海绵城市"源头－过程－末端"在线监测体系构建——以青岛市李沧区海绵试点区为例 [J]. 给水排水 ,2018,54(8):24-28.

[85] 李萌，郭效琛，赵冬泉，等 . 在线监测技术在排水诊断中的应用 [J]. 给水排水 ,2021,57(10):124-129.

[86] 王绍贵，周蓉，姚晨辉，等 . 管网在线监测技术在城市排水系统中的应用与分析 [J]. 广东土木与建筑 ,2022,29(12):22-26.

[87] 杨婷婷，李志一，朱婉宁，等 . 基于在线监测的污水管道旱天入流入渗分析 [J]. 给水排水 ,2021,57(9):132-138.

[88] 郑涛，唐志芳，张敏 . 基于监测及排水模型的海绵城市小区建设效果评估 [J]. 中国给水排水 ,2022,38(9):118-122.

[89] 邓立静，李炳锋，杨可昀 . 基于监测与模型的滨海地区海绵城市建设径流控制及内涝治理效果评估

[J]. 中国防汛抗旱，2021，31（5）：7-11+29.

[90] 赵冬泉，王浩正，陈吉宁，等．监测技术在排水管网运行管理中的应用及分析 [J]. 中国给水排水，2012,28(8):11-14.

[91] 邵益生．我国城市供水水质督察工作回顾与展望 [J]. 给水排水，2007,(8):1+64.

[92] 胡波．十年磨剑——北京市城市供水水质监测网发展历程 [J]. 城镇供水，2015,(4):1-8.

[93] 宋兰合，李琳，由阳，等．关于我国城镇供水水质监管技术体系建设的初步探讨 [J]. 给水排水动态，2011(3):13-14.

[94] 邵益生，龚道孝，等．饮用水安全保障技术研究与应用 [M]. 北京：中国建筑工业出版社，2022.

[95] 章林伟．中国海绵城市的定位、概念与策略 [J]. 新型城镇化，2023(9):28-33.

[96] 张晓健．松花江和北江水污染事件中的城市供水应急处理技术 [J]. 给水排水，2006,(6):6-12.

[97] 刘玉润．应对松花江水污染事件的工作回顾 [J]. 城镇供水，2006,(1):1-4.

[98] 张晓健．甘肃陇星锑污染事件和四川广元应急供水 [J]. 给水排水，2016,52(10):9-20.

后　记

　　《笃行至善：中国城市供水排水监测事业三十年》由中国城市规划设计研究院牵头，联合国家城市供排水监测网成员单位共同编写。本书对我国城市供水排水监测事业进行回顾和展望，对国家城市供排水监测网发展历程和取得成就进行总结和展示。本书由中国城市规划设计研究院龚道孝、郝天担任主编，负责确定章节安排和写作思路，组织编写并统稿。来自中国城市规划设计研究院，国家城市排水监测网北京监测站、珠海监测站、上海监测站、天津监测站、郑州监测站、海口监测站、厦门监测站、青岛监测站、哈尔滨监测站、太原监测站、广州监测站，国家城市供水水质监测网济南监测站、南京监测站、福州监测站、无锡监测站、武汉监测站、北京监测站、上海监测站、杭州监测站、广州监测站、成都监测站、贵阳监测站、南宁监测站、长沙监测站，北京市水务局等单位的专家和技术人员参与了本书的编写。

　　绪论部分由郝天负责组织编写和统稿，参与编写的有周长青、韩项、梁涛、李琳。

　　第1章中城市供水水质标准部分由梁涛负责组织编写和统稿，参与编写的有邬晶晶、郭凤巧；城镇排水相关标准部分由国家城市排水监测网北京监测站组织编写，参与编写的有赵玉茹、郭凌伟、宋希民、张京毅、王彩云、徐心沛、付立凯。

　　第2章中城市供水水质检验方法部分由宋陆阳负责编写；城市排水相关检验方法部分由国家城市排水监测网珠海监测站组织编写，参与编写的有吴孟李、张琪雨、范利青、刘永贤、吴艳龙、吴丹玲、胡颖斌、任柯柯、宋陆阳；在线和移动监测方法部分由魏锦程组织编写和统稿，参与编写的有宋陆阳。

　　第3章奋楫笃行：供水水质监测监管部分由李琳负责编写和统稿，参与编写的有马雯爽、陈京、胡波、周政、尤为、贾瑞宝、黄振华、赵啟天、胡芳、何琴、顾薇娜、边际。

　　第4章砥砺深耕：排水监测监管部分由魏锦程负责组织编写和统稿，参与编写的有马雯爽、付立凯、顾竹琴、王晶、张怡、王经云、郑雪钧、雷鸣、谭惠强、李奋强。

第 5 章知行合一：应急处置和重大事件保障部分由陈京负责组织编写和统稿，参与编写的有宋陆阳、李琳、马雯爽、高志霖、赵凌云、张颖、王欣莹、陈晨、施俭、童俊、李小敏、陈诚、陈丽芬、李川舟、吴艳芬、陈雨、左莎、宋海珊、胡颖斌、熊艳。

第 6 章驰而不息：供水排水监测事业展望部分由郝天负责组织编写，关傲梅负责统稿，参与编写的有贾瑞宝、倪欣业、宋陆阳、陈京、王明泉、辛晓东。

大事记和机构能力由马雯爽负责组织编写和统稿。

本书由陈京担任编写秘书工作，协助负责统稿、校对和反馈意见等工作。

本书成稿后，由宋兰合、莫罹、桂萍、张金松、张晓健、张立尖、林爱武、高燚、孙韶华等多位行业专家对章节内容进行了严谨细致的审查，并指导编写人员对书稿进行了优化完善，提高了本书的专业性、实用性和可读性。

感谢参与编写和审查本书的专家和技术人员，你们的每一份贡献，都如同璀璨星辰，照亮了本书的创作之路，使之更加耀眼夺目。感谢中国建筑工业出版社责任编辑及校对人员等的认真负责，使得本书能够尽善尽美地出现在公众的视野中。供水排水监测领域涵盖内容十分广泛，本书作为国内供水排水监测事业的回顾和展望仅仅代表和反映了一部分工作，还存在不足之处，欢迎广大读者提出宝贵的意见和建议，推动行业不断发展和进步。

编写组

2024 年 12 月